"十四五"高等职业教育计算机类新形态一体化系列教材

Arduino开发技术及应用

千锋教育◎编著

中国铁道出版社有限公司
CHINA RAILWAY PUBLISHING HOUSE CO., LTD.

内容简介

本书以Arduino UNO R3开发板为硬件平台，按照基础知识、模块应用、大小型应用实例结合的顺序，对Arduino技术开发涉及的知识点进行了系统、细致地论述。本书注重理论与实践教学的融合，设计了丰富的案例和综合项目，以帮助读者掌握本书的理论与技能，并增强读者的动手实践能力。全书共分为9个单元，内容包括软硬件开发环境搭建、基础编程语言、Arduino开发板接口及应用、人机交互模块、电机模块、环境传感器模块、通信模块、输入/输出模块以及贯穿全书知识点的综合案例。本书附有源代码、习题、教学课件、硬件类库等资源，还提供了在线答疑服务，读者可扫描二维码获取资源和服务。

本书适合作为高等职业院校计算机专业的教材，也可作为高职计算机电子技能大赛的培训用书。

图书在版编目（CIP）数据

Arduino开发技术及应用 / 千锋教育编著 . —北京：中国铁道出版社有限公司 ,2023.9

“十四五”高等职业教育计算机类新形态一体化系列教材

ISBN 978-7-113-30250-4

Ⅰ.①A… Ⅱ.千 Ⅲ.①单片微型计算机-高等职业教育-教材 Ⅳ.①TP368.1

中国国家版本馆CIP数据核字（2023）第088933号

书　　名：Arduino开发技术及应用
作　　者：千锋教育

策　　划：祁　云　　　　编辑部电话：（010）51873697
责任编辑：祁　云　李学敏
封面设计：尚明龙
责任校对：安海燕
责任印制：樊启鹏

出版发行：中国铁道出版社有限公司（100054，北京市西城区右安门西街8号）
网　　址：http://www.tdpress.com/51eds/
印　　刷：河北宝昌佳彩印刷有限公司
版　　次：2023年9月第1版　2023年9月第1次印刷
开　　本：850 mm × 1 168 mm　1/16　印张：21　字数：582千
书　　号：ISBN 978-7-113-30250-4
定　　价：65.00元

序

党的二十大报告指出："加强企业主导的产学研深度融合，强化目标导向，提高科技成果转化和产业化水平。强化企业科技创新主体地位，发挥科技型骨干企业引领支撑作用，营造有利于科技型中小微企业成长的良好环境，推动创新链产业链资金链人才链深度融合。"报告中使用了"强化企业科技创新主体地位"的全新表达，特别强调要"加强企业主导的产学研深度融合"。

为了更好地贯彻落实党的二十大精神，北京千锋互联网科技有限公司和中国铁道出版社有限公司联合组织开发了"'十四五'高等职业教育计算机类新形态一体化系列教材"。本系列教材编写思路：通过践行产教融合、科教融汇，紧扣产业升级和数字化改造，满足技术技能人才需求变化。本系列教材力争体现如下特色：

1.教材特设置探索性实践性项目

编者面对IT技术日新月异的发展环境，不断探索新的应用场景和技术方向，紧随当下新产业、新技术和新职业发展，并将其融合到高职人才培养方案和教材中。本系列教材注重理论与实践相融合，坚持科学性、先进性、生动性相统一，结构严谨、逻辑性强、体系完备。

本系列教材特设置探索性科学实践项目，以充分调动学生学习积极性和主动性，激发学生学习兴趣和潜能，增强学生创新创造能力。

2.立体化教学服务

（1）高校服务

千锋教育旗下的锋云智慧提供从教材、实训教辅、师资培训、赛事合作、实习实训，到精品特色课建设、实验室建设、专业共建、产业学院共建等多维度、全方位服务的产教融合模式，致力于融合创新、产学合作、职业教育改革，助力加快构建现代职业化教育体系，培养更多高素质技术技能人才。

锋云智慧实训教辅平台是基于教材专为中国高校打造的开放式实训教辅平台，为高校提供高效的数字化新形态教学全场景、全流程的教学活动支撑。平台由教师端、学生端构成，教师可利用平台中的教学资源和教学工具，构建高质量的教案和高效教辅流程。教师端和学生端可以实现课程预习、在线作业、在线实训、在线考试等教学环节和学习行为，以及结果分析统计，提升教学效果，延伸课程管理，推进“三全育人”教改模式。扫下方二维码 即可体验该平台。

（2）教师服务

锋云智慧公众号

教师服务群（QQ群号：713880027）是由本系列教材编者建立的，专门为教师提供教学服务，分享教学经验、案例资源，答疑解惑，进行师资培训等。

（3）大学生服务

“千问千知”是一个有问必答的IT学习平台，平台上的专业答疑辅导老师承诺在工作日的24小时内答复读者学习时遇到的专业问题。本系列教材配套学习资源可通过添加QQ号2133320438或扫下方二维码索取。

千问千知公众号

千锋教育是一家拥有核心教研能力以及校企合作能力的职业教育培训企业，2011年成立于北京，秉承“初心至善，匠心育人”的企业文化，以坚持面授的泛IT职业教育培训为根基。公司现有教育培训、高校服务、企业服务三大业务板块。教育培训分为大学生职业技能培训和职后技能培训；高校服务主要提供校企合作全解决方案与定制服务。

本系列教材编写理念前瞻、特色鲜明、资源丰富，是值得关注的一套好教材。我们希望本系列教材能实现促进技能人才培养质量大幅提升的初衷，为高等职业教育的高质量发展起到推动作用。

千锋教育

2023年6月

前　言

如今，科学技术与信息技术快速发展和社会生产力变革对IT行业从业者提出了新的需求，从业者不仅要具备专业技术能力、业务实践能力，更需要具备健全的职业素质，复合型技术技能人才更受企业青睐。高校毕业生求职面临的第一道门槛就是技能与经验，教材也应紧随新一代信息技术和新职业要求的变化及时更新。

本书为"'十四五'高等职业教育计算机类新形态一体化系列教材"，根据高职计算机专业培养目标和教学要求，针对当今IT行业对技能型人才的要求而编写。本书倡导理实一体，实战就业，在语言描述上力求专业、准确、易懂。引入企业项目案例，针对重要知识点，精心挑选案例，将理论与技能深度融合，促进隐性知识与显性知识的转化。案例讲解包含设计思路、运行效果、代码实现、代码分析、疑点剖析。从动手实践的角度，帮助读者逐步掌握前沿技术，为高质量就业赋能。

本书在内容编写方面采用循序渐进的方式，内容精炼且全面。在语法阐述中尽量避免使用生硬的术语和枯燥的公式，从项目开发的实际需求入手，将理论知识与实际应用相结合，帮助读者快速掌握Arduino开发技术的各种知识点与应用，从而在职场中拥有较高起点。

本书按照"基础知识+模块应用+大小型应用实例"以及综合应用实例贯穿全书知识点的方式，系统地介绍了Arduino开发所需的各种技术。本书详细描述了大量实践案例的硬件组成，并通过分析设计程序代码，实现零基础式软硬件结合开发教学，达到"在学习中动手做，在动手做中学习"的目的。

本书内容如下：

第1单元，主要论述Arduino软硬件开发环境的搭建。

第2单元，主要论述Arduino基础编程涉及的语言基础知识。

第3单元，主要论述Arduino开发板各种接口以及应用实例。

第4单元，主要论述Arduino结合人机交互模块的技术及应用。

第5单元，主要论述Arduino结合电机模块的技术及应用。

第6单元，主要论述Arduino结合环境传感器模块的技术及应用。

第7单元，主要论述Arduino结合通信模块的技术及应用。

第8单元，主要论述Arduino结合输入/输出模块的技术及应用。

第9单元，综合案例，贯穿全书知识点。

本书介绍的模块种类全面、分类明确，内容系统且实践性强，力求做到通过此书，打破入门与实践的壁垒，使读者快速掌握与应用。

本书的编写和整理工作由北京千锋互联科技有限公司高教产品部完成，其中主要的参与人员有安东等。除此之外，千锋教育的500多名学员参与了本书的试读工作，他们站在初学者的角度对本书提出了许多宝贵的修改意见，在此一并表示衷心的感谢。

在本书的编写过程中，虽然力求完美，但难免有一些不足之处，欢迎各界专家和读者朋友们提出宝贵的意见，联系方式：textbook@1000phone.com。

千锋教育

2023年6月

目　录

第 1 单元

Arduino 软硬件开发环境

学习目标

◎了解 Arduino 开源平台
◎认识 Arduino 开发板及拓展板
◎掌握 Arduino 相关电子元件基础
◎掌握 Arduino 仿真软件
◎熟悉 Arduino UNO 与 Mega 2560 开发板
◎掌握 Arduino 软硬件开发环境搭建

Arduino是一种灵活便捷、易于学习的开源电子原型平台，其主要包含两部分内容：硬件及软件。硬件指的是Arduino开发板，其从2005年至今，已经推出了多种型号以及众多衍生控制器。软件指的是Arduino IDE，即集成开发环境，其可以在Windows、Mac OS、Linux 3大主流操作系统上运行。本单元将主要介绍与Arduino相关的软硬件环境，包括开发板、相关电子元件、Arduino IDE以及仿真软件。

任务 1.1 Arduino 介绍

1.1.1 预备知识——历史背景及特点

Arduino的诞生主要用来解决大学生面临的具体问题，其创始人马西莫·班兹（Massimo Banzi）是意大利米兰互动设计学院的教师，他的学生经常抱怨，市面上没有一块价格便宜、功能强大、使用简单的控制主板，用来完成电子创意设计。2005年，Banzi与另一位在这所大学做访问研究的西班牙CPU硬件工程师大卫·卡提尔斯（David Cuartielles）共同研究这一问题，随后Banzi的学生大卫·梅利斯（David Mellis）加入，负责编写系统代码。David Mellis编写完成代码后，电路板制作完成，这块电路板被命名为Arduino，其创始人团队如图1.1所示。

图 1.1　Arduino 创始人团队

随后Arduino的创始人一致同意，采用硬件开源的方式推广Arduino。Banzi、Cuartielles与Mellis将设计图上传到网络，由于开源硬件不容易监管，创作团队决定采用Creative Commons许可（保护开发版权行为的一种许可，类似于GPL）。在该许可下，任何人都可以生产电路板的复制品，甚至可以重新设计，并且不需要付版权费。如果开发者重新发布了引用设计或修改了电路板，则最新的设计必须使用相同或类似的Creative Commons许可，以保证全新设计的Arduino电路板同样自由和开发。

Arduino创始人团队唯一所有的是“Arduino”商标（见图1.2），如果其他人使用该名字出售电路板，则需要支付费用给Arduino核心开发团队成员。

Arduino包含了很多不同的开源组件（见图1.3），这些组件整合在一起，使其成为一个整体的开源工具。Arduino简化了微控制器的工作过程，用户可以快速做出产品，并且有很好的用户体验。

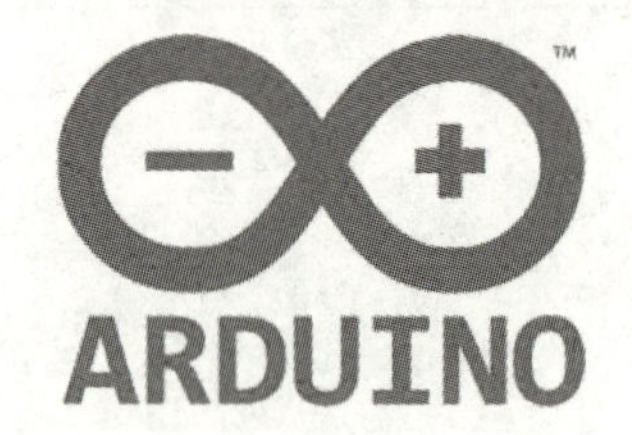

图 1.2 Arduino 标志

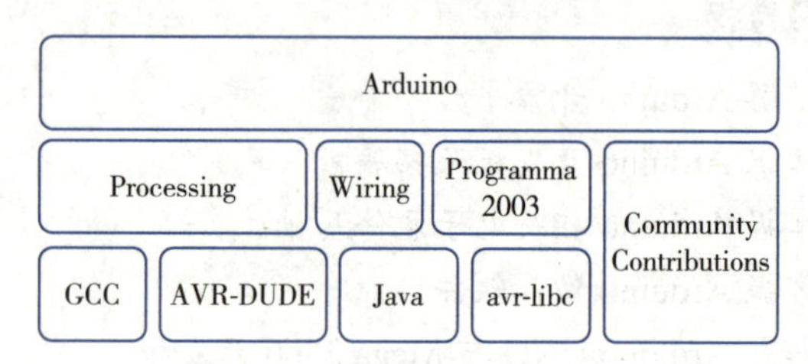

图 1.3 Arduino 开源组件

Arduino具有以下特点：

1. 支持跨平台

Arduino软件的集成开发环境可运行在Windows、Mac OS、Linux操作系统上，用户可以自由选择系统进行环境搭建。

2. 支持多种互动程序

Arduino可以独立运行，并与Processing、Max/MSP、PureData、SuperCollider等软件进行交互。

3. 简单易掌握

Arduino IDE基于processing IDE开发。对于初学者而言，极易掌握，同时具有足够的灵活性。Arduino语言基于wiring语言开发，是对avr-gcc库的二次封装，不需要初学者掌握太多的硬件及编程技术。

4. 软件开源与可扩展性

Arduino软件作为开源工具发布，可供经验丰富的程序员进行扩展。有经验的程序员可以跳过Arduino，直接使用其基于的AVR-C语言进行编程。如果需要可以将AVR-C代码直接添加到Arduino程序中。

5. 硬件开源与可扩展性

Arduino不仅仅是全球最流行的开源硬件，也是一个优秀的硬件开发平台，更是硬件开发的趋势。Arduino遵循知识共享许可协议，开放电路图设计，因此开发者可以拓展它，甚至开发属于自己的模块，这样不仅提高了开发的灵活性，而且降低了生产成本。

1.1.2 深入学习——Arduino 开发板与拓展板

Arduino开发板可以分为入门级、高级类、物联网类、教育类以及可穿戴类五大类，具体产品型号如表1.1所示。

表 1.1　Arduino 开发板型号

开发板分类	产品型号
入门级	UNO、Leonardo、101、Esplora、Micro、Nano 等
高级类	Mega 2560、Zero、DUE、MKR VIDOR 4000、Mega ADK 等
物联网类	Yun、Ethernet、MKR1000 等
教育类	CTC101、Engineering KIT 等
可穿戴类	LilyPad、Gemma 等

如表1.1所示，建议Arduino初学者选择入门级产品UNO，其配套资源比较丰富，初学者可以得到很大的帮助。读者在实际学习、开发过程中，根据自己的具体需求以及性能选择适合的开发板。市面中比较常见的Arduino开发板如下：

1.Arduino UNO

Arduino UNO是基于ATmega328p的微控制器板，它有14个数字输入/输出引脚（其中6个可作为PWM输出），6个模拟输入引脚，1个16 MHz晶体振荡器，1个USB接口，1个电源接口，1个ICSP接头以及1个复位按钮。Arduino UNO包含支持微控制器所需的一切，只需使用USB线将其连接到计算机或使用AC到DC适配器为其供电即可开始使用。Arduino UNO开发板，如图1.4所示。

2.Arduino Leonardo

Arduino Leonardo是基于ATmega32u4的微控制器板，它有20个数字输入/输出引脚（其中7个可作为PWM输出，12个可作为模拟输入），1个16 MHz晶体振荡器，1个微型USB连接，1个电源插孔，1个ICSP 接头和1个复位按钮。Arduino Leonardo使用的ATmega32u4处理具有内置的USB通信，无须二级处理器。Arduino Leonardo开发板，如图1.5所示。

图 1.4　Arduino UNO 开发板

图 1.5　Arduino Leonardo 开发板

3.Arduino Mega 2560

Arduino Mega 2560是基于ATmega2560的微控制器板，它具有54个数字输入/输出引脚（其中15个可作为PWM输出），16个模拟输入，4个UART（硬件串行端口），1个16 MHz晶体振荡器，1个USB接口，1个电源插孔，1个 ICSP 接头以及1个复位按钮。Arduino Mega 2560是Arduino Mega的更新版本，如图1.6所示。

4.Arduino Nano

Arduino Nano是一款基于ATmega328 (Arduino Nano 3.x)的小型、完整且适合面包板的开发板，它没有直流电源插座且采用Mini-B USB电缆。Arduino Nano开发板有14个数字输入/输出引脚，工作电压为5 V，每一个引脚都可以提供或接收最高40 mA的电流，都有1个20～50的内部上拉电阻器（默认情况下断开）。Arduino Nano有8个模拟输入，每个模拟输入都提供10位的分辨率。Arduino Nano开发板，如图1.7所示。

图 1.6　Arduino Mega 2560 开发板

图 1.7　Arduino Nano 开发板

5.Arduino Ethernet

Arduino Ethernet是基于ATmega328的微控制器板，它有14个数字输入/输出引脚，6个模拟输入，1个16 MHz晶体振荡器，1个RJ45连接，1个电源插座，1个ICSP接头，1个复位按钮。引脚10、11、12和13只能用于连接以太网模块。Arduino Ethernet没有板载USB转串口驱动器芯片，但有1个Wiznet以太网接口。Arduino Ethernet开发板，如图1.8所示。

6.Arduino Yun

Arduino Yun是一款基于ATmega32U4和Atheros AR9331的开发板。Atheros AR9331可以运行一个基于Linux和OpenWRT的操作系统Linino。该开发板内置Ethernet、Wifi，有1个USB端口，1个Micro插槽，20个数字输入/输出端口（其中7个可以用于PWM，12个可以用于ADC），1个Micro USB接口，1个ICSP插头，3个复位按钮。Arduino Yun与其他Arduino最大的区别是其可以与Linux通信。Arduino Yun开发板，如图1.9所示。

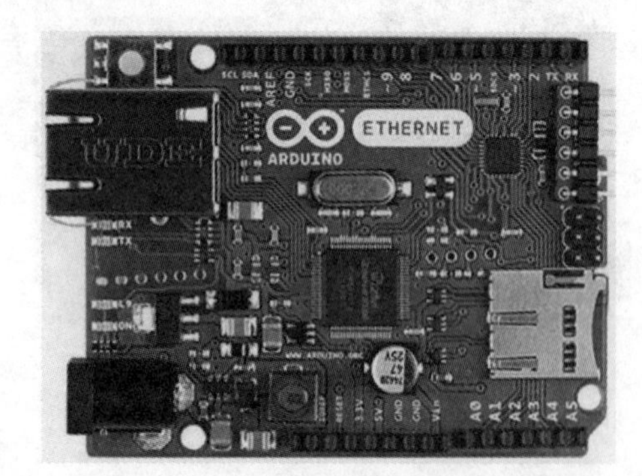

图 1.8　Arduino Ethernet 开发板

图 1.9　Arduino Yun 开发板

7.Arduino DUE

Arduino DUE是基于微控制器Atmel SAM3X8E CPU的微控制器板，它是第一款基于32位ARM

内核微控制器的Arduino板。它有54个数字输入/输出引脚（其中12个可作为PWM输出），12个模拟输入，4个UART（硬件串行端口），1个84 MHz时钟，1个支持USB OTG接口，2个DAC（数模转换），2个TWI，1个电源插孔，1个SPI接口，1个JTAG接口，1个复位按钮以及1个擦除按钮。需要注意的是，Arduino DUE板与大多数Arduino板不同，其运行电压为3.3 V。输入/输出引脚可承受的最大电压为3.3 V，向任何输入/输出引脚施加高于3.3 V的电压可能会损坏电路板。Arduino DUE开发板，如图1.10所示。

图 1.10　Arduino DUE 开发板

不同的开发板性能与适用场合也不尽相同，具体如表1.2所示。

在使用Arduino硬件系列进行开发时，除了需要开发板之外，有时还需要配合使用各种扩展板，将其插到开发板中可以增加额外的功能。

扩展板的种类很多，其扩展原理基本相同，扩展板并不会增加输入/输出口的数量，但可以实现插入多个传感器。Arduino开发板中的电源插孔较少，不能满足多个模块电源引脚的连接，而拓展板为每个输入、输出接口提供电源。常见的扩展板如下：

（1）Arduino Ethernet Shield

Arduino Ethernet Shield（以太网拓展板）具有标准的RJ45连接，带有集成的线路变压器和以太网供电。Arduino Ethernet Shield允许Arduino板连接到互联网，它基于Wiznet W5500以太网芯片，支持TCP和UDP通信协议，最多支持8个并发套接字连接。

Arduino Ethernet Shield通过扩展板延伸的长绕线接头连接Arduino开发板，从而保持引脚布局完整，并允许另一个Shield堆叠在其上面。它有1个板载Micro-SD卡槽，可用于存储文件，通过SD库可访问板载Micro-SD读卡器。Arduino Ethernet Shield板，如图1.11所示。

（2）Arduino Motor Shield

Arduino Motor Shield（电机拓展板）基于双全桥驱动器L298用于驱动电感负载，如继电器、螺线管、直流以及步进电机。它有2个单独的通道，分别为A和B，每个通道使用4个Arduino引脚驱动或感应电机。它可以分别使用每个通道驱动2个直流电机（可以独立控制每个电机的速度与方向），或将它们组合起来驱动1个双极步进电机。Arduino Motor Shield板，如图1.12所示。

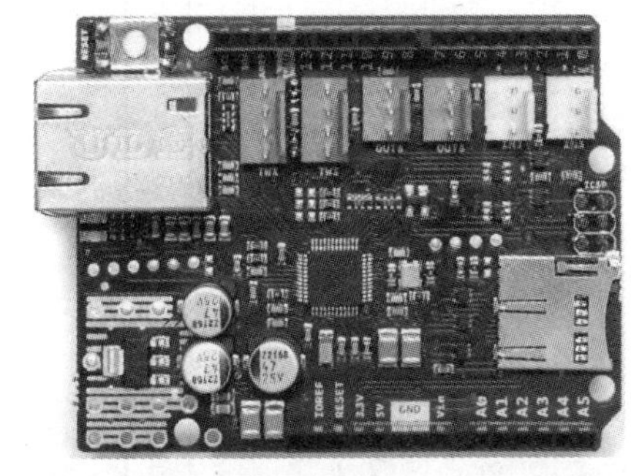
图 1.11　Arduino Ethernet Shield 板

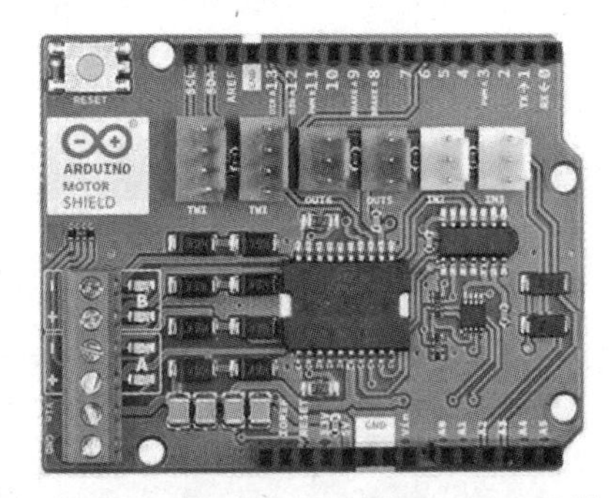

图 1.12　Arduino Motor Shield 板

表 1.2 Arduino 开发板性能分析

开发板	UNO	Mega 2560	Leonardo	Nano	Ethernet	Yun	DUE	101	Micro	LilyPad	MKR1000	Zero
处理器	ATmega 328p	ATmega 2560	ATmega 32u4	ATmega 328	ATmega 328	ATmega 32U4 和 Atheros AR9331	ATSAM3 X8E	Intel®Curie	ATmega 32u4	ATmega168V ATmega328p	SAMD21 Cortex-M0+	ATSAMD21 G18
工作 / 输入电压 /V	5/7 ~ 12	5/7 ~ 12	5/7 ~ 12	5/7 ~ 9	5/7 ~ 12	5	3.3/7 ~ 12	3.3/7 ~ 12	5/7 ~ 12	2.7 ~ 5.5	3.3/5	3.3/7 ~ 12
时钟频率 / MHz	16	16	16	16	16	16 400	84	32	16	8	48	48
模拟 I/O 引脚数	6/0	16/0	12/0	8/0	6/0	12/0	12/2	6/0	12/0	6/0	7/1	6/1
数字 IO/PWM 引脚数	14/6	54/15	20/7	14/6	14/4	20/7	54/6	14/4	20/7	14/6	8/4	14/10
EEPROM/KB	1	4	1	0.512 1	1	1	—		1	0.512	—	—
SRAM/KB	2	8	2.5	1 2	2	2.5 16 MB	96	24	2.5	1	32	32
Flash/KB	32	256	32	16 32	32	32 64 MB	512	196	32	16	256	256
USB 类型	Regular	Regular	Micro	Mini	Regular	Micro	2 Micro	Regular	Micro		Micro	2 Micro
串口个数	1	4	1	1	—	1	4		1		1	2

（3）Arduino GSM Shield

Arduino GSM Shield（移动通信拓展板）允许Arduino开发板连接互联网，拨打或接听语音电话，发送或接收短信息。该扩展板使用Quectel的无线调制解调器M10，使用AT命令与开发板通信。Arduino GSM Shield使用数字引脚2、3与M10进行软件串行通信，引脚2连接M10的TX引脚，引脚3连接M10的RX引脚。为了连接蜂窝网络接口，该扩展板需要网络运营商提供SIM卡。Arduino GSM Shield板，如图1.13所示。

（4）Arduino 9 Axes Motion Shield

Arduino 9 Axes Motion Shield基于博世传感器技术有限公司推出的BNO055绝对方向传感器，该传感器集成了一个三轴14位加速度计，一个范围为±2 000度每秒的三轴16位陀螺仪以及一个32位微控制器。Arduino 9 Axes Motion Shield板，如图1.14所示。

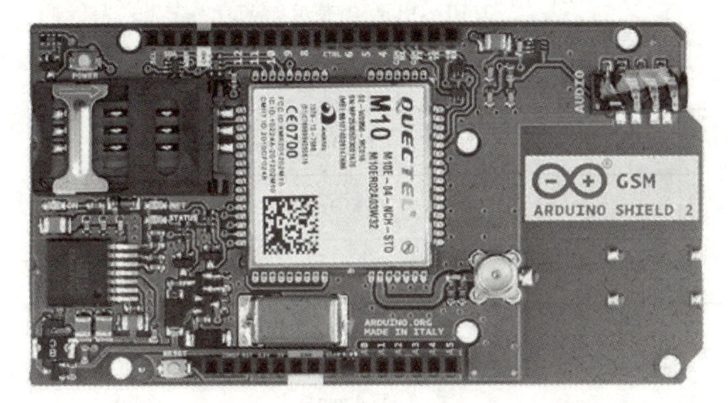

图 1.13　Arduino GSM Shield 板

图 1.14　Arduino 9 Axes Motion Shield 板

1.1.3　实践引导——Arduino UNO 与 Arduino Mega 2560

本书在介绍Arduino开发的相关问题时，主要围绕Arduino UNO与Arduino Mega 2560开发板进行。本节将主要介绍这两个常用开发板的详细硬件信息，为后续学习过程中的硬件测试奠定基础。

1. Arduino UNO

"UNO"在意大利语中的意思是"一"，表示Arduino UNO开发板是Arduino系列的第一号开发板，同时Arduino IDE 1.0是Arduino IDE的第一个正式版本。Arduino UNO与Arduino IDE建立了一套Arduino开发标准，此后的Arduino开发板与衍生产品都是在此标准上建立起来的。

（1）技术参数

Arduino UNO开发板基于ATmega328P微控制器，具体的技术参数如表1.3所示。

表 1.3　Arduino UNO 开发板技术参数

参　数	Arduino UNO
微控制器	ATmega328P
工作电压	5 V
输入电压（推荐）	7 ~ 12 V
输入电压（极限）	6 ~ 20 V

续上表

参　数	Arduino UNO
数字 I/O 引脚	14
PWM 通道	6
模拟输入通道（ADC）	6
每个输入 / 输出引脚直流输出能力	20 mA
3.3 V 端口输出能力	50 mA
Flash	32 KB（引导程序使用 0.5 KB）
SRAM	2 KB
EEPROM	1 KB
时钟速度	16 MHz
板载 LED 引脚	13
长度	68.6 mm
宽度	53.4 mm
重量	25 g

（2）引脚说明

Arduino UNO开发板有1个USB接口中，1个复位按键，14个数字输入/输出引脚（其中6个可用于PWM输出），1个ZCSP接头，1个外接电源接口，8个电源引脚，6个模拟输入引脚，如图1.15所示。

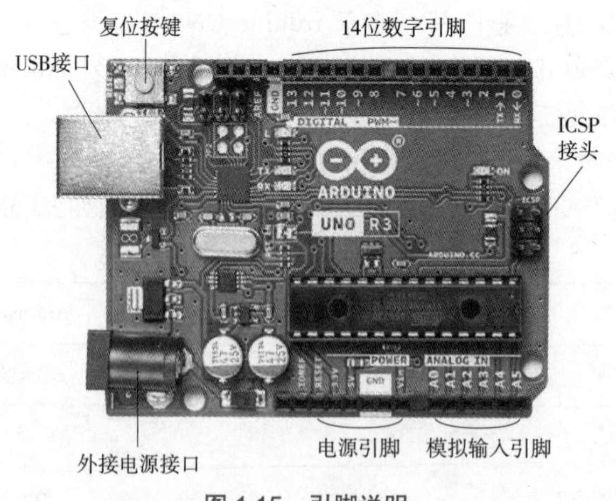

图 1.15　引脚说明

Arduino UNO开发板引脚说明如表1.4所示。

表 1.4　Arduino UNO 引脚说明

分　类	说　明
串口	引脚 0（RX）与 1（TX），用于接收与发送串口数据，这两个引脚与 ATmega16U2（或 CH340）等 USB-TTL 芯片连接
外部中断	引脚 2 与 3，可配置为中断触发引脚，触发模式分为四种，分别为低电平触发、电平改变触发、上升沿触发、下降沿触发
PWM	引脚 3、5、6、9、10、11，可用于输出 8 位 PWM 波
SPI	引脚 10（SS）、11（MOSI）、12（MISO）、13（SCK），可用于 SPI 通信
L-LED	引脚 13，该引脚与 LED 灯连接，当引脚电平为 HIGH 时，LED 灯亮，电平为 LOW 时，LED 灯灭
模拟输入	UNO 有 6 个模拟输入，即引脚 A0 ~ A5，每个模拟输入提供 10 位分辨率(10 位二进数表示)，即有 1 024 个不同的数值。默认情况下，模拟电压的测量范围是 0 ~ 5 V
VIN	当使用外部电源供电时，该引脚可以输出电源电压
5 V	5 V 电源引脚，当使用 USB 供电时，直接输出 USB 提供的 5 V 电压，使用外部电源供电时，输出稳压后的 5V 电压
3.3 V	3. 3 V 电源引脚，最大输出 50 mA 电流
GND	接地引脚
IOREF	模拟输入的参考电压，其他设备可通过该引脚识别开发板输入 / 输出参考电压

（3）编程

Arduino UNO开发板的ATmega328P微控制器中已经存储有BootLoader（引导程序），BootLoader允许下载新的程序到开发板，而不需要使用额外的编程器，这种上传程序的过程使用STK500协议完成。

如果不使用BootLoader，可以通过ICSP接口连接编程器为Arduino UNO上传程序。

（4）电源

Arduino UNO开发板可通过USB接口或外部电源供电，它可以自动选择供电电源。

（5）通信

Arduino UNO可以与计算机、另一个Arduino或其他微控制器通信。ATmega328P通过数字引脚0（RX）与1（TX）实现UART TTL（5 V）串口通信。ATmega16U2通过USB引导此串行通信，并显示为计算软件的虚拟COM端口，ATmega16U2固件使用标准USB COM驱动程序，无须外部驱动程序。Arduino UNO开发板通过USB转串口驱动与计算机的USB口连接并且进行数据通信时，Arduino UNO开发板上的RX与TX指示灯将闪烁。

（6）自动（软件）重置

一些开发板在上传程序前需要手动复位，当UNO连接到使用Mac OS或Linux操作系统的计算机时，可以由程序控制其复位，然后引导装载程序BootLoader在UNO上运行。

2. Arduino Mega 2560

Arduino Mega 2560相较于Arduino UNO提供了更多的输入/输出接口，且外形与功能几乎都兼容Arduino UNO。Arduino Mega 2560开发板适合更加复杂的工程，适合需要大量输入/输出接口的设计。

（1）技术参数

Arduino Mega 2560开发板基于ATmega2560微控制器，具体技术参数如表1.5所示。

表 1.5 Arduino Mega 2560 开发板技术参数

参　数	Arduino Mega 2560
微控制器	ATmega2560
工作电压	5 V
输入电压（推荐）	7 ~ 12 V
输入电压（极限）	6 ~ 20 V
数字输入 / 输出引脚	54
PWM 通道	15
模拟输入通道	16
每个输入 / 输出直流输出能力	20 mA
3.3 V 端口输出能力	50 mA
Flash	256 KB（引导程序使用 8 KB）
SRAM	8 KB
EEPROM	4 KB
时钟速度	16 MHz
板载 LED 引脚	13
长度	101.52 mm
宽度	53.4 mm
重量	37 g

（2）引脚说明

Arduino Mega 2560开发板有1个USB接口，1个复位按钮，54个数字输入/输出引脚（其中15个可作为PWM输出），1个外接电源接口，8个电源引脚，16个模拟输入，如图1.16所示。

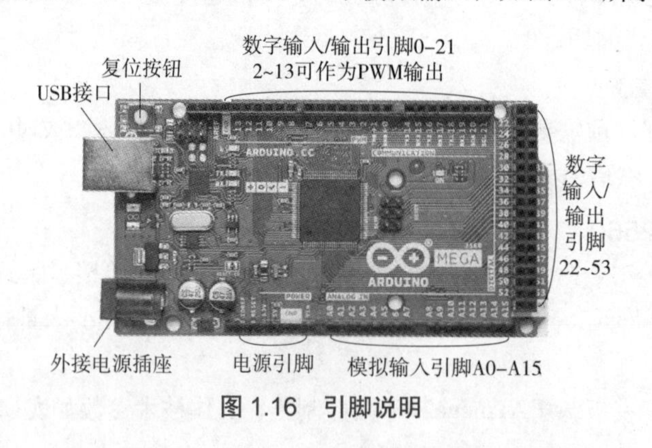

图 1.16 引脚说明

Arduino Mega 2560的引脚说明如表1.6所示。

表 1.6　Arduino Mega 2560 引脚说明

分　类	说　明
串口	用于接收（RX）和发送（TX）TTL 串行数据，串口引脚包括 0（RX）与 1（TX）、19（RX）与 18（TX）、17（RX）与 16（TX）、15（RX）与 14（TX）。引脚 0 与 1 通过连接到 ATmega16u2 与计算机进行串口通信
外部中断	引脚 2（中断 0）、引脚 3（中断 1）、引脚 18（中断 5）、引脚 19（中断 4）、引脚 20（中断 3）、引脚 21（中断 2），这些引脚可用于输入外部中断信号，中断有 4 种触发模式，分别为低电平触发、电平改变触发、上升沿触发、下降沿触发
PWM 输出	引脚 2 ～ 13 与引脚 44 ～ 46 可用于输出 8 位 PWM 信号
SPI	引脚 50（MISO）、51（MOSI）、52（SCK）、53（SS）可用于 SPI 通信
L-LED	引脚 13 连接 LED 灯，当引脚输出高电平时打开 LED，当引脚输出低电平时关闭 LED
TWI	引脚 20（SDA）与 21（SCL），使用 Wire 库支持 TWI 通信
模拟输入	Mega 2560 有 16 个模拟输入，即引脚 A0 ～ A15，每个模拟输入提供 10 位分辨率（10 位二进制数表示），即输入有 1 024 个不同的数值。默认情况下，模拟电压的测量范围是 0 ～ 5 V
AREF	模拟输入的参考电压
RESET	复位端口，复位按键按下时，会使该端口接到低电平，从而让 Arduino 复位
Vin	电路板使用外部电源时的输入电压，当使用外部电源供电时，该引脚可输出电源电压
5 V	使用 USB 供电时，直接输出 USB 提供的 5 V 电压，使用外部电源供电时，输出稳压后的 5 V 电压
3.3 V	电源引脚，最大输出能力为 50 mA
GND	接地引脚

（3）编程

Arduino Mega 2560可使用Arduino IDE进行编程，其微控制器ATmega2560带有BootLoader，允许在不使用外部硬件编程器的情况下向其下载新的程序（采用STK500协议）。当不使用BootLoader时，可使用Arduino ISP或类似软件通过ICSP对微控制器进行编程。

（4）电源

Arduino Mega 2560可通过USB连接或外部电源供电，它可以自动选择供电电源。

（5）通信

Arduino Mega 2560开发板的通信特性与Arduino UNO开发板类似。

（6）自动（软件）复位

Arduino Mega 2560开发板的自动（软件）复位特性与Arduino UNO开发板相同。

任务 1.2　Arduino 相关电子元器件

Arduino电路会使用到各种电子元器件，通过搭配不同的元器件和模块，可以制作出各种特定的产品。电子元件（electronic component），是电子电路中的基本元素，通常是个别封装，并具有两个或以上的引线或金属接点。而电子元器件是电子元件和小型的机器、仪器的组成部分，其本身常由若干零件构成，可以在同类产品中通用。常见的电子元器件，如电阻、电容、电感、电子管、电子显示器件、光电器件、传感器等。

1.2.1 预备知识——电阻器、电容器、电感器

1. 电阻器

电阻器（resistor）通常称为电阻，其是一个限流元件，通过它可以限制所连支路的电流大小。电阻值表示电阻对电流阻挡力的大小，电阻值不能改变的称为固定电阻器，电阻值可变的称为电位器或可变电阻器。电阻元件的电阻值大小一般与温度、材料、长度以及横截面积有关。电阻的单位是欧姆（Ω，简称欧），量的符号为*R*，除欧姆外，电阻的其他单位还有千欧（kΩ）、兆欧（MΩ）等，以千进制进行换算。

电阻的主要物理特性是变电能为热能，因此可认为电阻是一个耗能元件，电流经过它时产生内能，电阻则在电路中起到分压、分流的作用。

电阻由电阻体、骨架和引出端3部分组成，其中只有电阻体可决定电阻的阻值，对于截面均匀的电阻体，电阻值的计算公式如下：

$$R=\rho\frac{L}{A}\ (\Omega)$$

以上公式中，ρ表示电阻材料的电阻率（Ω·cm）；L表示电阻体的长度（cm）；A表示电阻体的横截面积（cm^2）。

理想的电阻是线性的，即通过电阻器的瞬时电流（I）和外加瞬时电压（U）成正比，符合欧姆定律：$I=U/R$。一些特殊的电阻，如热敏电阻、压敏电阻等，其电压与电流的关系是非线性的。

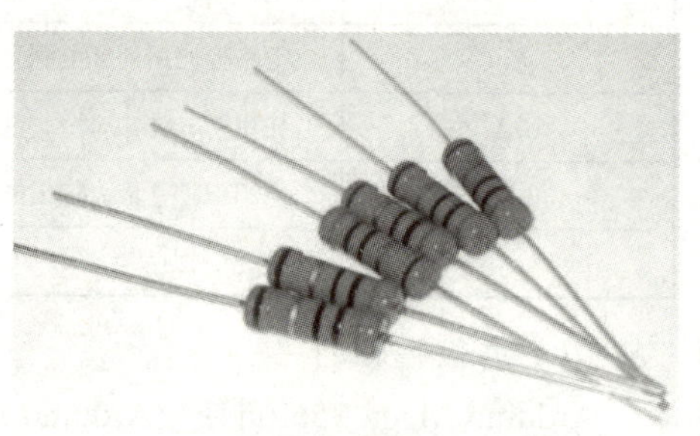

图 1.17 电阻

电阻的阻值和允许偏差的标注方法有直标法、色标法和文字符号法。以常见的色标法为例，其表示的是将不同颜色的色环涂在电阻器上表示电阻的标称值以及允许的误差，如图1.17所示。

四环电阻的识别方式如表1.7所示。

表 1.7 四环电阻的识别方式

颜色	第一环	第二环	第三环	第四环
黑	0	0	10^0	—
棕	1	1	10^1	—
红	2	2	10^2	—
橙	3	3	10^3	—
黄	4	4	10^4	—
绿	5	5	10^5	—
蓝	6	6	10^6	—
紫	7	7	10^7	—
灰	8	8	10^8	—
白	9	9	10^9	—
金	—	—	10^{-1}	±5%
银	—	—	10^{-2}	±10%

如表1.7所示，四环电阻的第1个颜色环表示十位数字，第2个颜色环表示个位数字，第3个颜色环表示乘数倍，第4个颜色环表示误差。如电阻的色环分别为红、橙、黑、金，则该电阻的阻值大小为 $23\Omega\times10^0=23\Omega$（误差±5%）。

其他环数的电阻表示方式与上述方式类似。

2. 电容器

一个导体被另一个导体包围，或者由一个导体发出的电场线全部终止在另一个导体的导体系，称为电容器(capacitor)。电容器是存储电量和电能的元件，其基本结构为间隔对置的2个电极（金属板）以及电介质，电介质可以是空气、纸张、塑料或其他不导电并能防止两个金属极相互接触的物质，如图1.18所示。

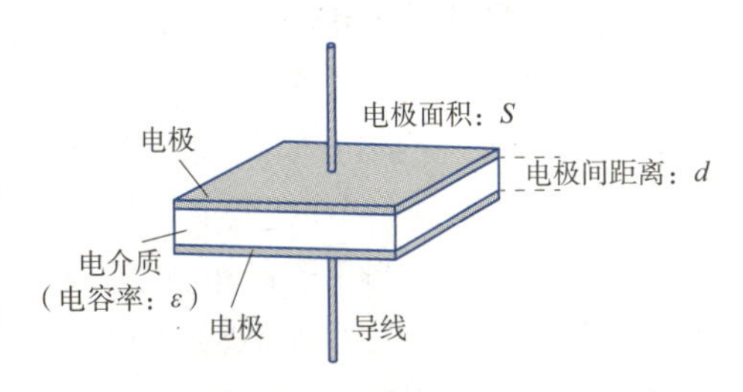

图 1.18　电容器的结构

如图1.18所示，当两个电极上被施加直流电压后，电子瞬间聚集在其中一个电极上，该电极带负电，另一电极则带正电，这种状态在断掉直流电压后依旧存在，此时两个电极之间存积了电荷。表示电容器存积电荷数量的指标称为电容量。

电容量的单位为法拉（F，简称法），量的符号为C。常用的电容单位有毫法（mF）、微法（μF）、纳法（nF）以及皮法（pF）等，以千进制进行换算。电容的计算公式如下：

$$C=\frac{\varepsilon S}{d}$$

如上述公式中，ε 表示电介质的电容率（F/m）；S表示电极面积（m²）；d表示电极间距离（m）。

电容器有很多种类，如铝电解电容器、钽电解电容器、铌电解电容器、薄膜电容器、瓷介电容器、独石电容器、纸质电容器、微调电容器、陶瓷电容器（见图1.19）、玻璃釉电容器等。

图 1.19　陶瓷电容器

3. 电感器

电感器（inductor）是能够将电能转换为磁能进行存储的元件，如图1.20所示。电感器是由导线绕制而成的线圈，当直流信号通过线圈时，电阻就是导线本身的电阻，当交流信号通过线圈时，线圈两端将会产生自感电动势（自感），自感电动势的方向与外加电压的方向相反，阻碍交流的通过。因此，电感器的特性与电容器的特性正好相反，它具有阻交流、通直流的特性。

当两个电感线圈互相靠近时，一个电感线圈的磁场变化将影响另一个电感线圈，这种影响称为互感。电感是自感与互感的总称，其单位是亨利（简称亨，H），标记为L。其他单位如毫亨（mH）或微亨（μH），以千进制进行换算。

图 1.20　电感器

电感器在电路中主要起到滤波、振荡、延迟、陷波等作用。电感在电路中最常见的作用就是与电容一起，组成LC滤波电路。电容具有阻直流、通交流的特性，而电感则通直流、阻交流。如果将伴有许多干扰信号的直流电通过LC滤波电路时，则交流干扰信号将被电感变为热能消耗掉，频率越高越容易被阻抗，这样就可以抑制高频率的干扰信号了。

1.2.2　深入学习——晶体二极管与三极管介绍

1. 晶体二极管

晶体二极管（diode）简称二极管，是由半导体材料制作而成的一种电子元件。它由两个电极组成，一个为阳极，一个为阴极。二极管具有单向导通性，即当阳极接电源正极，阴极接电源负极时，施加在其上的电压称为正向电压，二极管导通，反之二极管处于截止状态。

二极管本质是一个由P型半导体和N型半导体形成的PN结，在其界面处两侧形成了空间电荷层，并且建有自建电场，当不存在外加电压时，PN结两边截流子浓度差引起的扩展电流和自建电场引起的偏移电流相等而处于电平衡状态。当产生正向电压偏置时，外界电场与自建电场的互相抑消作用使截流子的扩展电流增加引起了正向电流（导通）。当产生反向电压偏置时，外界电场与自建电场进一步加强，形成在一定反向电压范围内与反向偏置电压值无关的反向饱和电流。当外加的反向电压高到一定程度时，PN结空间电荷层中的电场强度达到临界值产生载流子的倍增过程，产生大量电子空穴对，产生了数值很大的反向击穿电流，称为二极管的击穿现象。

二极管的种类很多，根据其用途的不同，可以分为检波二极管、整流二极管、发光二极管等（见图1.21）。其中，发光二极管是半导体二极管的一种，可以将电能转换为光能。发光二极管与普通二极管一样，同样具有单向导电性，当给发光二极管施加正向电压后，会产生自发辐射的荧光。发光二极管的外形可以做成矩形、圆形、字形、符号形等多种形状，又有红、绿、黄、橙、红外等多种颜色。它具有体积小、功耗低、容易驱动、光效高、发光均匀稳定、响应速度快以及寿命长等特点，普遍用在指示灯及大屏幕显示装置中。

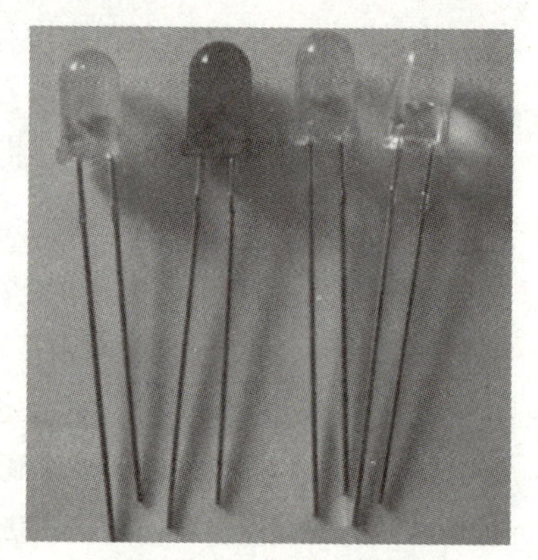

图 1.21　发光二极管

2. 三极管

三极管（见图1.22）全称为半导体三极管或晶体三极管，是一种控制电流的半导体器件，具有放大电流的作用。三极管是在一块半导体基片上制作两个相距很近的PN结，两个PN结将整块半导体分为3部分，中间部分是基极（B），两侧部分分别是发射极（E）和集电极（C），排列方式有PNP与NPN两种，如图1.23所示。

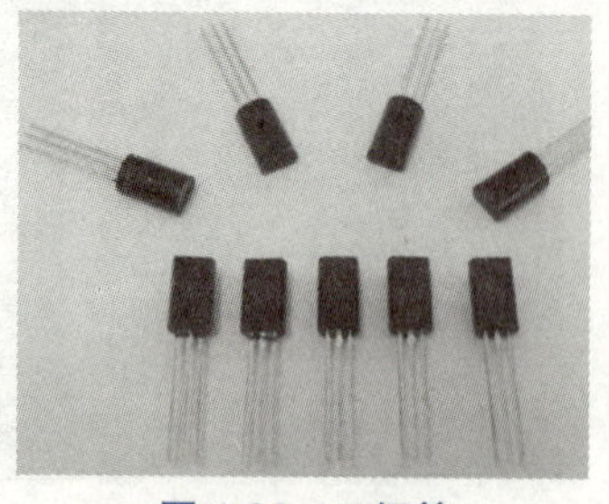

图 1.22　三极管

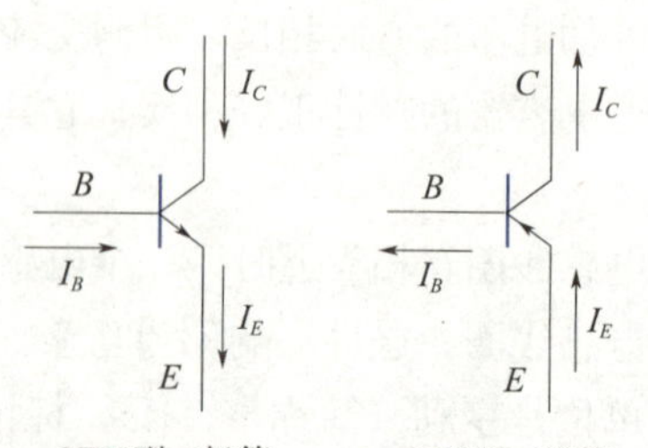

图 1.23　PNP 与 NPN 三极管

如图1.23所示，三极管具有放大作用，通过控制基极电流I_B可改变集电极到发射极的电流I_{CE}，且满足$I_{CE}=\beta I_B$，β表示三极管的放大倍数，发射极箭头表示电流的方向。

NPN型三极管：集电极电流I_C与基极电流I_B流入三极管，发射极电流I_E流出三极管，满足$I_C+I_B=I_E$。NPN型三极管导通条件为：集电极正电压，发射极负电压，基极电压高于发射极电压0.2～0.7 V，三极管达到导通条件。

PNP型三极管：集电极电流I_C与基极电流I_B流出三极管，发射极电流I_E流入三极管，同样满足$I_C+I_B=I_E$。PNP型三极管导通条件为：集电极负电压，发射极正电压，基极电压低于发射极电压0.2～0.7 V，三极管达到导通条件。

1.2.3 引导实践——面包板、杜邦线、万用表的使用

本书在介绍通过Arduino搭建硬件电路时，离不开一些重要的基础电子元器件，如面包板、杜邦线、万用表。无论构建哪一种功能模块，都需要通过这些电子元器件连接整个硬件环境。本节将介绍这些电子元器件的工作原理及使用方法，为后续搭建硬件环境奠定基础。

1. 面包板

面包板的得名源于真空管电路的年代，当时的电路元器件体积较大，人们通常使用螺丝以及钉子将它们固定在切面包的木板上进行连接，虽然如今的电路元器件越来越小，但面包板的名称得以沿用下来。面包板上有很多小插孔，是专门为无焊接实验设计制造的。各种电子元器件可根据需要随意插入或拔出，免去了焊接的时间，而且元件可以重复使用。因此，面包板非常适合电子电路的组装、调试以及学习。

面包板使用热固性酚醛树脂制造而成，板底有金属条，在板上对应位置打孔使得元件插入孔中时能够与金属条接触，从而达到导电的目的。

面包板的款式及大小有很多种，但其基本原理相同，如图1.24所示。

面包板以中间的长凹槽为界分为上下两部分，每一部分中，同一竖列的5个插孔被金属片连接，但不同竖列之间的插孔是绝缘的；上下两个横行中，每5个插孔被金属片连接，且相邻的5组同样是导通的，具体连通如图1.25所示。

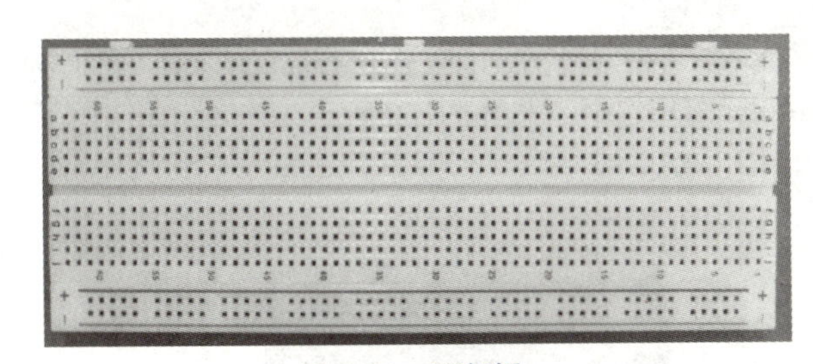

图 1.24 面包板

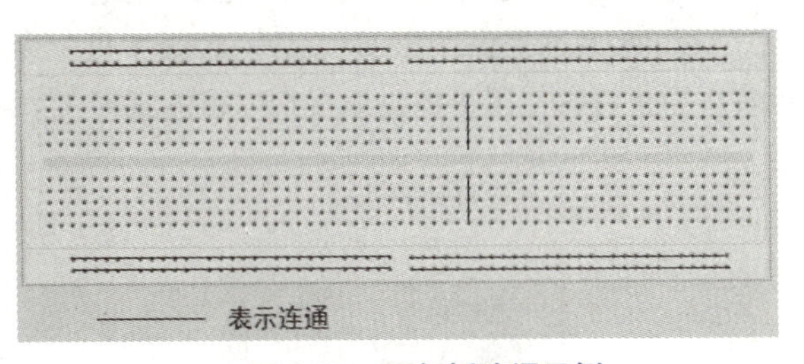

图 1.25 面包板连通示例

不同大小的面包板连通存在差异，但基本的连通原理是一致的。

2. 杜邦线

杜邦线（见图1.26）是由美国杜邦公司生产的有特殊效用的缝纫线。杜邦线可用于实验板的引脚扩展，通过该线可以快速地连接各个模块与Arduino开发板，无须焊接即可进行电路实验。

图 1.26 杜邦线

杜邦线接头有两种形式：插孔与插针。根据不同的用途，接头可以用3种组合形式：两端都是插孔，两端都是插针，一端插针一端插孔。

3. 万用表

万用表又可以称为复用表、多用表等，是一种多功能、多量程的测量仪表。万用表按显示方式可分为指针万用表和数字万用表。一般万用表可测量直流电流、直流电压、交流电流、交流电压、电阻和音频电平等，有的万用表还可以测量电容量、电感量以及半导体的一些参数等。

万用表有一个多档位的旋转开关，用来选择测量的项目和量程。常用的数字万用表有2个绝缘探针表笔和4个测量插孔，表笔分为红、黑2种，红色表笔接正极，黑色表笔接负极。

万用表使用时需要将黑色表笔插入标有“COM”的插孔，测量电压和电阻时将红色表笔插入标有“VΩ”的插孔，然后将两个表笔并联到被测元件两边；测量电流时将根据测量的大小将红色表笔插入标有类似“mA/μA”的插孔，然后将两个表笔串联到被测回路中。数字万用表，如图1.27所示。

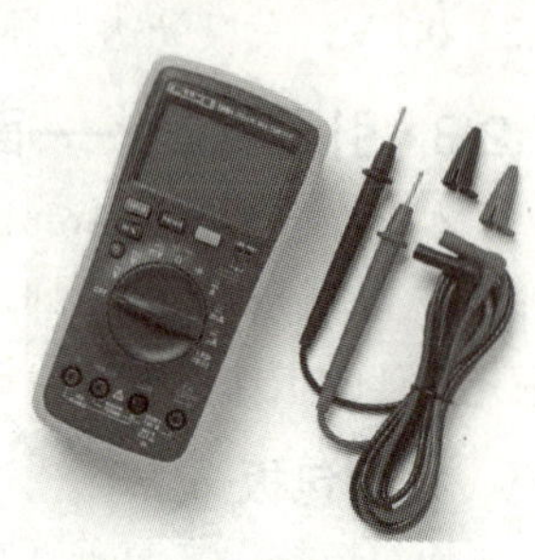

图 1.27　数字万用表

任务 1.3　Arduino IDE

Arduino IDE即Arduino集成开发环境，IDE兼容Windows、Linux、Mac OS操作系统，本节主要讨论Windows操作系统中IDE的安装及使用。

1.3.1　预备知识——Arduino IDE 安装

Arduino IDE基于Processing、AVR-GCC以及其他开源软件，其界面简洁、操作简单。Arduino可采用C语言编程，并且自带多个应用实例和C++类库。由于IDE没有调试功能，只能将程序下载到开发板上运行，通过IDE提供的串口监视器进行调试。

Arduino官网提供了EXE和ZIP两种版本供开发者下载，EXE安装版无须再进行其他安装，ZIP压缩包解压后可直接使用，但需要自行安装驱动程序。Arduino IDE官网下载如图1.28所示。

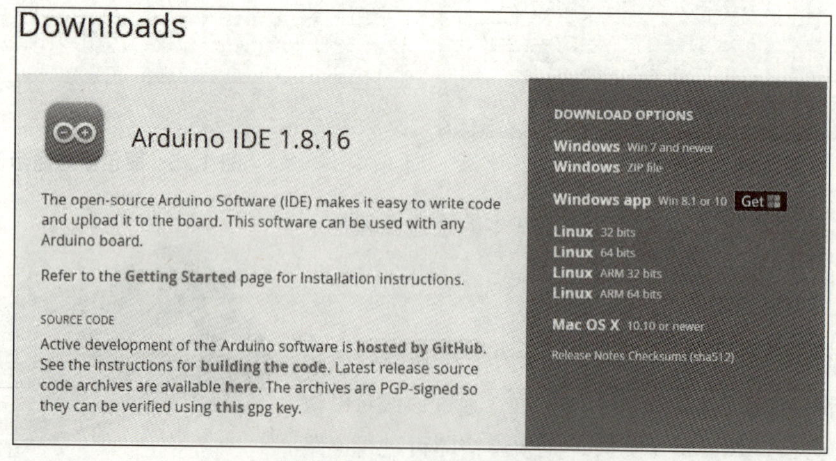

图 1.28　Arduino 官网下载

本节以1.8.16版本为例，介绍IDE的安装过程。读者可根据计算机系统选择合适的版本进行下载，下载完成后，得到可执行文件arduino-1.8.16-windows.exe，双击该文件，启动安装。

启动安装后，出现图1.29所示界面，单击右下角“I Agree”按钮。

同意安装协议后，进入图1.30所示界面，默认选中所有的组件进行安装，单击“Next”按钮进行安装。

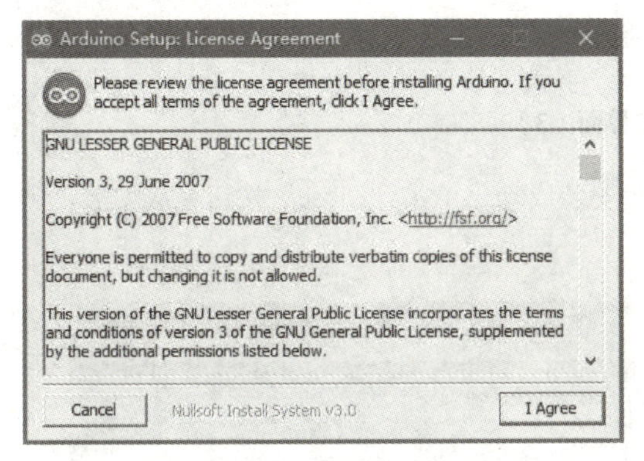

图 1.29　安装协议界面

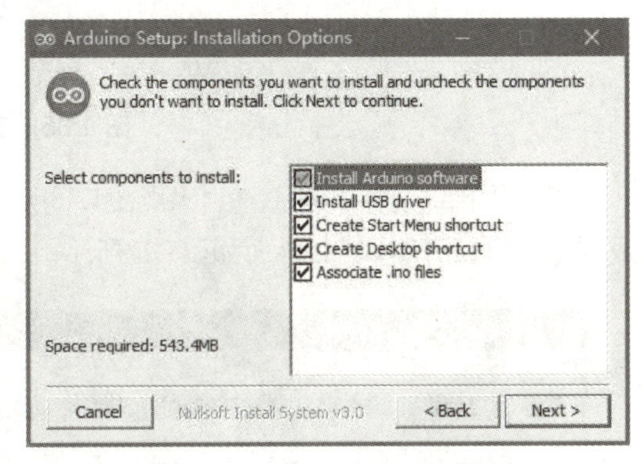

图 1.30　选择组件安装界面

进入图1.31所示界面，选择IDE的安装路径，安装程序默认为系统盘（读者可自行修改路径）。

路径选择完毕后，单击“Install”按钮进行安装，进入图1.32所示的安装过程界面。

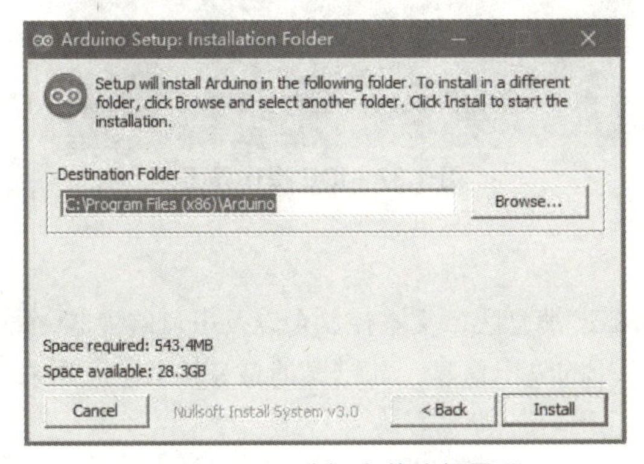

图 1.31　选择安装路径界面

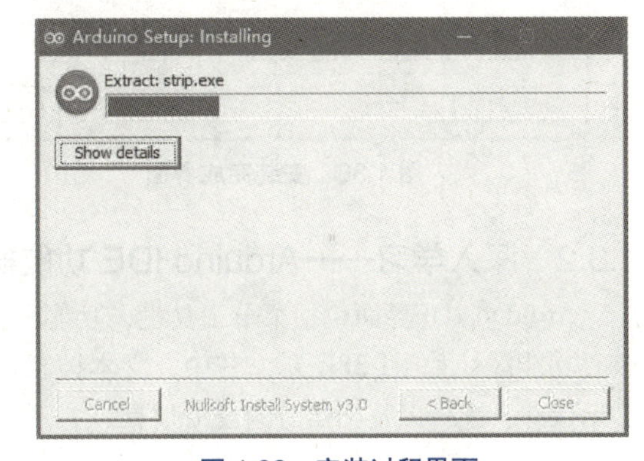

图 1.32　安装过程界面

在安装的过程中，程序会多次提示是否安装驱动程序，如图1.33~图1.35所示，全部单击“安装”按钮即可。

图 1.33　安装驱动程序界面（1）

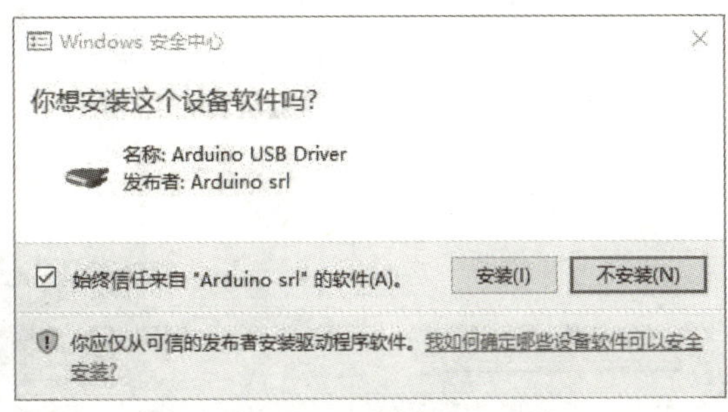

图 1.34　安装驱动程序界面（2）

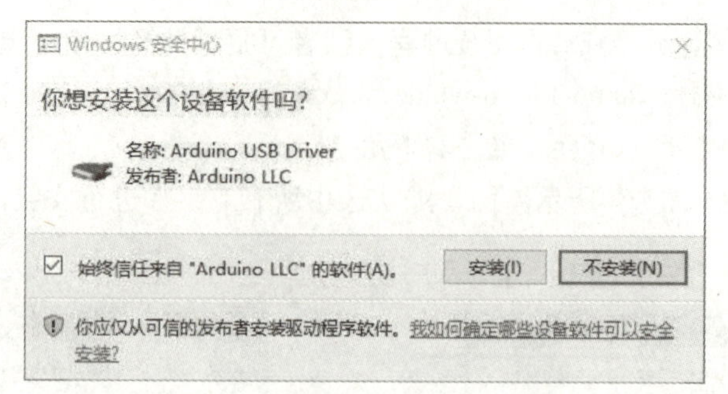

图 1.35 安装驱动程序界面（3）

程序将自动选择下载，直到出现图1.36所示界面，表示安装成功，单击“Close”按钮完成安装。完成安装后，打开IDE，其界面如图1.37所示。

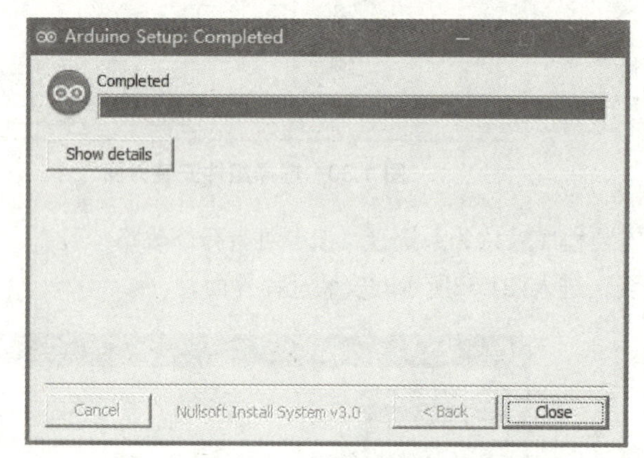

图 1.36 安装完成界面

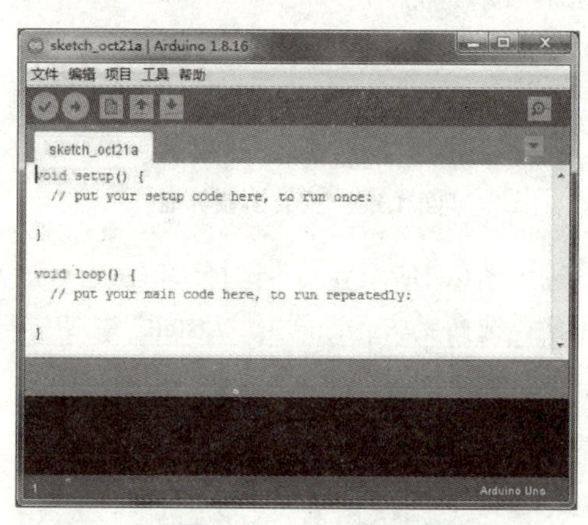

图 1.37 IDE 操作界面

1.3.2 深入学习——Arduino IDE 功能概述

Arduino IDE界面包括菜单工具栏、功能区、文本编辑器、消息区、文本控制台以及串口监视器6个核心功能区，如图1.38所示。其中，文本控制台用来显示IDE的输出信息，如错误消息等；消息区用来显示保存、上传以及出错时的反馈信息。

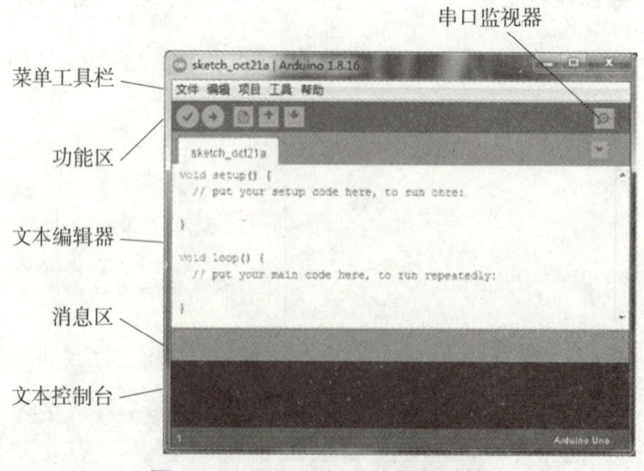

图 1.38 Arduino IDE 界面布局

使用Arduino IDE编写的程序称为项目（sketches），并以扩展名为.ino的文件形式存在。

图1.38中，功能区选项分别为验证、上传、新建、打开、保存、串口监视器，具体解释如表1.8所示。

表 1.8　功能区选项

验证	检查代码编译时的错误
上传（下载）	编译代码并且下载到指定的开发板中
新建	弹出一个新建项目的窗口，可输入新的项目代码
保存	保存项目
打开	弹出一个包含项目文件夹在内的所有项目的菜单
串口监视器	打开串口监视器

菜单工具栏包含5个部分，分别为文件、编辑、项目、工具以及帮助。打开“文件”菜单，其子菜单如图1.39所示。

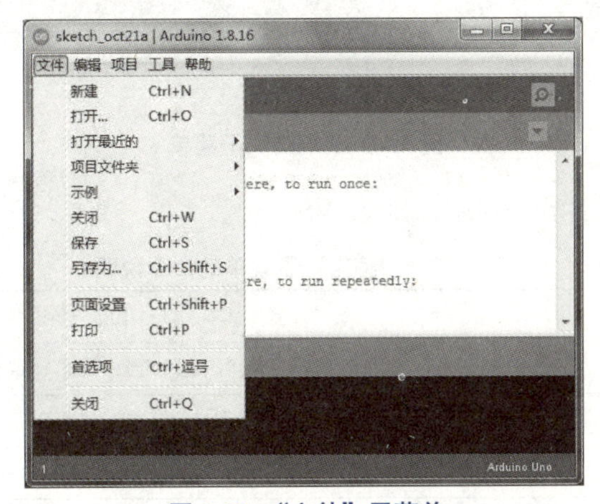

图 1.39　“文件”子菜单

图1.39中“文件”子菜单的命令说明，如表1.9所示。

表 1.9　“文件”子菜单的命令说明

新建	创建一个新的项目
打开	打开一个指定的项目
打开最近的	最近打开过的项目列表，可选择打开其中的一个
项目文件夹	显示当前项目文件夹中的项目
示例	打开 IDE 和库文件提供的每个示例程序
关闭	关闭当前项目窗口
保存	保存当前项目，如未设置名称，则需要输入文件名
另存为	使用另一个文件名存储当前项目
页面设置	显示用于打印的页面设置对话框
打印	按照页面设置中的设置发送当前项目给打印机
首选项	设置 IDE 参数
关闭	关闭所有 IDE 窗口

打开“编辑”菜单，其子菜单如图1.40所示。

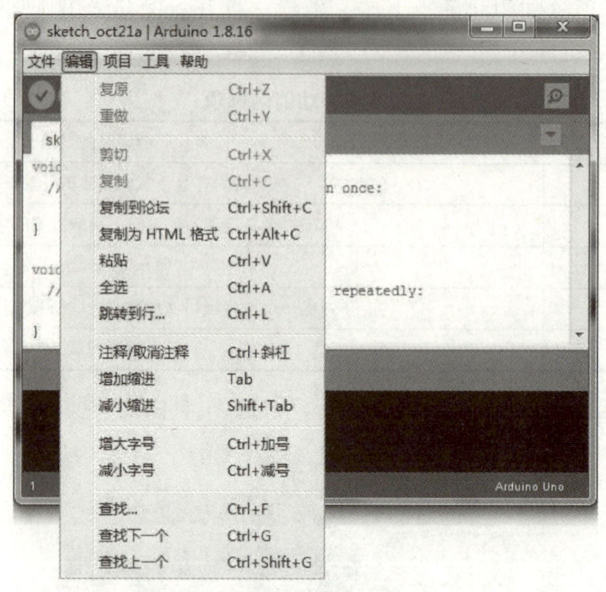

图 1.40 “编辑”子菜单

图1.40中“编辑”子菜单的命令说明，如表1.10所示。

表 1.10 “编辑”子菜单的命令说明

复原	复原文本编辑器中的一步或多步操作
重做	复原后，可以通过重做再执行一遍相应的操作
剪切	删除选择的文本并保存在剪贴板中
复制	将选择的文本保存到剪贴板
复制到论坛	复制项目中的代码到剪贴板，可以粘贴到论坛中
复制为 HTML 格式	以 HTML 格式复制项目中的代码到剪贴板中，可以将代码嵌入网页
粘贴	将剪贴板中的内容粘贴到文本编辑器中的光标处
全选	选中文本编辑器中的所有内容
注释 / 取消注释	在选中行的开头，增加或移除注释标记符“//”
增加缩进	在选中行的开头，增加缩进的位置，文本内容将向右移动
减小缩进	在选中行的开头，减少缩进的位置，文本内容将向左移动
增大字号	增大文本编辑器中代码的字号
减小字号	减小文本编辑器中代码的字号
查找	打开查找和替换窗口
查找下一个	高亮显示下一个在查找窗口中指定的文字，同时移动到该位置
查找上一个	高亮显示上一个在查找窗口中指定的文字，同时移动到该位置

打开“项目”菜单，其子菜单如图1.41所示。

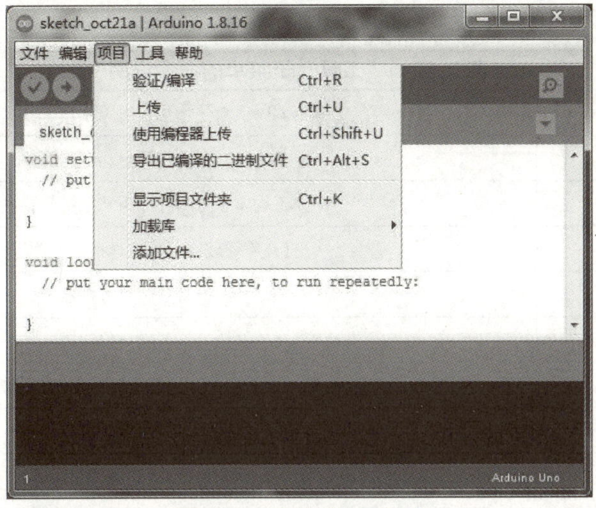

图 1.41　“项目”子菜单

图1.41中“项目”子菜单的命令说明，如表1.11所示。

表 1. 11　“项目”子菜单的命令说明

验证 / 编译	检查代码编译错误，代码存储使用情况在文本控制台中显示
上传	编译并通过串口将二进制代码上传到指定开发板中
使用编译器上传	将覆盖开发板中的引导程序
导出已编译的二进制文件	生成 .hex 文件，可用作仿真软件使用
显示项目文件夹	打开当前项目所在的文件夹
加载率	在代码开头通过 #include 添加一个库文件到项目中
添加文件	添加源文件到项目中

打开“工具”菜单，其子菜单如图1.42所示。

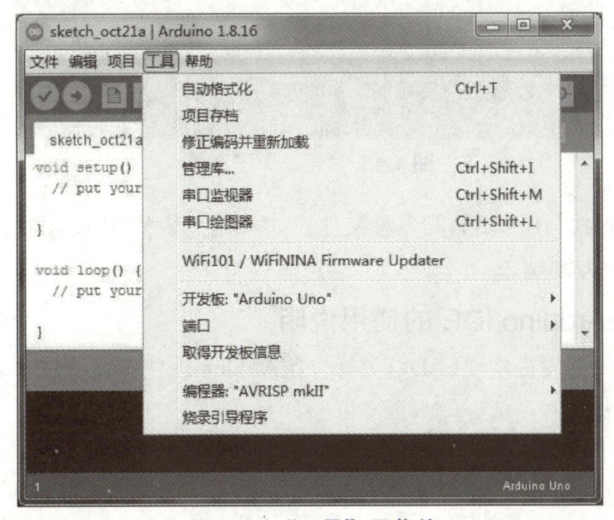

图 1.42　“工具”子菜单

图1.42中“工具”子菜单的命令说明，如表1.12所示。

表 1. 12 “工具”子菜单的命令说明

自动格式化	增加代码美观度
项目存档	将当前项目以 .zip 形式存档
修正编码并重新加载	修正编辑字符与其他系统字符间存在的差异
管理库	打开库管理器，可选择指定的库进行安装
串口监视器	打开串口监视器
串口绘图器	打开串口绘图器
开发板	选择需要适用的 Arduino 开发板
端口	计算机中所有的串口设备
取得开发板信息	获取开发板信息
编程器	当不通过 USB 转串口的方式上传程序时通过该选项选择硬件编程器 一般不需要使用该功能，除非为 Arduino 开发板烧录引导程序
烧录引导程序	烧录引导程序到 Arduino 开发板上的微控制器

打开“帮助”菜单，其子菜单如图1.43所示。

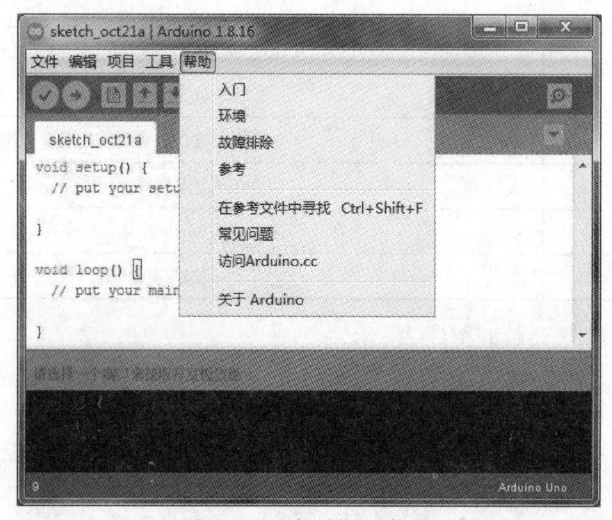

图 1.43 “帮助”子菜单

“帮助”子菜单中可查找与IDE相关的各种文件，如入门、参考资料、IDE使用指南以及其他本地文件，也可以登录Arduino官方网站。

1.3.3 引导实践——Arduino IDE 的使用说明

本小节以Arduino UNO开发板实现LED灯闪烁介绍Arduino软件开发流程。需要准备如下硬件：

①Arduino UNO开发板。

②USB数据线。

③1个限流电阻（220 Ω）。

④1个LED灯。

⑤杜邦线若干。

准备上述硬件器件，开始项目开发，具体流程如下：

1. 连接 Arduino 开发板

使用USB转UART线连接开发板与PC，USB数据线可实现供电与通信的功能，连接后开发板中的绿灯闪烁。

2. 编写项目程序

编写项目程序，实现基础的LED灯闪烁功能，引脚设置需要与实际的电路连接匹配。程序内容设计与编译后结果如图1.44所示（具体解析后续单元将详细介绍）。

3. 选择开发板类型与端口

单击“工具”菜单，在子菜单中的开发板选项中，选择对应的开发板，这里选择Arduino UNO，如图1.45所示。

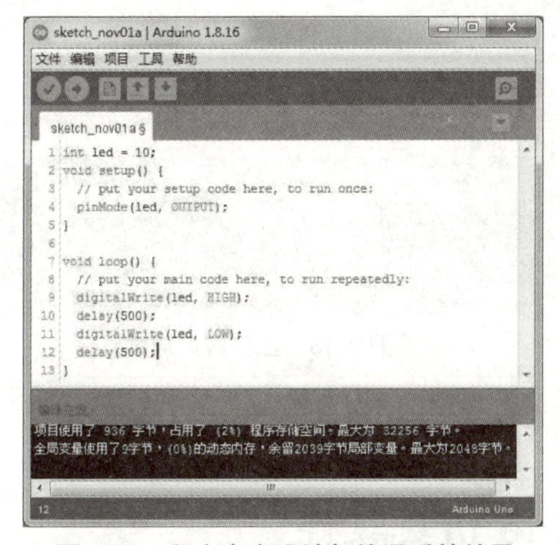

图 1.44　程序内容设计与编译后的结果

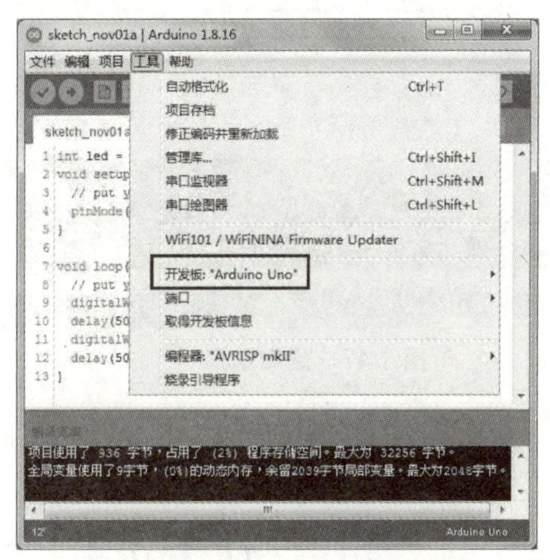

图 1.45　选择开发板类型

单击“工具”选项，在子菜单中的端口选项中，选择USB转UART线连接后对应的端口，端口号需要在计算机设备管理中进行查看，如图1.46所示（为确保开发板与PC连接成功，必须先安装驱动程序）。

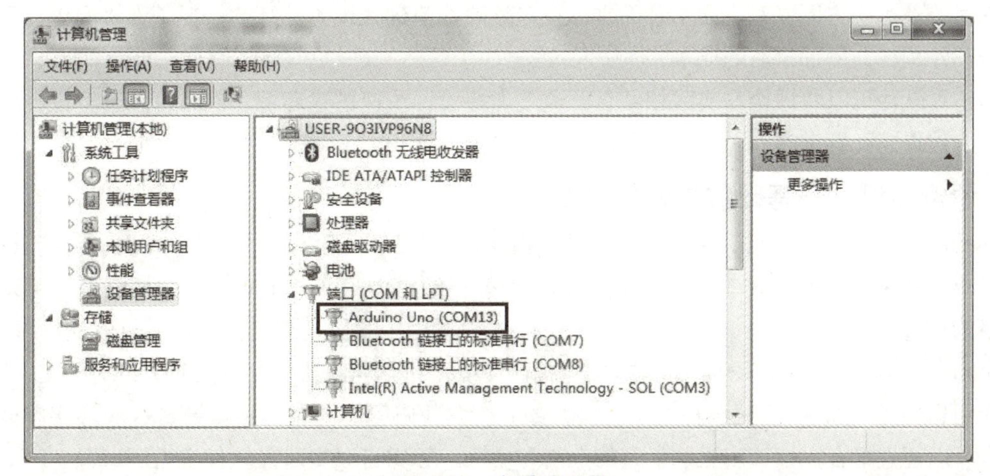

图 1.46　查看端口号

端口选择如图1.47所示。

4. 上传程序

单击菜单栏中的“项目”→“上传”命令，可以看到IDE状态栏中编译并上传的提示，开发板中的RX与TX指示灯闪烁。上传成功后，状态栏显示“上传成功”，并且可以看到开发板中的LED灯闪烁，如图1.48所示。

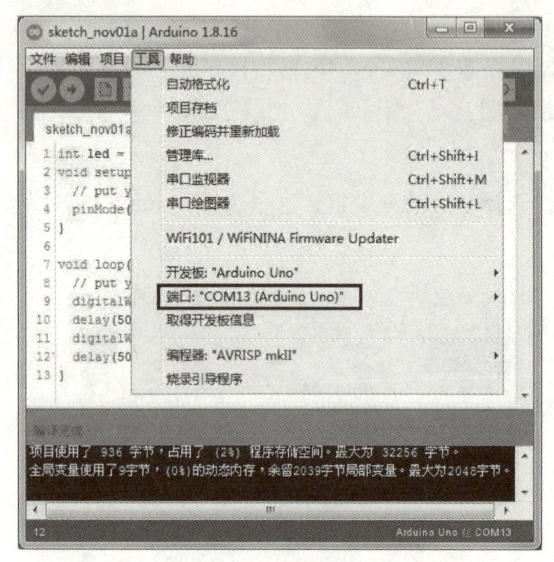

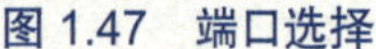

图 1.47 端口选择

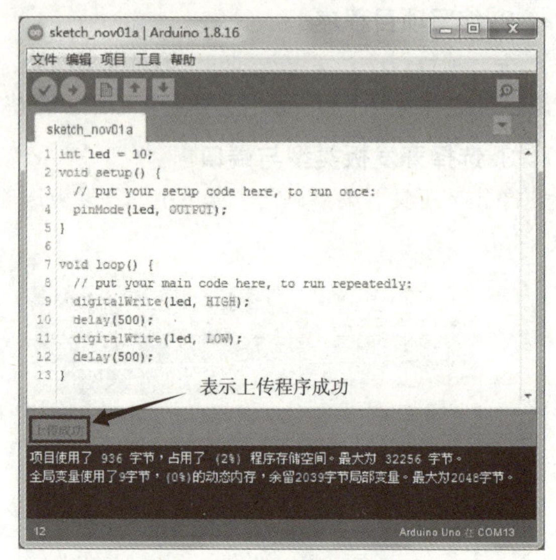

图 1.48 上传程序成功

按下开发板中的复位按键或为开发板重新上电，开发板将先执行引导程序，然后执行用户程序。

任务 1.4 Arduino 仿真软件

在Arduino学习与开发过程中，经常会使用到与电路相关的仿真软件。当开发者需要设计一些特定的实验且当前设备无法满足需求时，可以使用仿真软件模拟构建硬件的连接，并协同程序进行调试，达到实验的目的。另一方面，对于初学者而言，在对软硬件基础知识不熟练的情况下直接操作，容易造成不必要的硬件损坏，增加学习的成本。

使用仿真软件可以将理论与实践相结合，通过虚拟设计快速搭建环境，同时可以避免设计失误导致的损失，有效提高开发进度。

1.4.1 预备知识——基础仿真软件介绍

Virtual Breadboard（VBB），中文直译为“虚拟面包板”，是一款专门的Arduino仿真软件。该软件主要是通过单片机来实现嵌入式软件的模拟和开发环境，不仅包括所有Arduino的样例电路，可以实现面包板电路的设计与布置，还包括所有样例程序，可实现对程序的仿真调试。VBB还可以支持PIC系列芯片、Netduino，以及VB、C、C++、Java等主流编程环境，VBB创建新工程界面如图1.49所示。

VBB可以模拟Arduino连接各种电子模块，如舵机、数码管、各种传感器等。这些部件都可以直接使用，也可以通过组合，设计出更加复杂的电路和模块。VBB可以实时在软件上看到LED、LCD等可视模块的变化，具有模拟交互效果，同时可以确保安全（不会出现芯片烧毁、短路等问题）。

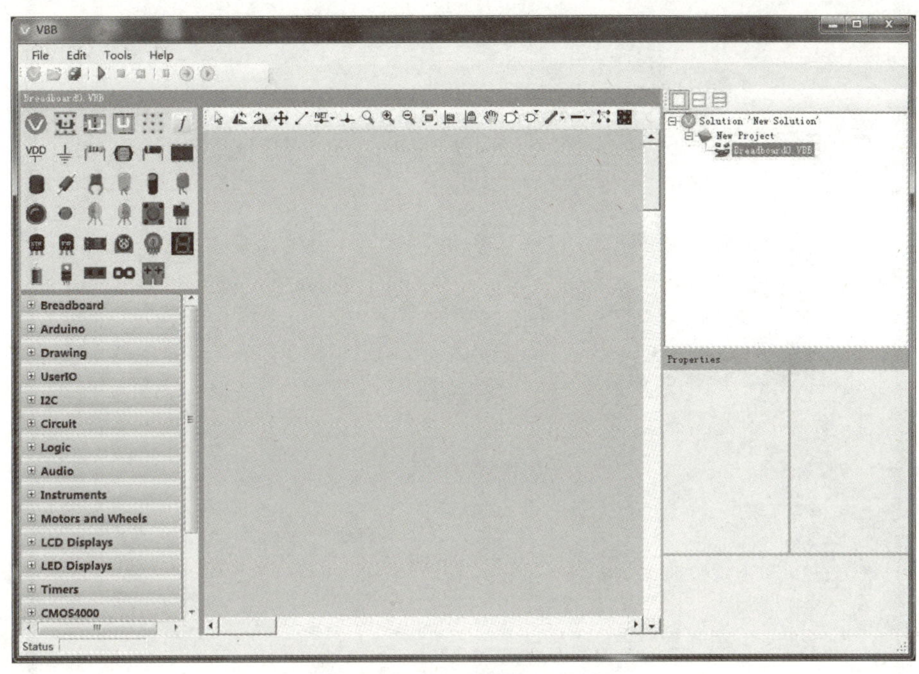

图 1.49　VBB 创建新工程界面

如图1.50所示，构建LED闪烁实验的硬件连接设计。

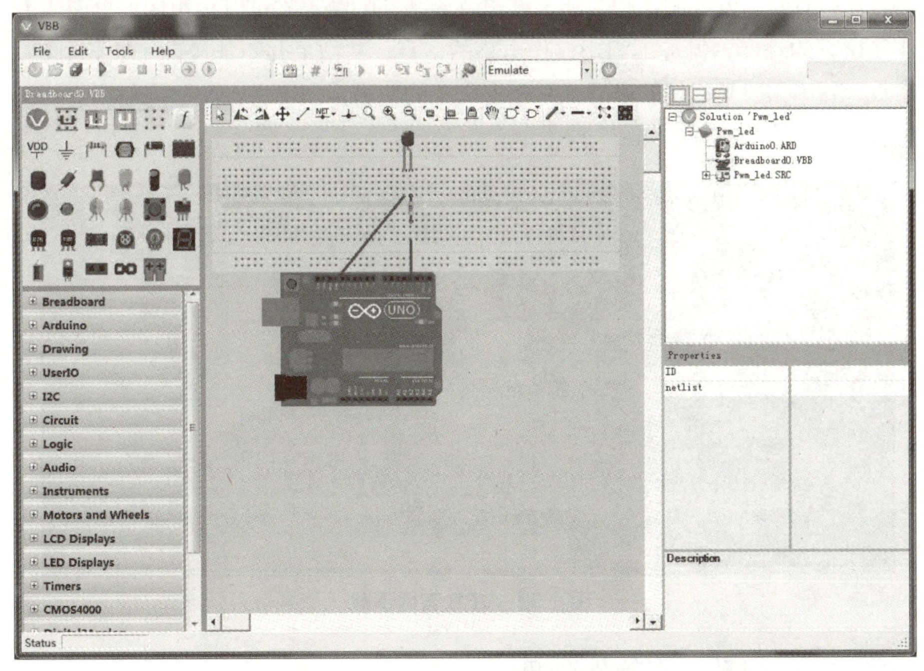

图 1.50　LED 闪烁实验硬件连接

完成程序编写后，单击“运行”按钮后，即可模拟出LED的开关状态，如图1.51所示。

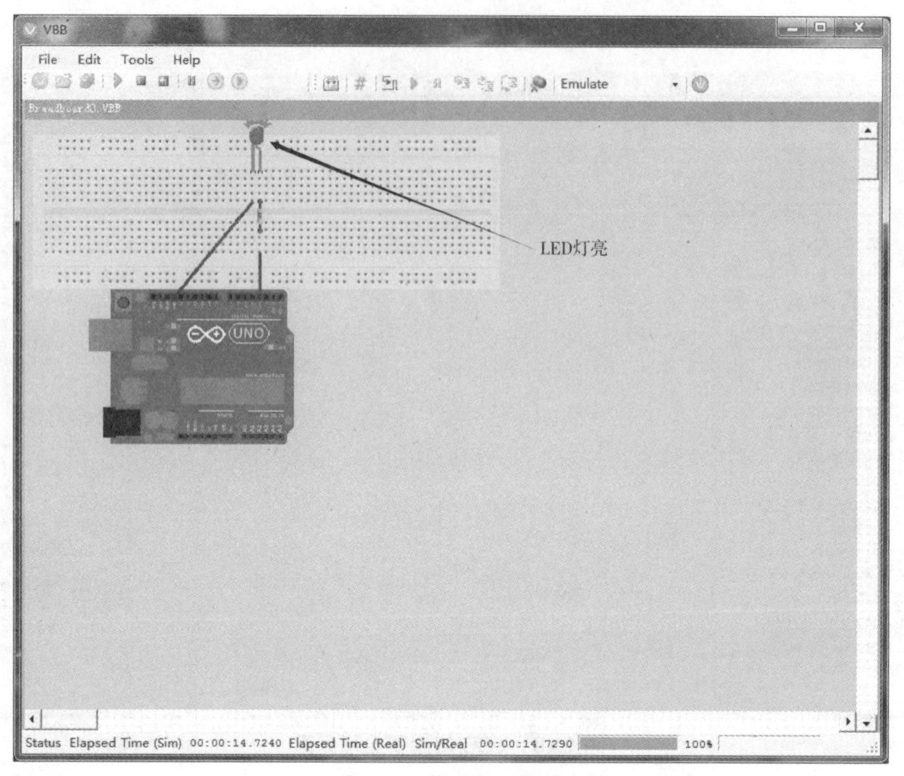

图 1.51 模拟运行状态

VBB提供了比较直观与友好的用户界面，甚至一些基础的编程都可以采用图形界面的方式完成，很大程度上减小了仿真的难度。但是，VBB仅作电路的仿真，其结果并不能等同于实际电路，如电阻值、电流大小等参数，并不需要具体化的设置，只是形式上的仿真。如不进行一些商业用途，可以在其官方网站中下载免费版本的VBB使用，如图1.52所示。

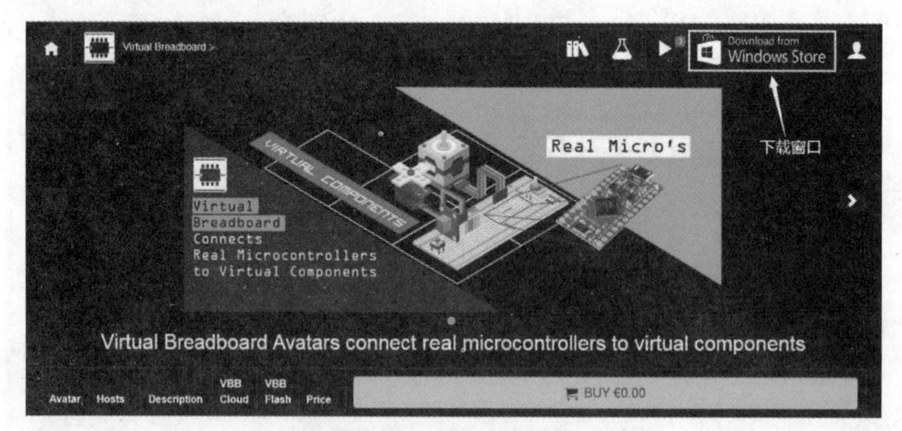

图 1.52 VBB 官网下载

1.4.2 深入学习——进阶仿真软件介绍

Fritzing是一款支持多国语言的电路设计软件，其可以提供面包板、原理图、PCB 3种视图设计。无论开发者采用哪种视图进行电路设计，软件都会自动化同步其他两种视图，还可以生成制板厂生产所需要的Greber文件、PDF、图以及CAD格式文件。

如图1.53所示，Fritzing左边的边框内为项目视图部分，用户显示设计的电路，包括面包板、原理图以及PCB3种视图；右边的边框内为工具栏部分，包含软件的元件库、指示栏、导航栏等子工具栏。

图 1.53　Fritzing 主界面

1. 项目视图

开发者可以在项目视图中选择面包板、原理图或PCB视图进行开发。由于Fritzing的3个视图是默认同步生成的，建议初学者首先从面包板视图进行深入学习，进而过渡到原理图以及实际电路图，从而减少可能出现的连线错误。面包板视图，如图1.54所示。

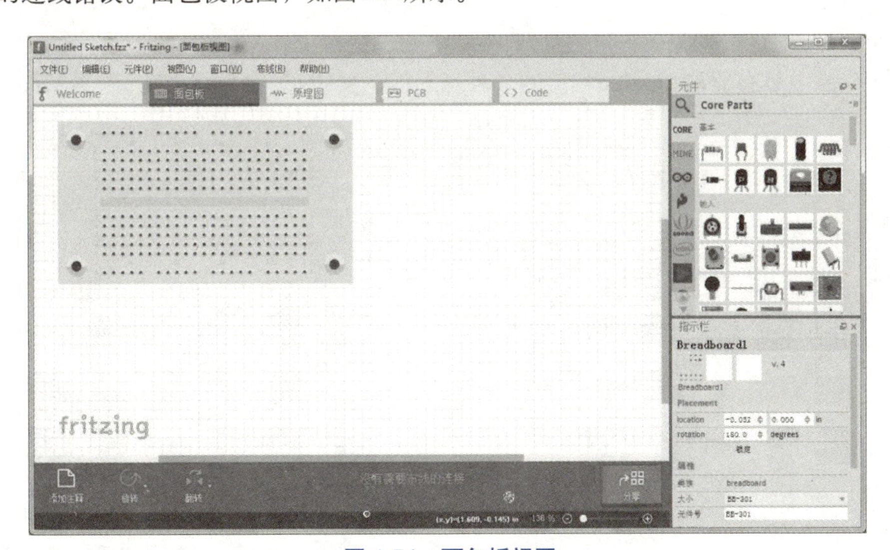

图 1.54　面包板视图

2. 工具栏

工具栏主要实现各种视图的操作，工具栏主要由两部分组成：一部分为元件库；另一部分为指示栏。元件库主要包含了各种电子元件，并按照容器分类存放，具体如下：

（1）Core

Core元件库主要包含经常使用的各种基本元件，如LED、电阻、电容等，这些基本元件分为输入/输出元件、集成电路元件、电源、单片机等，还包括面包板视图、原理图视图、PCB视图所需的各种工具，如图1.55所示。

（2）MINE

MINE元件库是开发者自身定义元件放置的容器，开发者可以根据自身需求选择一些常用的或缺少的元件到该容器中，实现快速查找元件，如图1.56所示。

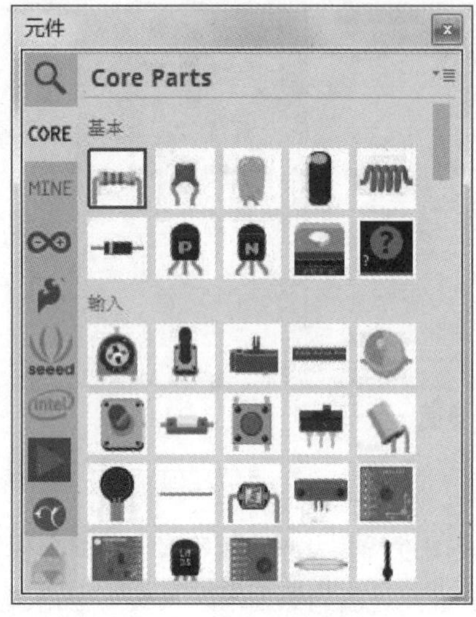

图 1.55　Core 元件库

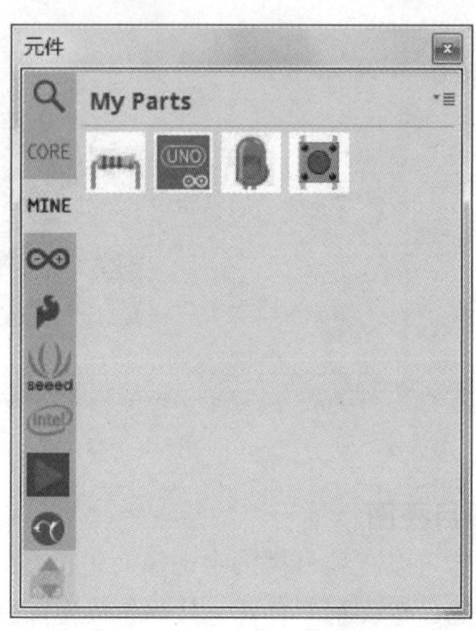

图 1.56　MINE 元件库

（3）Arduino

Arduino元件库主要存放与Arduino相关的各种开发板，如UNO、Mega、Mini、NANO等，如图1.57所示。

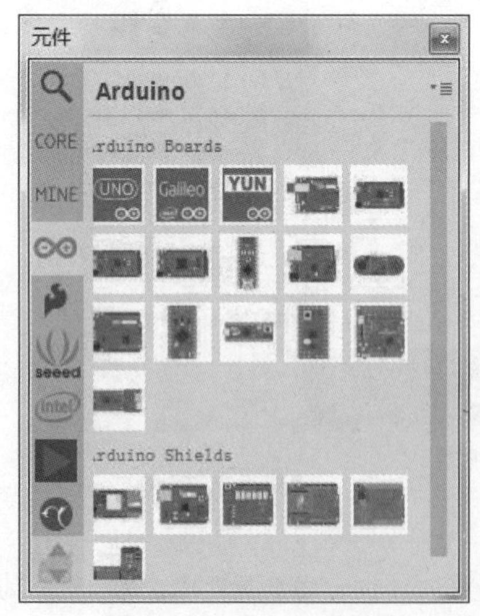

图 1.57　Arduino 元件库

图 1.58　SparkFun 元件库

（4）SparkFun

SparkFun元件库主要包含了Arduino的各种拓展板以及各种传感器，如图1.58所示。

其他分类的元件库读者可根据需求进行了解并使用，如经常使用某些元件，可将其添加到MINE元件库中。

指示栏会显示元件库或项目视图中选中元件的详细信息，包括元件的名称、标签以及属性信息，通过指示栏还可以对项目视图中选中的元件进行属性的修改，如图1.59所示。

图 1.59　指示栏

开发者可在面包板视图中搭建所需的电路，并在项目视图的Code栏进行程序设计。如图1.60所示，在Fritzing中构建LED闪烁实验的硬件连接设计。

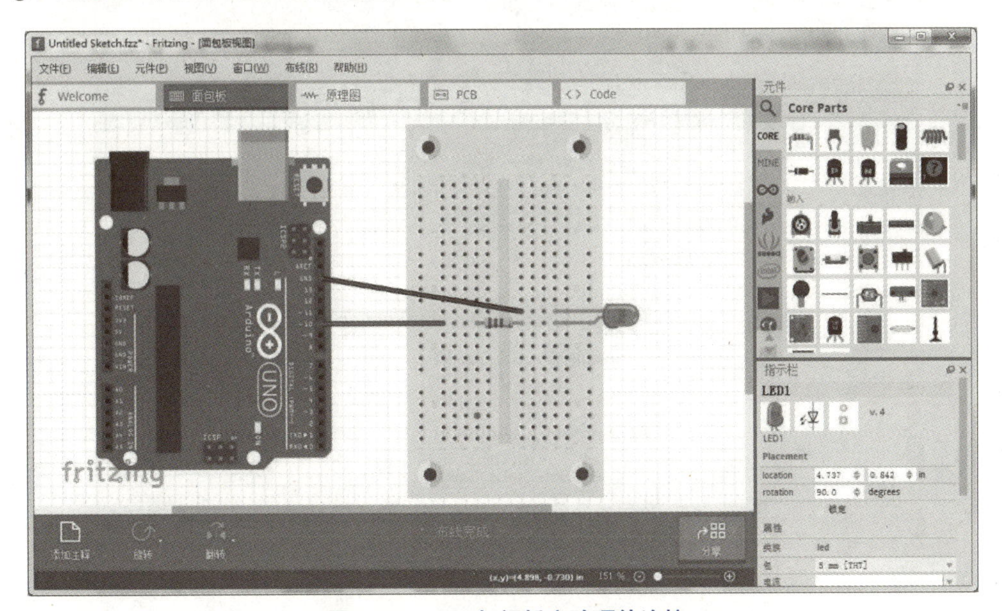

图 1.60　LED 灯闪烁实验硬件连接

Fritzing软件可从官方网站进行下载，如图1.61所示。

图 1.61 Fritzing 官网下载

1.4.3 引导实践——Proteus 仿真软件的使用

由于本书介绍的Arduino相关硬件模块较多，且为了读者较早熟习软硬件测试，本书采用Arduino IDE进行软件开发。同时为了方便调试结果，节省搭建硬件环境消耗的时间，本书选择Arduino IDE与Proteus软件结合的方式，对一些基础模块功能进行仿真调试。

Proteus软件（见图1.62）是英国Lab Center Electronics公司出版的EDA工具软件，是一款强大的嵌入式系统仿真软件，该软件可以实现从原理图设计、编程调试、系统仿真到PCB设计，实现从概念到产品的完整设计。

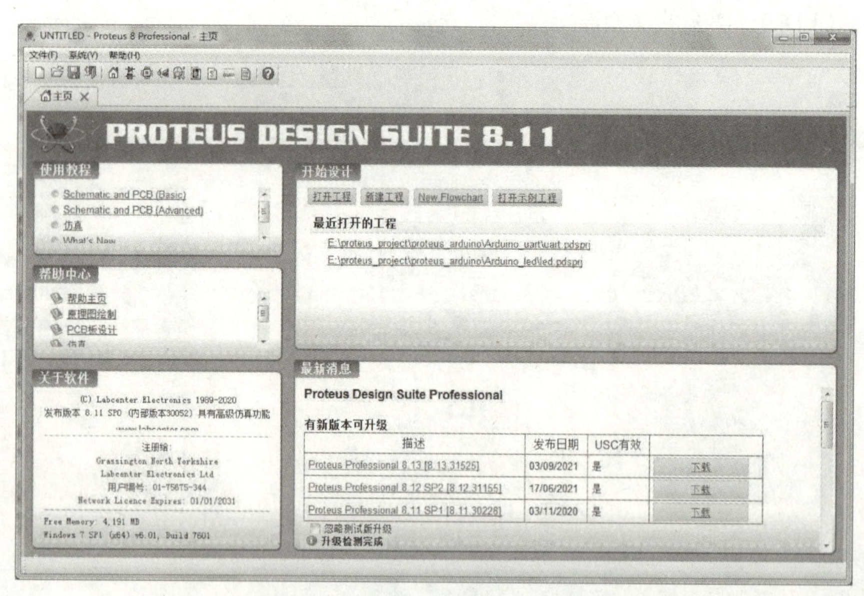

图 1.62 Protues 仿真软件主页

使用Protues可以与Arduino IDE协同实现Arduino软硬件的调试，在Protues软件中绘制好原理图后，调入在Arduino IDE中已编译好的目标程序文件（*.hex），即可在Protues软件的原理图中看到模拟的实物运行状态和过程。

如图1.63所示，在Protues中构建Arduino的仿真电路图，实现LED灯的点亮或闪烁功能。在Arduino IDE中设计程序，编译并导出编译后的二进制文件（*.hex）（见图1.64），将二进制文件保存到指定的目录中。

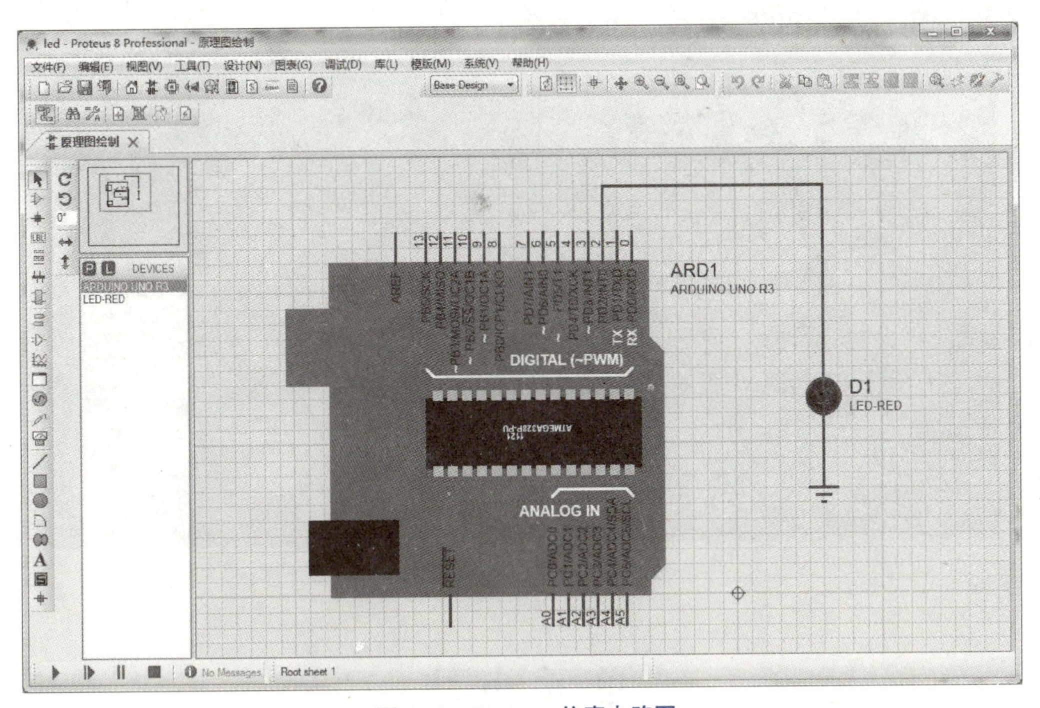

图 1.63　Protues 仿真电路图

在Protues软件中，双击原理图中的Arduino开发板，进入编辑元件界面，即可导入IDE中生成的二进制文件，如图1.65所示。

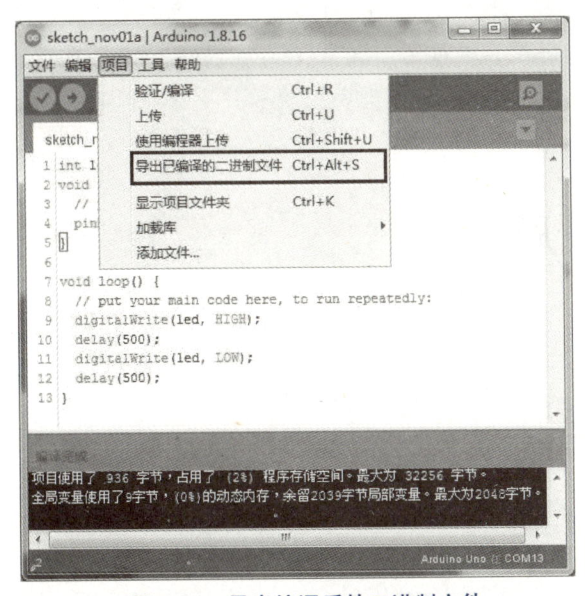

图 1.64　导出编译后的二进制文件

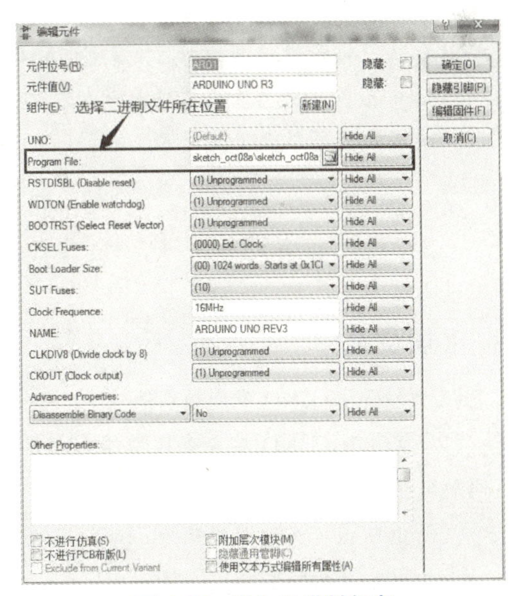

图 1.65　导入二进制程序

导入程序后，即可运行仿真，单击仿真电路图界面左下角的按键即可。Protues软件适用于数字/模拟电路、单片机、嵌入式系统、微控制器等各种实验，它的元器件、连接线路等与实物实验高度对应，并且提供了实验室无法相比的大量元器件库。因此，初学者在使用Protues时，需要具备一定的电路基础。读者可以在其官方网站中下载使用，如图1.66所示。

图 1.66 Protues 官方网站

单元小结

本单元主要介绍了Arduino软硬件开发环境的搭建，具体包括Arduino硬件开发板介绍，Arduino相关电子元器件介绍，Arduino集成开发环境介绍及使用，Arduino3种仿真软件的介绍。读者需要熟悉Arduino开发板的引脚功能以及硬件属性信息，同时熟练掌握Arduino IDE的基本使用，结合硬件快速实现调试。为了便于读者更好地了解Arduino软硬件开发环境，本单元介绍了3种可实现Arduino仿真的软件，读者可根据自身需求选择仿真软件，在前期Arduino开发学习中，通过仿真软件不仅可以实现各种实验的需求，还可以减少学习的成本。

习　题

1. 填空题

（1）Arduino UNO 开发板引脚________与________，用于接收和发送串口数据。

（2）Arduino UNO 有 6 个模拟输入引脚，每个模拟输入提供________位分辨率，即有________个不同的数值。

（3）电阻值可变的电阻称为________。

（4）电容器的功能为________。

（5）能够将电能转换为磁能进行存储的元件称为________。

（6）外部中断的 4 种触发方式为________、________、________、________。

（7）二极管具有________性，当阳极接电源正极，阴极接电源负极时，施加在其上的电压称为________，此时二极管导通。

2. 思考题

（1）简述色标法标记电阻阻值的原理。

（2）简述 NPN 与 PNP 型三极管的区别。

第 2 单元

Arduino 基础编程

学习目标

◎了解数据类型与常量、变量的概念
◎熟悉运算符的定义与功能
◎掌握 Arduino 编程基础函数
◎熟悉 Arduino 编程基础控制语句

Arduino编程语言基于C、C++语言实现，并进行了更加深入的封装，这大大降低了开发者的开发难度。本单元将以C语言编程为基础，介绍Arduino编程需要涉及的基础应用知识，如数据类型、函数、控制语句等。

任务 2.1 数据类型

2.1.1 预备知识——数据类型概述

在计算机运算时，需要指定数据的类型。不同于数学中的数值（数值不分类型），计算机中的数据都是存放在存储单元中的，是具体存在的。存储单元由有限的字节构成，每一个存储单元中存放数据的范围是有限的，不可能存放"无穷大"数或循环小数。

通常情况下，类型指的是对数据分配存储单元的安排，包括存储单元的长度以及数据的存储形式，不同的类型分配不同的长度和存储形式。

以C语言为例，其数据类型如图2.1所示。

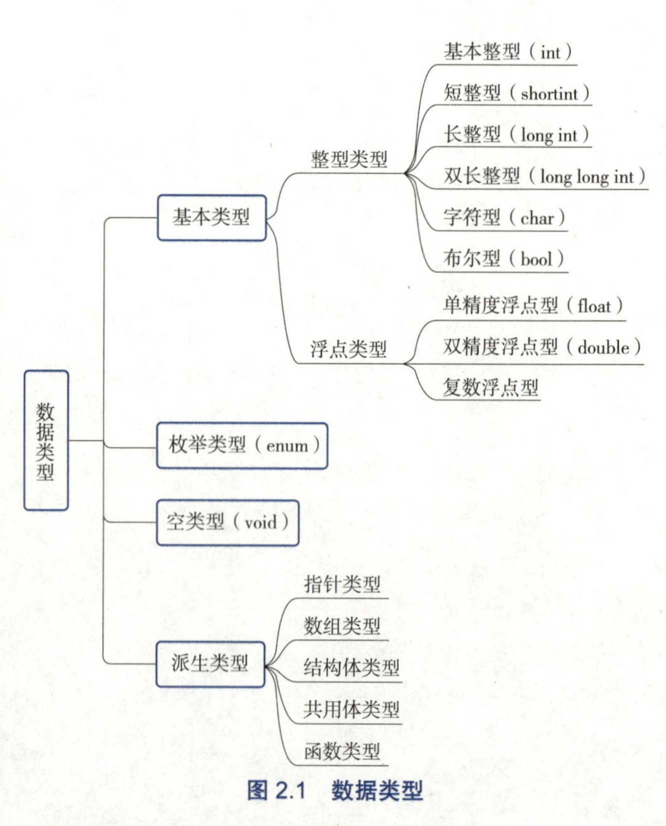

图 2.1 数据类型

基本类型与枚举类型对应的值都是数值，统称为算术类型。算术类型与指针类型统称为纯量类型。数组类型与结构体类型统称为组合类型。函数类型用来定义函数，描述一个函数接口。

2.1.2　深入学习——常量与数据类型

常量即不能改变的值，如下所示：

```
int i = 10;
```

左侧的i是个变量，它的值是可以改变的（可以被赋予其他的值），但右侧的10是个常量，它是恒定不变的，永远都是10。

常量可以分为3大类，包括数值型常量、字符型常量、符号常量。其中，数值型常量又可以分为整型常量以及实型常量，本节将主要介绍这两种常量以及Arduino编程中常用的常量。

1. 整型常量

整型常量指的是直接使用的整型常数，如1、2等。整型常量可以是长整型、短整型、有符号整型、无符号整型。

无符号短整型的取值范围为0～65 535（$2^{16}-1$），而有符号短整型的取值范围是－32 768～32 767。如果整型的大小为32 bit（4个字节），则无符号整型的取值范围为0～4 294 967 295（$2^{32}-1$），而有符号形式的取值范围为－2 147 483 648～2 147 483 647。如果整型为16位，则取值范围与短整型一致。

在编写整型常量时，可以在常量后添加符号进行修饰，L表示该常量为长整型，U表示该常量为无符号整型，如下所示：

```
Num=100L
LongNum=500U
```

整型常量可以使用不同进制形式进行表示，如二进制、八进制、十进制、十六进制。

（1）二进制整数

如果整型常量使用的数据表达形式为二进制，则需要在常数前加上b进行修饰，具体如下所示（二进制包含的数字为0～1之间）：

```
Num=b101                    //在常数前加b表示二进制数
```

（2）八进制整数

如果整型常量使用的数据表达形式为八进制，则需要在常数前加上0进行修饰，具体如下所示（八进制包含的数字为0～7之间）：

```
Num=012                    //在常数前加0表示八进制数
```

（3）十六进制整数

如果整型常量使用的数据表达形式为十六进制，则需要在常数前加上0x进行修饰，具体如下所示（十六进制包含的数字为0～9以及字母A～F或a～f）：

```
Num=0x12                    //在常数前加0x表示十六进制数
```

（4）十进制整数

如果整型常量使用的数据表达形式为十进制，则不需要在常数前添加任何修饰，具体如下所示（十进制包含的数字为0～9）：

```
Num=12                    //表示十进制，无须在常数前添加任何修饰
```

2. 实型常量

实型常量即浮点型常量，由整数部分和小数部分组成，实型常量表示数据的形式有两种，具体如下所示：

（1）科学计数方式

科学计数方式即使用十进制小数方法描述实型，如下所示：

```
Num=123.45                    //科学计数法
```

（2）指数方式

使用科学计数方式不利于观察较大或较小的实型数据，此时可以使用指数方式显示实型常量。其中，使用字母e或E进行指数显示，具体如下所示：

```
Num=12e2                     //指数方式显示
```

如上所示，12e2表示12×10^{2}，即1 200，如果为12e–2，表示12×10^{-2}，即0.12。

在编写实型常量时，需要在常量后添加符号F或L进行修饰，F表示该常量为float单精度类型，L表示该常量为long double长双精度类型。如果不在常量后添加符号，则默认实型常量为double双精度类型，具体如下所示：

```
FloatNum=1.23e2F              //单精度类型
LongDoubleNum=3.458e-1L       //长双精度类型
DoubleNum=1.23e2              //双精度类型
```

3. Arduino 编程中的常量

在Arduino编程中，常量通常被设定为预定义的表达式，用于提高程序的阅读性。例如，表示逻辑的true以及false（Bool常量），表示电平变化的HIGH以及LOW。

false通常被定义为0，表示不成立。true通常被定义1，表示成立，但true有比较广的定义，其他非零值也可以被定义为true。

对数字引脚进行读写操作时，只有两种值，即HIGH以及LOW。HIGH表示的含义对于输入与输出引脚是不同的，当配置引脚为输入时，如果引脚上的电压大于3.0 V（5.0 V的开发板），则返回HIGH；当配置引脚为输出时，设置引脚为HIGH，则引脚输出电压为5.0 V（5.0 V的开发板）。LOW表示的含义同样对于输入与输出引脚是不同的，当配置引脚为输入时，如果引脚上的电压小于1.5 V（5.0 V的开发板），则返回LOW；当配置引脚为输出时，设置引脚为LOW，则引脚输出电压为0 V。

2.1.3 深入学习——变量与数据类型

1. bool

bool型变量只有两个值：true与false。每个bool类型的变量占用一个字节。

```
bool result=false;
```

如上述表达式，result为bool类型变量的变量名，其被赋值为false。

2. boolean

boolean是Arduino定义的bool的非标准的类型别名。

3. char

字符型变量是用来存储字符常量的变量。将一个字符常量存储到一个字符变量，其本质是将一个字符的ASCII码值（无符号整数）存储到内存单元中。字符型变量在内存空间中占一个字节，取值范围为－128～127。定义一个字符型变量的方式是在变量前使用关键字char。例如，定义一个字符型的变量i，并为其赋值，具体如下所示：

```
char i;                    //定义字符型变量
i = 'a';                   //为变量赋值
```

除上述方式外，对字符型变量赋值还可以采用ASCII码的形式，如下所示：

```
char i;                    //定义字符型变量
i = 97;                    //为变量赋值
```

如上述赋值操作，字符a对应的ASCII码值为97，因此上述两种操作的结果是一样的。在对字符型变量进行赋值时，主要特别注意数字与数字字符的区别。例如，数字0与数字字符'0'，前者在赋值给变量时，编译器会认定该值为ASCII码值0，而后者在赋值给变量时，编译器会将其先转换为ASCII值，数字字符'0'在ASCII码表中对应的ASCII码值为48。

4. 实型变量

实型变量也称为浮点型变量，用来存储实型数值，实型数值由整数和小数两部分组成。实型变量根据实型的精度可以分为单精度类型、双精度类型和长双精度类型3类，具体如表2.1所示。

表 2.1　实型变量的分类

类型名称	关键字
单精度类型	float
双精度类型	double
长双精度类型	long double

单精度类型使用的关键字是float，由于float的精度较高，模拟量与连续变化的量常用浮点数表示，其在内存中占4个字节（32 bit）。对于Arduino浮点数，符号和小数部分分配24 bit，其他8 bit用来保存指数。由于指数只占用8 bit，其中1 bit用来保存符号（表示正负数），实际指数使用的数值位只有7位。由此可知，指数的最大值为2^7-1，即127。将指数代入以下公式，计算float型变量的取值范围。

浮点型变量取值范围：（正负符号）小数×（底数）$^{(最大指数)}$

由于浮点型变量在内存中是以二进制形式存放的，所以底数为2，小数经过四舍五入后也等于2（IEEE 754标准规定小数的前面有一个隐含的1，因此小数的最大值接近2），最终得到float型变量的取值范围为-3.4×10^{38}～3.4×10^{38}（2×2^{127}）。

定义一个单精度类型变量的方式是在变量前使用关键字float。例如，定义一个单精度类型的变量i，并为其赋值，具体如下所示：

```
float i;                  //定义单精度类型变量
i = 3.14f;                //为变量赋值
```

对于Arduino开发板（对于UNO和其他基于ATmega的开发板），双精度浮点数与浮点数具有相同的精度，都占用4个字节。

5. 整型变量

整型变量指的是用来存储整型数值的变量，整型变量的分类如表2.2所示，表格中的[]为可选部分，如[signed]int，在编写时可以省略signed关键字。

表 2.2　整型变量的分类

类型名称	关键字
有符号整型	[signed]int
无符号整型	unsigned[int]
有符号短整型	[signed]short[int]
无符号短整型	[unsigned]short[int]
有符号长整型	[signed]long[int]
无符号长整型	[unsigned]long[int]

（1）有符号整型

有符号整型是指signed int型，在编写时，一般将其关键字signed省略。对于Arduino UNO和其他基于ATmega的开发板，整型变量占用16位（2个字节），取值范围为－32 768～32 767。而对于Arduino DUE开发板，有符号基本整型在内存中占4个字节（32 bit），取值范围为－2 147 483 648～2 147 483 647。

定义一个有符号整型变量的方式是在变量前使用关键字int。例如，定义一个整型变量i，并为其赋值，具体如下所示：

```
int i;                    //定义有符号基本整型变量
i = 10;                   //为变量赋值
```

或者可以定义变量的同时对变量进行赋值，具体如下所示：

```
int i = 10;
```

（2）无符号整型

无符号整型使用的关键字是unsigned int，在编写时，关键字int可以省略。对于Arduino UNO开发板与其他基于ATmega的开发板，无符号整型变量同样占用16位（2个字节），取值范围为0～65 535。对于Arduino DUE开发板，无符号整型在内存中占4个字节，取值范围为0～4 294 967 295。

定义一个无符号基本整型变量的方式是在变量前使用关键字unsigned。例如，定义一个无符号基本整型的变量i，并为其赋值，具体如下所示：

```
unsigned i;               //定义无符号基本整型变量
i = 10;                   //为变量赋值
```

（3）有符号短整型

有符号短整型使用的关键字是signed short int，其中的关键字signed和int在编写时可以省略，有符号短整型在内存中占2个字节，取值范围是－327 68～32 767。

定义一个有符号短整型变量的方式是在变量前使用关键字short。例如，定义一个有符号短整型的变量i，并为其赋值，具体如下所示：

```
short i;                  //定义有符号短整型变量
i = 10;                   //为变量赋值
```

（4）有符号长整型

有符号长整型使用的关键字是long int，其中的关键字int在编写时可以省略。有符号长整型在内存中占4个字节，取值范围是−2 147 483 648～2 147 483 647。

定义一个有符号长整型变量的方式是在变量前使用关键字long。例如，定义一个有符号长整型的变量i，并为其赋值，具体如下所示：

```
long i;                    //定义有符号长整型变量
i = 10;                    //为变量赋值
```

（5）无符号长整型

无符号长整型使用的关键字是unsigned long int，其中的关键字int在编写时可以省略。无符号长整型在内存中占4个字节，取值范围是0～4 294 967 295。

定义一个无符号长整型变量的方式是在变量前使用关键字unsigned long。例如，定义一个无符号长整型的变量i，并为其赋值，具体如下所示：

```
unsigned long i;          //定义无符号长整型变量
i = 10;                   //为变量赋值
```

6. array

array表示数组类型，数组即同类型变量的集合，是典型的构造数据类型之一。数组是具有一定顺序关系的若干个变量的集合，组成数组的各个变量称为数组的元素。

```
int array[5];
int array[] = {2,4,6,8,10};
int array[6] = {2,4,6,8,10};
char cbuf[6] = "hello";
```

如上述声明方法中，第1行代码定义数组，未进行初始化（赋值）；第2行代码定义数组并初始化，但是未定义数组的长度，编译器根据计算的元素的个数，创建一个合适长度的数组；第3行代码定义数组的长度大于实际初始化的长度，未初始化的元素默认赋值为0；第4行代码定义字符数组并赋值字符串，定义长度应该比初始化的元素个数多，用来存放结束符“\0”。

通过数组下标即可访问数组中的元素，数组中第一个元素的下标为0，第n个元素的下标为n−1。访问数组元素时，需要注意下标值大于数组长度的问题，否则会造成数据访问越界的问题。

2.1.4　引导实践——常量与变量类型转换

在Arduino编程中，经常涉及类型转换的问题，如果在一些类库函数中传递错误的数据类型，将导致程序编译错误，出现不确定的情况。因此，本节将带领读者掌握数据类型转换的方法，提高编程正确率。

对于C语言中，整型、单精度型、双精度型以及字符型数据可以进行混合运算，如下所示：

```
10+'A'+8
```

在进行运算时，不同类型的数据需要先转换为同一类型，然后再进行运算。在C语言编程中，遇到数据类型转换时，可归纳为3种转换方式：自动转换、赋值转换、强制转换。

1. 类型自动转换

不同类型数据转换为同一数据类型，其自动转换的规则如图2.2所示。

类型转换总是从低级向高级转换，如float型数据自动转换成double型；char与short型数据自动转换成int型；int型与double型数据运算，直接将int型转换成double型；int型与unsigned型数据运算，直接将int型转换成unsigned型；int型与long型数据运算，直接将int型转换成long型。

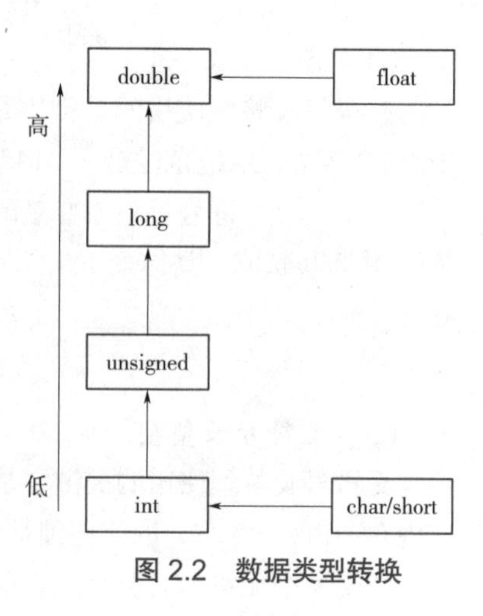

图 2.2　数据类型转换

例如，有如下定义：

```
char c = 'a';
int i = 1:
float x = 2.34;
double y = 1.234e-6;
```

如果表达式为c+i+x*y，则具体的类型转换过程为：先将c转换成int型，计算i+c，由于常量'a'的ASCII码值为97，故计算结果为98，类型为int型；再将x转换成double型，计算x*y，结果为double型；最后将i+c的值98转换成double型，表达式的值最后为double型。

2. 赋值转换

如果赋值运算符两侧的类型不同，但都是数值型或字符型时，在赋值时需要进行类型转换。如将整型数据赋给单、双精度变量时，数值不变，但以浮点数形式存储到变量中；将实型数据（包括单、双精度）赋给整型变量时，舍弃实数的小数部分；同类型的短数据赋值给长变量，自动转换是正确的；同类型的长数据给短变量赋值可能出错。

```
char ch = 'A';
int a, b = 3;
float x1, x2 = 2.5;
a = ch;
x1 = a;
b = x2;
```

变量a为整型，其值为字符'A'的ASCII码值65；变量x1为单精度型，其值为65.00（保留两位小数）；变量b为整型，其值由2.5转换为2。

3. 强制类型转换

利用强制类型转换运算符可以将一个表达式转换成所需类型，具体如下所示：

```
(double)x
(int)(a+b)
(float)(10%3)
```

第1行表达式表示将变量x的数据类型转换为double类型；第2行表达式表示将a+b的值转换为整型；第3行表达式表示将10%3的值转换为float类型。

任务 2.2 运 算 符

2.2.1 预备知识——基础运算符

1. 算术运算符

算术运算符主要用来实现各种数学运算，包括2个单目运算符（正、负），5个双目运算符，包括加法、减法、乘法、除法、取余，具体如表2.3所示。

表 2.3 算术运算符

运 算 符	含 义	举 例	结 果
–	负号运算符	– 2	– 2
+	正号运算符	+2	+2
*	乘法运算符	2*3	6
/	除法运算符	5/2	2
%	取模运算符	5%2	1
+	加法运算符	2+3	5
–	减法运算符	3 – 2	1

表2.3中，加减乘除运算符与数学中的四则运算相通，这里不再详解介绍。其中，取模运算符%用于计算两个整数相除得到的余数。例如，5除以3的结果为1余2，求模运算的结果为2。这里需要注意，求模运算符%两侧只能是整数，结果的正负取决于被求模数（即运算符左侧的操作数），如(– 5)%3，结果为 – 2。

2. 关系运算符

关系运算符包括大于、大于等于、小于、小于等于、等于和不等于，如表2.4所示。

表 2.4 关系运算符

符号	含义	符号	含义
>	大于	<=	小于等于
>=	大于等于	==	等于
<	小于	!=	不等于

关系运算符用来对两个表达式的值进行比较，然后返回真值（1）或假值（0），真值表示指定的关系成立，假值表示指定的关系不成立。

```
x != y     //如果x等于y返回假，如果x不等于y返回真
x == y     //如果x等于y返回真，如果x不等于y返回假
x <= y     //如果x小于等于y返回真，如果x大于y返回假
x < y      //如果x小于y返回真，如果x大于等于y返回假
x >= y     //如果x大于等于y返回真，如果x小于y返回假
x > y      //如果x大于y返回真，如果x小于等于y返回假
```

3. 逻辑运算符

逻辑运算符用于表达式执行判断真或假并返回真或假。逻辑运算符有3种，具体如表2.5所示。

表 2.5　逻辑运算符

符　号	含　义
&&	逻辑与
‖	逻辑或
!	逻辑非

逻辑与、逻辑或运算符都是双目运算符，逻辑非运算符为单目运算符。

```
x && y      //如果x与y都为真，返回真
x || y      //如果x与y任意一个为真，返回真
!x          //如果x为真，返回假
```

4. 位运算符

位运算即对二进制位进行计算，对位进行操作的运算符，如表2.6所示。

表 2.6　位运算符

运 算 符	含　义
&	按位与
|	按位或
^	按位异或
~	取反
<<	左移
>>	右移

（1）按位与运算符

按位与运算符需要两个运算值，并对这两个运算值进行位与操作。如果对应位的值都为1，则位与操作后的值为1，如果对应位的值不都为1，则位与操作后的值为0，具体示例如表2.7所示。

表 2.7　位与运算示例

数制	运算值 1	运算值 2	按位与运算结果
十进制数	9	10	8
二进制数	1001	1010	1000

（2）按位或运算符

按位或运算符需要两个运算值，并对这两个运算值进行位或操作。如果对应位的值不都为0，则位或操作后的值为1，如果对应位的值都为0，则位或操作后的值为0，具体示例如表2.8所示。

表 2.8　按位或运算

数制	运算值 1	运算值 2	按位或运算结果
十进制数	9	10	11
二进制数	1001	1010	1011

（3）按位异或运算符

按位异或运算符需要两个运算值，并对这两个运算值进行位异或操作。如果对应位的值不同，则位或操作后的值为1，如果对应位的值相同，则位或操作后的值为0，具体示例如表2.9所示。

表 2.9　按位异或运算

数制	运算值 1	运算值 2	位异或运算结果
十进制数	9	10	3
二进制数	1001	1010	0011

由异或运算的特点可知，任何值与0按位异或操作后，其值保持不变。

（4）取反运算符

取反运算符的操作数只有一个，因此它是单目运算符。取反运算符用来对一个运算数的各个二进制位按位取反，具体使用示例如表2.10所示。

表 2.10　取反运算

数制	运算值	取反运算符结果
十进制数	10	5
二进制数	1010	0101

取反运算符使表达式不再局限于操作数的位数，从而大大提高了代码的可移植性。

（5）左移运算符

左移运算符用来将一个数的二进制位全部向左移动若干位，如下所示：

```
x = x << 2;
```

上述语句将变量x的二进制位全部向左移动2位，然后将最低的2位补0。假设变量x 的值为10，用二进制表示为00001010，向左移动2位后为00101000，对应的十进制数为40。如果左移的位数太大，将会导致高位溢出，如将上述变量x的值左移5位，则左移后的二进制数为01000000，最高位的1由于溢出而被抛弃。

一个二进制数每向左移动1位相当于将该数乘以2，左移2位相当于将该数乘以2^2，依此类推，因此将十进制数10的二进制位向左移动3位，即10乘以2^3，结果为80。如果移动的位数较多，则会导致数据溢出而出错，如将一字节（8 bit）数10左移5位，即10乘以2^5，本应该得到320，但由于高位溢出，导致结果为64。

由于左移比乘法运算速度快，因此在编程设计时，通常将位运算左移1位表示乘以2，而乘以2的n次方的运算使用左移n位来表示。

（6）右移运算符

右移运算符用来将一个数的二进制位全部向右移动若干位，如下所示：

```
x = x >> 1;
```

上述语句表示的是将变量x的二进制位全部位向右移动1位，最低位的被抛弃。如果变量x的值为10，用二进制表示为00001010，向右移1位后结果为00000101，最高位自动补0，转换为十进制数为5。

2.2.2　深入学习——复合运算符

赋值运算符与其他运算符组合，可以构成复合赋值运算符，C语言中一共有10种复合赋值运算符，具体如表2.11所示。

表 2.11 复合赋值运算符

运算符	含义	举例	结果
+=	加法赋值运算符	a += 1	a + 1
− =	减法赋值运算符	a − = 1	a −1
*=	乘法赋值运算符	a *= 1	a * 1
/=	除法赋值运算符	a /= 1	a / 1
%=	取模赋值运算符	a %= 1	a % 1
>>=	按位右移赋值运算符	a >>= 1	a >> 1
<<=	按位左移赋值运算符	a <<= 1	a << 1
&=	按位与赋值运算符	a &= 1	a & 1
|=	按位或赋值运算符	a |= 1	a | 1
^=	按位异或赋值运算符	a ^= 1	a ^ 1

表2.11中，前5种用于算术运算，后5种用于位运算。

1. 加法赋值运算符

加法赋值运算符即将加法运算符与赋值运算符组合，运算符表达式对应的语句如下所示：

```
a += 2;
```

如上述操作语句，先将变量a加2，再将结果赋值给a。假如a的值为1，则a+=2后，a的值变为3。

2. 减法赋值运算符

减法赋值运算符即将减法运算符与赋值运算符组合，运算符表达式对应的语句如下所示：

```
a -= 2;
```

如上述操作语句，先将变量a减2，再将结果赋值给a。假如a的值为3，则a-=2后，a的值变为1。

3. 乘法赋值运算符

乘法赋值运算符即将乘法运算符与赋值运算符组合，运算符表达式对应的语句如下所示：

```
a *= 2;
```

如上述操作语句，先将变量a乘2，再将结果赋值给a。假如a的值为1，则a*=2后，a的值变为2。

4. 除法赋值运算符

除法赋值运算符即将除法运算符与赋值运算符组合，运算符表达式对应的语句如下所示：

```
a /= 2;
```

如上述操作语句，先将变量a除以2，再将结果赋值给a。假如a的值为4，则a/=2后，a的值变为2。

5. 取模赋值运算符

取模赋值运算符即将取模运算符与赋值运算符组合，运算符表达式对应的语句如下所示：

```
a /= 2;
```

如上述操作语句，先将变量a除以2，再将余数赋值给a。假如a的值为5，则a/=2后，a的值变为1。

2.2.3　引导实践——运算符的使用

运算符在基于C语言的编程中应用十分广泛，特别是基础运算符。在使用基础运算符构建一些逻辑表达式时，需要注意运算符的优先级问题。在此基础上，才能保证运算符表达式执行的准确性。本节引导实践将主要介绍运算符的优先级问题并进行分析，帮助读者熟练运算符的使用。

在一个表达式中，可能包含多个不同的运算符以及不同数据类型的数据对象。由于表达式有多种运算，不同的结合顺序可能得到不同的结果甚至运算错误。因此，在表达式中含多种运算时，必须按一定顺序进行结合，才能保证运算的合理性和结果的正确性。

表达式的结合次序取决于表达式中各种运算符的优先级，优先级高的运算符先结合，优先级低的运算符后结合。每种同类型的运算符都有内部的运算符优先级，不同类型的运算符之间也有相应的优先级顺序。一个表达式中既可以包括相同类型的运算符，也可以包括不同类型的运算符。

在C语言中，运算符的优先级与结合性如表2.12所示。

表 2. 12　运算符的优先级与结合性

优先级	运算符	名称或含义	使用形式	结合方向	说明
1	[]	数组下标	数组名[常量表达式]	自左向右	—
	()	圆括号	(表达式)、函数名(形参表)		—
	.	成员选择（对象）	对象 . 成员名		—
	->	成员选择（指针）	对象指针 -> 成员名		—
2	–	负号运算符	– 表达式	从右向左	单目运算符
	(类型)	强制类型转换	(数据类型)表达式		—
	++	自增运算符	++ 变量名、变量名 ++		单目运算符
	– –	自减运算符	– – 变量名、变量名 – –		单目运算符
	*	取值运算符	* 指针变量		单目运算符
	&	取地址运算符	& 变量名		单目运算符
	!	逻辑非运算符	! 表达式		单目运算符
	~	按位取反运算符	~ 表达式		单目运算符
	sizeof	长度运算符	sizeof(表达式)		—
3	/	除	表达式 / 表达式	从左向右	双目运算符
	*	乘	表达式 * 表达式		双目运算符
	%	取余	整型表达式 % 整型表达式		双目运算符
4	+	加	表达式 + 表达式	从左向右	双目运算符
	–	减	表达式 – 表达式		双目运算符
5	<<	左移	变量 << 表达式	从左向右	双目运算符
	>>	右移	变量 >> 表达式		双目运算符
6	>	大于	表达式 > 表达式	从左向右	双目运算符
	>=	大于等于	表达式 >= 表达式		双目运算符
	<	小于	表达式 < 表达式		双目运算符
	<=	小于等于	表达式 <= 表达式		双目运算符

续上表

优先级	运算符	名称或含义	使用形式	结合方向	说明
7	==	等于	表达式 == 表达式	从左向右	双目运算符
	!=	不等于	表达式 != 表达式		双目运算符
8	&	按位与	表达式 & 表达式	从左向右	双目运算符
9	^	按位异或	表达式 ^ 表达式	从左向右	双目运算符
10	|	按位或	表达式 | 表达式	从左向右	双目运算符
11	&&	逻辑与	表达式 && 表达式	从左向右	双目运算符
12	||	逻辑或	表达式 || 表达式	从左向右	双目运算符
13	?:	条件运算符	表达式 1? 表达式 2: 表达式 3	从右向左	三目运算符
14	=	赋值运算符	变量 = 表达式	从右向左	—
	/=	除后赋值	变量 /= 表达式		—
	*=	乘后赋值	变量 *= 表达式		—
	%=	取模后赋值	变量 %= 表达式		—
	+=	加后赋值	变量 += 表达式		—
	−=	减后赋值	变量 −= 表达式		—
	<<=	左移后赋值	变量 <<= 表达式		—
	>>=	右移后赋值	变量 >>= 表达式		—
	&=	按位与后赋值	变量 &= 表达式		—
	^=	按位异或后赋值	变量 ^= 表达式		—
	|=	按位或后赋值	变量 |= 表达式		—
15	,	逗号运算符	表达式，表达式，…	从左向右	—

表2.12中，在构建表达式时，需要结合运算符的优先级以及含义，如表示数学关系式10<a<15，则可以表达为a>10&&a<15，其中关系运算符优先级大于逻辑运算符。因此，可解读为a大于10且a小于15。如果更换另一种表达式为!(a<=10)&&!(a>=15)，此时加入逻辑非运算符，其运算符优先级大于关系运算符，因此需要使用圆括号改变优先级顺序，先执行括号中的关系运算符，再执行逻辑非运算符。

任务 2.3　函　　数

Arduino编程提供了很多函数接口，如数字I/O函数、模拟I/O函数、外部中断函数等，通过这些函数接口，开发者可快速实现对Arduino开发板的控制，而无须关注具体的实现。本节将主要介绍与Arduino相关的基础操作函数，其他函数在具体的操作实现中进行详述。

2.3.1　预备知识——数学函数

Arduino编程中，与数学计算有关的函数有很多，具体函数与解析如下：

1. max()

max()函数用来计算两个数中的最大值，具体如表2.13所示。

表 2. 13　max() 函数

函数格式	max(x，y)	
功能	计算两个数值中的较大值	
参数	x/y	数值，可以为任意数据类型
返回值	两个数值中较大值	

2. min()

min()函数用来计算两个数中的最小值，具体如表2.14所示。

表 2. 14　min() 函数

函数格式	min(x，y)	
功能	计算两个数值中的较小值	
参数	x/y	数值，可以为任意数据类型
返回值	两个数值中较小值	

3. map()

map()函数用来将一个范围内的整数映射为另一个范围内的整数，具体如表2.15所示。

表 2. 15　map() 函数

函数格式	map(value，fromLow，fromHigh，toLow，toHigh)	
功能	将整数从一个范围映射到另一个范围	
参数	value	需要映射的整数
	fromLow	映射前范围的下限
	fromHigh	映射前范围的上限
	toLow	映射后范围的下限
	toHigh	映射后范围的上限
返回值	映射后的数据	

4. abs()

abs()函数用来获取一个数的绝对值，具体如表2.16所示。

表 2. 16　abs()

函数格式	abs(x)	
功能	取绝对值	
参数	x	需要取绝对值的整数
返回值	若 x 大于等于 0，返回 x；若 x 小于 0，返回 -x	

5. constrain()

constrain()函数用来将值归化到某个范围内，具体如表2.17所示。

表 2.17 constrain() 函数

函数格式	constrain(x，a，b)	
功能	将指定的值归化到某个范围内	
参数	x	需要归化的数据
	a	数据下限
	b	数据上限
返回值	若 x 在 a 与 b 之间，返回 x；若 x 小于 a，返回 a；若 x 大于 b，返回 b	

6. sqrt()

sqrt()函数用来计算一个数的平方根，具体如表2.18所示。

表 2.18 sqrt() 函数

函数格式	sqrt(x)	
功能	计算一个数的平方根	
参数	x	实数（任意数据类型）
返回值	求 x 平方根的结果	

7. sq()

sq()函数用来计算一个数的平方，具体如表2.19所示。

表 2.19 sq() 函数

函数格式	sq(x)	
功能	计算一个数的平方	
参数	x	实数（任意数据类型）
返回值	求 x 平方的结果	

2.3.2 预备知识——时间函数

时间函数用来实现延迟以及计算程序运行的时间，具体函数与解析如下：

1. delay()

delay()函数用来延迟一段时间，其单位为毫秒（ms），具体如表2.20所示。

表 2.20 delay() 函数

函数格式	delay(ms)	
功能	延迟一段时间	
参数	ms	延时的毫秒数
返回值	无	

2. delayMicroseconds()

delayMicroseconds()函数同样用来延迟一段时间，其单位为微秒（μs），具体如表2.21所示。

表 2.21　delayMicroseconds() 函数

函数格式	delayMicroseconds(μs)	
功能	延迟一段时间	
参数	μs	延迟的微秒数
返回值	无	

3. millis()

millis()函数用来获取程序运行的毫秒数，具体如表2.22所示。

表 2.22　millis() 函数

函数格式	millis()
功能	计算程序运行的时间
参数	无
返回值	程序运行的时间值

4. micros()

micros()函数用来获取程序运行的微秒数，具体如表2.23所示。

表 2.23　micros() 函数

函数格式	micros()
功能	计算程序运行的时间
参数	无
返回值	程序运行的时间值

2.3.3　预备知识——位操作函数

位操作函数用来操作变量的指定位，如设置变量某一位的值或清零等，具体函数与解析如下：

1. bit()

bit()函数用来计算指定位的二进制权值，具体如表2.24所示。

表 2.24　bit() 函数

函数格式	bit(n)	
功能	计算指定位的二进制权值	
参数	n	指定位
返回值	位的权值	

bit0位的权值为1，bit1位的权值为2，bit2位的权值为4，依此类推。

2. bitClear()

bitClear()函数用来清零指定的二进制位，具体如表2.25所示。

表 2.25 bitClear() 函数

函数格式	bitClear(x，n)	
功能	清零变量的指定二进制位	
参数	x	指定的变量
	n	指定位
返回值	无	

3. bitRead()

bitRead()函数用来读取指定变量的指定位的值，具体如表2.26所示。

表 2.26 bitRead() 函数

函数格式	bitRead(x，n)	
功能	读取一个变量的指定位的值	
参数	x	指定的变量
	n	指定位
返回值	指定位的值	

4. bitSet()

bitSet()函数用来将指定变量的指定位设置为1，具体如表2.27所示。

表 2.27 bitSet() 函数

函数格式	bitSet(x，n)	
功能	设置变量的指定位为 1	
参数	x	指定的变量
	n	指定位
返回值	无	

5. bitWrite()

bitWrite()函数用来为指定变量的指定位赋值，具体如表2.28所示。

表 2.28 bitWrite() 函数

函数格式	bitWrite(x，n，b)	
功能	为指定变量的指定位赋值	
参数	x	指定的变量
	n	指定位
	b	要赋的值
返回值	无	

2.3.4 预备知识——字符判断函数

字符判断函数用来对某一个字符进行判断，具体函数与解析如下：

1. isAlpha()

isAlpha()函数用来判断一个字符是否为字母，具体如表2.29所示。

表 2.29　isAlpha() 函数

函数格式	isAlpha(thisChar)	
功能	判断字符是否为字母	
参数	thisChar	char 类型变量
返回值	若字符是字母，返回真，否则为假	

2. isAlphaNumeric()

isAlphaNumeric()函数用来判断一个字符是否为字母或数字，具体如表2.30所示。

表 2.30　isAlphaNumeric() 函数

函数格式	isAlphaNumeric(thisChar)	
功能	判断字符是否为字母或数字	
参数	thisChar	char 类型变量
返回值	若字符为字母或数字，返回真，否则返回假	

3. isAscii()

isAscii()函数用来判断一个字符是否为ASCII码，具体如表2.31所示。

表 2.31　isAscii() 函数

函数格式	isAscii(thisChar)	
功能	判断字符是否为 ASCII 码	
参数	thisChar	char 类型变量
返回值	若字符为 ASCII 码，返回真，否则返回假	

4. isDigit()

isDigit()函数用来判断一个字符是否为数字，具体如表2.32所示。

表 2.32　isDigit() 函数

函数格式	isDigit(thisChar)	
功能	判断字符是否为数字	
参数	thisChar	char 类型变量
返回值	若字符为数字，返回真，否则返回假	

5. isLowerCase()

isLowerCase()函数用来判断一个字符是否为小写字母，具体如表2.33所示。

表 2.33　isLowerCase() 函数

函数格式	isLowerCase(thisChar)	
功能	判断字符是否为小写字母	
参数	thisChar	char 类型变量
返回值	若字符为小写字母，返回真，否则返回假	

6. isUpperCase()

isUpperCase()函数用来判断一个字符是否为大写字母，具体如表2.34所示。

表 2. 34　isUpperCase() 函数

函数格式	isUpperCase(thisChar)	
功能	判断字符是否为小写字母	
参数	thisChar	char 类型变量
返回值	若字符为大写字母，返回真，否则返回假	

7. isPunct()

isPunct()函数用来判断一个字符是否为标点符号，具体如表2.35所示。

表 2. 35　isPunct() 函数

函数格式	isPunct(thisChar)	
功能	判断字符是否为标点符号	
参数	thisChar	char 类型变量
返回值	若字符为标点符号，返回真，否则返回假	

8. isSpace()

isSpace()函数用来判断一个字符是否为空格符，具体如表2.36所示。

表 2. 36　isSpace() 函数

函数格式	isSpace(thisChar)	
功能	判断字符是否为空格符	
参数	thisChar	char 类型变量
返回值	若字符为空格，返回真，否则返回假	

2.3.5　深入学习——基本结构函数

Arduino程序的基本结构包含两个函数，分别为setup()、loop()函数，如图2.3所示。

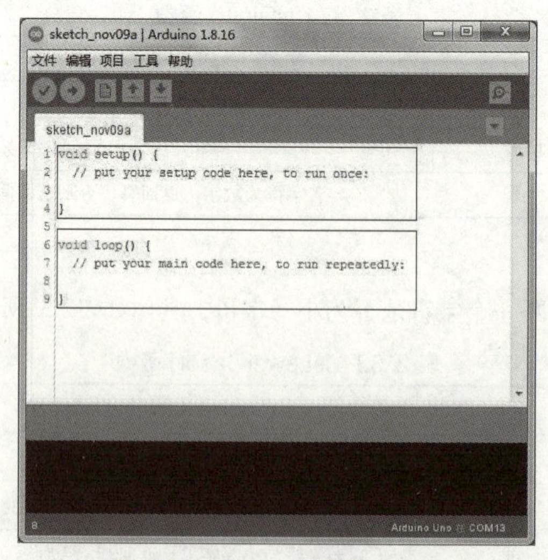

图 2.3　Arduino 程序基本结构

图2.3中，当程序开始执行时，setup()函数被调用。因此，setup()函数也被称为初始化函数，可用于变量初始化、设置引脚模式等操作。setup()函数在Arduino开发板上电后，只执行一次。

setup()函数执行结束后，将会执行loop()函数，loop()函数为循环执行函数，函数中的代码称为循环体。

2.3.6　引导实践——使用函数实现程序设计

Arduino IDE不仅提供了一些基础的操作函数，还支持各种类库，实现对不同硬件产品的控制，甚至还可以自行构建第三方类库。开发者无须了解其底层的控制原理，只需掌握函数的功能即可。本节引导实践将展示使用基本的操作函数，编写程序实现指定的功能。使用Arduino IDE进行编程，具体如例2.1所示。

例 2.1　计算映射数值。

```
1  void setup() {
2  Serial.begin(9600);
3  while(!Serial){
4    ;
5  }
6}
7
8  void loop() {
9  while(Serial.available()){
10    byte c = Serial.read();
11    if(isDigit(c)){
12      byte val = map(c, 1, 10, 50, 100);
13      Serial.println(val);
14    }
15   }
16  delay(500);
17 }
```

分析：

第2～5行：初始化硬件串口，并检测串口是否准备就绪（后续将详细介绍）。

第9行：判断串口是否有数据。

第10行：读取从串口输入的数据，一次读取1个字节的数据。

第11行：字符判断函数，判断读取的字符是否为数字。

第12行：数学函数，将读取的数字从1～10范围的值转换为50～100范围之间的值。

第13行：输出转换之后的值。

第16行：时间函数，表示延迟0.5 s。

综上所述，使用函数可以快速实现某些特定的功能，从而减小编程难度，提高代码的阅读性。

任务 2.4 控制语句

2.4.1 预备知识——分支语句

分支语句主要实现程序流程控制，常见的分支语句为if...else语句以及switch...case语句。

1. if...else 语句

if...else语句可实现两个分支控制，其语法格式如下所示：

```
if(condition){
    语句1
}
else{
    语句2
}
```

如上述语法格式，当condition为真时，执行语句1，否则执行else部分中的语句2，示例代码如下所示：

```
if(score > 60){     /*伪代码，仅作为展示*/
    及格;
}
else{
    未及格;
}
```

如上述示例代码，当分数大于60时，成绩判断为及格，否则为不及格。

2. else if 语句

如果为了实现多个分支选择，需要在 if 语句中添加 else if 语句，其语法格式如下所示：

```
if(condition1){
    语句1
}
else if(condition2){
    语句2
}
else{
    语句3
}
```

如上述语法格式，当condition1为真时，执行语句1，否则判断condition2，当condition2为真时，执行语句2，否则执行else部分中的语句3。

上述语法格式中，else if 语句可以有多个，从而实现多个分支选择控制，示例代码如下所示：

```
if(score > 90){     /*伪代码，仅作为展示*/
    优秀;
}
```

```
else if(score > 60){
    及格;
}
else{
    未及格;
}
```

3. switch...case 语句

虽然if...else语句可以实现多个分支选择，但在实际编程中，这种程序结构效率不高且可读性不高。因此，可以使用switch...case语句实现多分支选择，其语法格式如下所示：

```
switch(表达式){
    case <表达式1>:
        语句1;
    break;
    case <表达式2>:
        语句2;
    break;
    ...
    case <表达式n>:
        语句n;
    break;
    default:
        语句n+1;
}
```

当switch后面圆括号中表达式的值与某个case后面的常量表达式的值相等时，则执行该case后面的语句，直到遇到break语句为止。如果与所有case的常量表达式的值都不相等，则执行default后面的语句。

switch语句的执行结果与case、default出现的顺序无关，示例代码如下所示：

```
switch(ctrl){     /*伪代码，仅作为展示*/
    case 1:
        启动设备;
    break;
    case 2:
        关闭设备;
    break;
    case 3:
        测试设备;
    break;
    default:
        选择无效;
}
```

如上述示例代码，当ctrl变量的值设置为1时，执行启动设备；当ctrl变量的值设置为2时，执行关闭设备；当ctrl变量的值设置为3时，执行测试设备；当ctrl变量的值设置为其他时，执行选择无效的提示。

2.4.2 预备知识——循环语句

循环语句可以实现重复执行某一段程序，常见的循环语句有while语句、do...while语句、for语句。

1. while 语句

while语句是循环语句的一种，其语法格式如下所示：

```
while(condition){
    循环体;
}
```

while语句首先会检验括号中的循环条件，当condition为真时，执行其后的循环体。每执行一遍循环，程序都将回到while语句处，重新检验条件是否满足。如果一开始condition为假，则不执行循环体，直接跳过该段代码。

如果第一次检验时condition为真，那么在第一次或其后的循环过程中，必须有使得condition为假的操作，否则循环将无法终止。示例代码如下所示：

```
while(1){      /*伪代码，仅作为展示*/
    循环体;
}
```

如上述代码示例，循环为无限循环，循环体将被无限次循环执行。

2. do...while 语句

do...while语句与while语句类似，它们之间的区别在于：while语句是先判断循环条件的真假，再决定是否执行循环体，而do...while语句则先执行循环体，然后再判断循环条件的真假。因此，do...while语句中的循环体至少要被执行一次。do...while语句的语法格式如下所示：

```
do{
    循环体;
}while(condition);
```

如上述语法格式，如果condition判断为真，则继续执行循环体中的内容。示例代码如下所示：

```
do{              /*伪代码，仅作为展示*/
    循环体;
}while(0);
```

如上述示例代码，首先运行循环体一次，然后判断条件为假，结束循环，循环体仅被执行一次。

3. for 语句

除了使用while和do…while实现循环外，for循环也是最常见的循环结构，而且其语句更为灵活，不仅可以用于循环次数已经确定的情况，还可以用于循环次数不确定而只给出循环结束条件的情况，完全可以代替while语句，其语法格式如下所示：

```
for(赋初始值;循环条件;迭代语句){
    语句1;
    ...
```

```
    语句n;
}
```

当执行for循环语句时，程序首先指定赋初始值操作，接着执行循环条件，如果循环条件的值为真时，程序执行循环体内的语句，如果循环条件的值为假，程序则直接跳出循环。执行完循环体内的语句后，程序会执行迭代语句，然后再执行循环条件并判断，如果为真，则继续执行循环体内的语句，如此反复，直到循环条件判断为假，退出循环。

for循环语句的示例代码如下所示：

```
for(i = 0;i < 5;i++){
    print("Hello");
}
```

如上述示例代码，for循环语句一共执行5次，分别为i等于0、1、2、3、4时，执行输出字符串的操作。当i等于5时，循环条件判断为假，跳出循环。

2.4.3 深入学习——转移语句

转移语句用来对循环语句执行跳转工作，常用的转移语句有break、continue以及goto，具体如下：

1. break 语句

break语句用来终止并跳出循环，break语句不能用于循环语句和switch语句之外的任何其他语句中，当用在switch语句时，同样使程序跳出switch语句。

break语句的示例代码如下所示：

```
while(1){
    i = 0;
    if(i == 5){
        break;
    }
      print("%d", i);
    i++;
}
```

如上述示例代码，通过无限循环输出变量i的值，当循环执行到i等于5时，跳出循环，执行结束。

2. continue 语句

continue语句用来结束本次循环，即跳出本次循环中尚未执行的部分，继续执行下一次循环操作，而非直接跳出全部循环。

```
for(i = 0;i < 5;i++){
    if(i == 3){
        continue;
    }
    print("%d", i);
}
```

如上述示例代码，执行for循环输出变量i的值，当i等于3时，continue跳过输出操作，继续进行下一次循环，继续输出i的值。

3. goto 语句

goto语句是一种无条件转移语句，goto语句多用于跳出多重循环或程序调试判断。goto语句示例代码如下所示：

```
for(i = 0;i < 5;i++){
    if(i == 3){
        goto out;
    }
    print("%d", i);
}
out:
    i = i*i;
```

如上述示例代码，执行for循环依次输出变量i的值，当i等于3时，执行goto语句，跳转到out标志处，执行i=i*i，求出i的平方值。

2.4.4 引导实践——使用控制语句实现程序设计

本节引导实践将主要介绍使用控制语句实现指定功能，该功能为：输出0～100之间不能被3整除的数。实现该功能需要使用循环语句以及转移语句，具体的程序执行流程如图2.4所示。

根据图2.4所示程序流程，设计程序如例2.2所示。

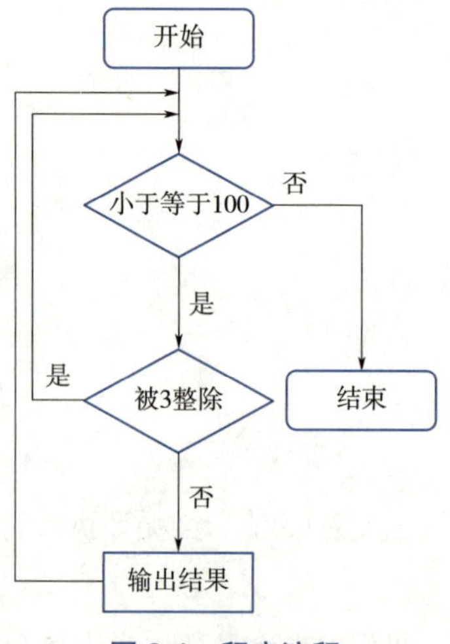

图 2.4 程序流程

例 2.2 输出数。

```
1  void setup() {
2  int a = 0;
3  while(a <= 100){
4    if(a%3 == 0){
5      continue;
6    }
7   Serial.println(a);
```

```
8   a++;
9  }
10 }
11
12  void loop() {
13
14}
```

分析：

第3行：执行while循环，判断数值是否小于等于100。
第4行：判断输入值是否能被3整除。
第5行：执行转移语句，如果可以被3整除则跳出此次循环。
第7行：输出不能被3整除的数。
第8行：增加1，继续判断下一个数。

单元小结

本单元主要介绍了Arduino实际编程中基于C语言的编程知识，包括数据类型、运算符、函数以及控制语句，这些都是组成Arduino编程的基础元素，读者需要熟悉这些基础应用，进而为后续深入的Arduino编程奠定基础。

习　　题

1. 填空题

（1）数值型常量可以分为______和______。
（2）32 位无符号整型常量的取值范围是______。
（3）实型常量由______和______组成，实型常量表示数据的形式有两种，分别为______和______。
（4）表达式 5/2 的结果为______。
（5）x 为真，y 为假，则表达式 x&&y 的结果为______。
（6）二进制数 101 与 110，执行 & 操作后，结果为______。
（7）变量 a 的值为 2，执行 a+=2 后，其值为______。
（8）程序 int x = 3;int y = 4;max(x,y); 的执行结果为______。
（9）break 语句只能用于______语句和______语句中。

2. 选择题

（1）十进制数 10 对应的八进制数是（　　）。
A. b12　　B. 12　　C. 0x12　　D. 012

（2）二进制数 1011 对应的十进制数是（　　）。

A. 10　　B. 11

C. 12　　D. 13

（3）程序代码 int a[5] ={2,3,4,5,6};，则 a[2] 的值为（　　）。

A. 3　　B. 4

C. 2　　D. 5

（4）二进制数 b101 与 b110，执行 ^ 操作后的结果为（　　）。

A. b011　　B. b111

C. b100　　D. b101

（5）以下描述正确的是（　　）。

A. continue 语句的作用是结束整个循环的执行

B. 只能在循环体内和 switch 语句体内使用 break 语句

C. 在循环体内使用 break 语句和 continue 语句的作用相同

D. 从多层循环中嵌套中退出时，只能使用 goto 语句

（6）设 i 为整型量，执行循环语句 for(i=50;i>=0;i — =10); 后，i 值为（　　）。

A. — 10　　B. 0

C. 10　　D. 50

（7）设 x 和 y 均为 int 型变量，则语句 x+=y;y=x — y;x — =y 的功能是（　　）。

A. 把 x 和 y 按从大到小排列　　B. 把 x 和 y 按从小到大排列

C. 无确定结果　　D. 交换 x 和 y 中的值

3. 思考题

（1）简述 while 语句、do...while 语句以及 for 语句的差异。

（2）简述 continue 语句与 break 语句的区别。

第 3 单元

Arduino 开发板接口及应用

学习目标

◎了解 Arduino 开发板接口工作原理
◎熟悉 Arduino 开发板接口类库函数
◎熟悉 Arduino 接口基础编程
◎掌握 Arduino 接口编程应用

Arduino开发板集成了各种接口，用来与其他模块进行信息交互，如数字I/O、模拟I/O、IIC、SPI接口等。Arduino IDE为每一种接口提供了对应的类库函数，通过这些函数可以实现对接口的控制。本单元将主要展示Arduino各种接口的编程及应用。

任务 3.1　数字 I/O 接口

3.1.1　预备知识——数字 I/O 接口

Arduino开发板的引脚功能可以分为数字引脚、模拟引脚、通信引脚、外部中断引脚等，其中有些引脚包含多种功能。Arduino开发板的数字引脚可实现数字接口的功能，其通过编号进行区分，Arduino UNO开发板的数字引脚编号为0～13，Arduino Mega 2560开发板的数字引脚编号为0～53。

数字I/O接口主要用来传递数字信号，数字信号是以0、1表示的电平不连续变化的信号，即以二进制的形式表示的信号。在Arduino中，数字信号通过高低电平来表示，高电平为数字信号1，低电平为数字信号0。

不同元件组成的数字电路，其电压对应的逻辑电平也不同。在TTL门电路中，通常将大于3.5 V电压视为逻辑高电平，用数字“1”表示；将小于0.3 V电压规定为逻辑低电平，用数字“0”表示。数字电平从高电平变为低电平的瞬间，称为下降沿，从低电平变为高电平的瞬间，称为上升沿。

Arduino数字引脚可设置为3种模式，分别为输入模式（INPUT）、输出模式（OUTPUT）、输入上拉模式（INPUT_PULLUP）。

1. 输入模式特性

Arduino引脚默认为输入，用作输入时不需要明确声明。如果引脚设置为输入模式时，并未指定引脚的状态，则引脚状态是悬空的，即引脚状态是随机的（可高可低）。此时，可通过上拉电阻器使引脚保持高电平或者通过下拉电阻器使引脚保持低电平。

2. 输出模式特性

当设置引脚为输出模式时，其引脚为低阻状态，该引脚与其他电路或设备连接时，可以提供40 mA的源电流，用来驱动某些传感器。

3. 输入上拉模式

当设置为输入上拉模式的引脚与传感器的一端连接时，传感器的另一端需要连接到GND，如连接一个开关，当开关断开时，读入高电平HIGH，当开关连接时，读入低电平LOW。

3.1.2 深入学习——数字 I/O 接口函数

Arduino编程语言在C、C++语言的基础上，提供了封装类库。封装类库中提供了很多函数，对硬件操作细节进行封装（屏蔽了繁杂的寄存器配置）。开发者只需在程序中直接调用这些函数即可实现对硬件的控制。

Arduino编程语言提供了3个基础的数字I/O接口操作函数，分别为pinMode()、digitalWrite()、digitalRead()。

pinMode()函数用来设置数字引脚的模式，具体描述如表3.1所示。

表 3.1 pinMode() 函数

函数格式	pinMode(pin，mode)	
功能	设置数字引脚的模式	
参数	pin	引脚编号
	mode	引脚模式，可设置为 INPUT（输入）、OUTPUT（输出）、INPUT_PULLUP（输入上拉）
返回值	无	

digitalWrite()函数用来设置引脚为高电平或低电平，具体描述如表3.2所示。

表 3.2 digitalWrite() 函数

函数格式	digitalWrite(pin，value)	
功能	设置数字引脚的电平	
参数	pin	引脚编号
	value	引脚电平，可设置为 HIGH（高电平）、LOW（低电平）
返回值	无	

digitalRead()函数用来读取引脚的状态，具体描述如表3.3所示。

表 3.3 digitalRead() 函数

函数格式	digitalRead(pin)	
功能	读取数字引脚的状态	
参数	pin	引脚编号
返回值	1（HIGH）或 0（LOW）	

除上述3个基础的数字I/O函数接口外，封装类库中还提供了一些高级数字I/O封装函数，具体如下。

shiftIn()函数可通过串行的方式从引脚上读入数据，具体描述如表3.4所示。

表 3.4　shiftIn() 函数

函数格式	shiftIn(dataPin，clockPin，bitOrder)	
功能	通过串行的方式从引脚上读取数据	
参数	dataPin	数据输入引脚编号
	clockPin	时钟输出引脚编号，为数据输入提供时钟
	bitOrder	数据位移顺序选择位，高位先入 MSBFIRST 或低位先入 LSBFIRST
返回值	读入的字节数据	

串行读取数据一次只能读取一位，可以选择从高位或低位先读取，串行读取数据时，时钟引脚拉为高电平，从数据线读入下一位后，时钟引脚被拉为低电平。

shiftOut()函数可通过串行的方式从引脚上输出数据，具体描述如表3.5所示。

表 3.5　shiftOut() 函数

函数格式	shiftOut(dataPin，clockPin，bitOrder，value)	
功能	通过串行的方式从引脚上输出数据	
参数	dataPin	数据输出引脚编号
	clockPin	时钟输出引脚编号，为数据输出提供时钟
	bitOrder	数据位移顺序选择位，高位先入 MSBFIRST 或低位先入 LSBFIRST
	value	输出的数据
返回值	无	

串行输出数据一次只能输出一位，可以选择高位或低位，在时钟引脚上从高到低跳变指示数据位有效。

tone()函数用来指定引脚输出占空比为50%的方波，具体描述如表3.6所示。

表 3.6　tone() 函数

函数格式	tone(pin，frequency)	
功能	指定引脚输出占空比为 50% 的方波	
参数	pin	输出方波的引脚编号
	frequency	输出方波的频率，决定方波的周期
返回值	无	

noTone()函数用来停止引脚输出的方波，具体描述如表3.7所示。

表 3.7　noTone() 函数

函数格式	noTone(pin)	
功能	停止 tone() 函数触发的方波输出	
参数	pin	输出方波的引脚编号
返回值	无	

pulseIn()函数用来读取一个引脚脉冲（高电平脉冲或低电平脉冲）的时间长度，具体描述如表3.8所示。

表 3.8　表 3.1pulseIn() 函数

函数格式	pulseIn(pin，value) pulseIn(pin，value，timeout)	
功能	读取一个引脚脉冲的时间长度	
参数	pin	输入脉冲引脚编号
	value	读取脉冲的状态，HIGH 或 LOW
	timeout	可选参数，超时时间（ms）
返回值	脉冲的延续时间	

如果函数读取的是高电平脉冲，则函数在引脚的上升沿开始计时，在引脚的下降沿停止计时。如果超时后仍然未收到脉冲，则返回0。

pulseInLong()函数用来处理持续时间较长的脉冲和受中断影响的情况，具体描述如表3.9所示。

表 3.9　pulseInLong() 函数

函数格式	pulseInLong(pin，value) pulseInLong(pin，value，timeout)	
功能	读取一个引脚脉冲的时间长度	
参数	pin	输入脉冲引脚编号
	value	读取脉冲的状态，HIGH 或 LOW
	timeout	可选参数，超时时间（ms）
返回值	脉冲的延续时间	

3.1.3　引导实践——流水灯设计

当数字引脚被设置为输入状态时，可以用来读取引脚的状态，如引脚连接开关时，可以根据读取电平的高低，判断开关是否闭合。当数字引脚被设置为输出状态时，可用来输出高低电平，如控制LED灯、蜂鸣器以及一些其他设备的开关。

使用Arduino开发板中的数字引脚对LED灯进行控制，实现流水灯的效果。

1. 案例分析

实现流水灯设计需要使用多个LED灯，每一个LED灯与Arduino数字引脚连接需要有限流电阻，防止电流过大，LED灯烧坏。程序设计需要设置引脚的模式，然后依次控制电平高低，控制LED灯亮灭。

2. 仿真电路设计

仿真电路图设计如图3.1所示，LED灯正极分别连接Arduino开发板的第2、5、7、9、12引脚，负极连接Arduino开发板的GND引脚。

3. 程序设计

根据图3.1的设计，实现流水灯设计，需要将连接的引脚设置为输出模式，然后依次将引脚设置为高电平以及低电平，并需要设置延时，具体如例3.1所示。

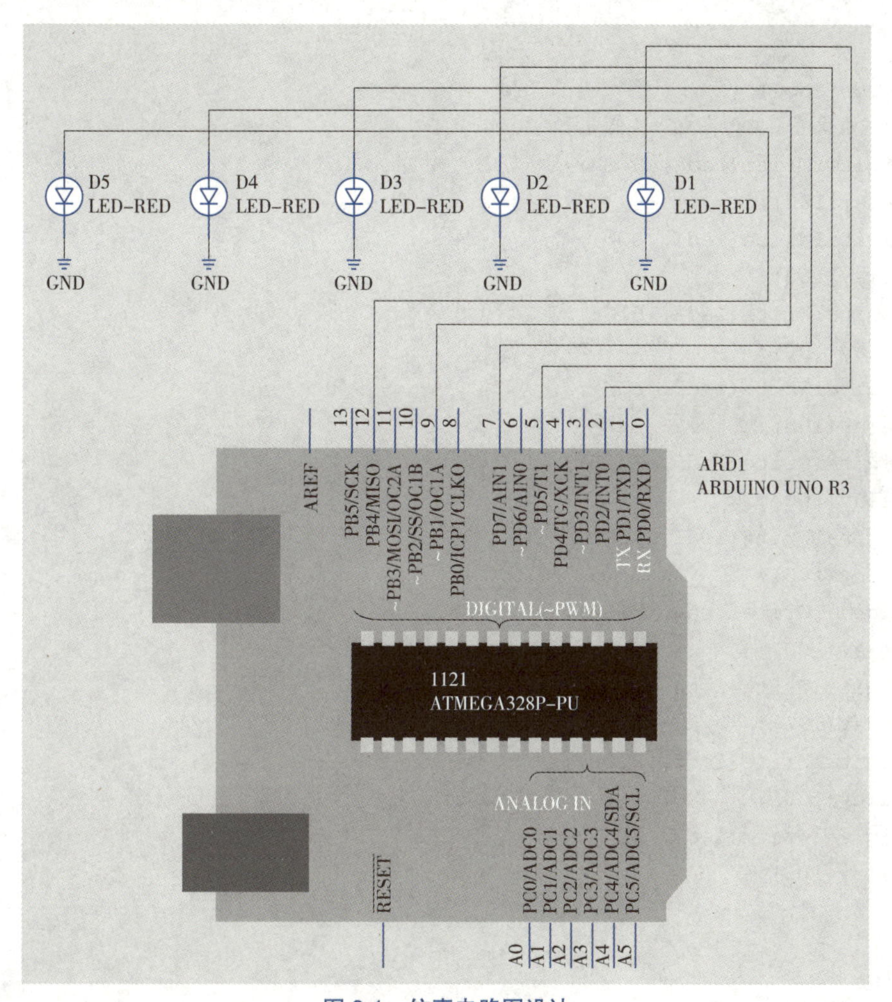

图 3.1　仿真电路图设计

例 3.1　流水灯。

```
1  int led1 = 2;
2  int led2 = 5;
3  int led3 = 7;
4  int led4 = 9;
5  int led5 = 12;
6
7  void setup() {
8  /*初始化代码，设置引脚模式*/
9  pinMode(led1, OUTPUT);
10  pinMode(led2, OUTPUT);
11  pinMode(led3, OUTPUT);
12  pinMode(led4, OUTPUT);
```

```
13  pinMode(led5, OUTPUT);
14}
15
16  void loop() {
17  /*依次设置引脚为高电平、低电平*/
18  digitalWrite(led1, HIGH);
19  delay(100);
20  digitalWrite(led1, LOW);
21  delay(100);
22  digitalWrite(led2, HIGH);
23  delay(100);
24  digitalWrite(led2, LOW);
25  delay(100);
26  digitalWrite(led3, HIGH);
27  delay(100);
28  digitalWrite(led3, LOW);
29  delay(100);
30  digitalWrite(led4, HIGH);
31  delay(100);
32  digitalWrite(led4, LOW);
33  delay(100);
34  digitalWrite(led5, HIGH);
35  delay(100);
36  digitalWrite(led5, LOW);
37  delay(100);
38}
```

分析：

第1～5行：定义变量，赋值为指定的引脚编号。

第9～13行：将指定引脚的状态设置为输出模式。

第18～37行：依次设置引脚的电平为高（低），控制LED灯亮（灭），设置延时为100 ms，便于观察效果。

任务 3.2　模拟 I/O 接口

3.2.1　预备知识——模拟 I/O 接口

生活中，人们接触的信号大部分都是模拟信号，如温湿度的变化、声音大小等。模拟信号是用连续变化的物理量表示的信息。

模拟I/O为模拟电压信号的输入、输出。Arduino UNO开发板的模拟输入引脚共有6个，即A0～A5。Arduino Mega 2560开发板模拟输入引脚共有16个，即A0～A15。模拟输入引脚是带有ADC（analog-todigital converter，模数转换器）功能的引脚，它可以将外部输入的模拟信号转换为芯片运算可以识别的数字信号，从而实现读取模拟值的功能。

通过Arduino的模拟输入引脚，可以实现从模拟量到数字量的转换，即A/D转换。Arduino板提供了10位A/D转换器，将0～5 V的输入电压转换为0～1 023间的值（$2^{10}-1$），每一位对应的电压约为4.9 mV（将5 V电压分为1 024份）。

与模拟输入对应的功能为模拟输出功能，实现模拟值的输出需要使用一种特殊的方式，即PWM（Pulse Width Modulation，脉冲宽度调制）。PWM是一种通过数字方法得到模拟量结果的技术，逻辑电平产生的方波（在高低电平之前切换的波形），通过改变信号的高电平持续时间，即可模拟0～5 V的之间的电压值。例如，重复输出高低电平控制LED灯，在输出的方形波的一个周期内，如果高电平（灯亮）持续时间变长，低电平（灯灭）时间变短，则LED灯的亮度更高（由于方形波周期很短，在一个周期内，灯亮的时间变长，灯灭的时间变短，从视觉上造成LED灯亮度的变化）。

在输出的方波的周期中，高电平输出时间的占比，称为占空比，不同占空比的方形波如图3.2所示。

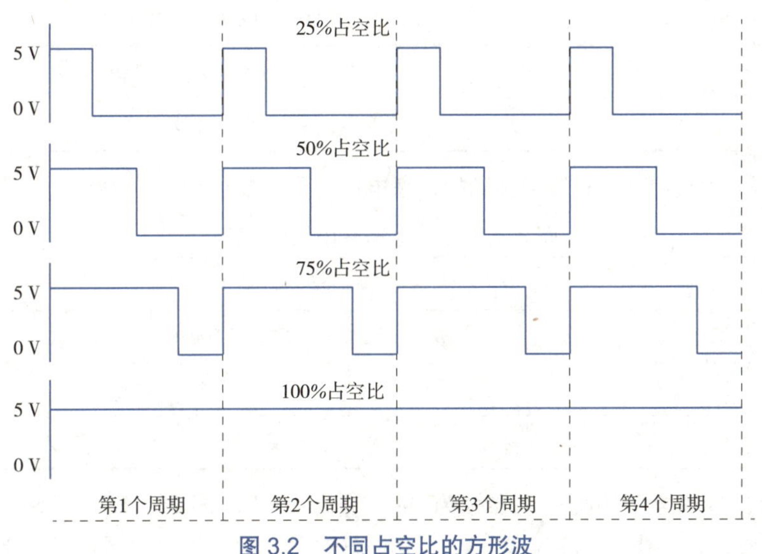

图 3.2　不同占空比的方形波

如图3.2所示，占空比越高，表示高电平持续的时间越长，其模拟的输出电压越高。通过设置占空比，即可调节输出的模拟电压值。需要注意的是，这里仅仅得到的是近似模拟值输出的效果，如果要输出真正的模拟值，需要再加上外围滤波电路。

Arduino UNO开发板的PWM输出引脚共有6个，即数字引脚3、5、6、9、10、11。Arduino Mega 2560开发板的PWM输出引脚共有15个，即数字引脚2～13和引脚44～46。

3.2.2　深入学习——模拟 I/O 接口函数

Arduino编程提供的模拟I/O接口函数分别为analogWrite()函数、analogRead()函数以及analogReference()函数。

analogWrite()函数通过PWM的方式在指定引脚输出模拟值，具体描述如表3.10所示。

表 3.10 analogWrite() 函数

函数格式	analogWrite(pin，value)	
功能	通过 PWM 的方式在指定引脚输出模拟值	
参数	pin	指定引脚的编号
	value	设置的占空比，范围为 0 ~ 255
返回值	无	

使用analogWrite()函数不需要调用pinMode()函数设置引脚的状态。调用analogWrite()函数后，引脚会一直输出一个稳定的指定占空比的波形，直到有其他函数对相同的引脚进行操作。

analogRead()函数用来读取并转换指定模拟引脚上的电压，具体描述如表3.11所示。

表 3.11 表 3.2analogRead() 函数

函数格式	analogRead(pin)	
功能	读取并转换指定模拟引脚上的电压	
参数	pin	模拟输入引脚的编号
返回值	整数，范围为 0 ~ 1 023	

analogReference()函数用来配置模拟引脚的参考电压，具体描述如表3.12所示。

表 3.12 analogReference() 函数

函数格式	analogReference(type)	
功能	配置模拟引脚的参考电压	
参数	type	参考电压的类型
返回值	无	

如表3.12所示，参考电压的类型主要分为3种，分别为DEFAULT、INTERNAL、EXTERNAL。DEFAULT为默认值，参考电压为5 V或3.3 V。INTERNAL表示片内参考电压，为1.1 V或2.56 V。EXTERNAL表示通过AREF引脚获取参考电压。如不设置参考电压，则默认参考电压为5 V。

3.2.3 引导实践——变频呼吸灯

当对数字引脚的输出状态进行设置时，可以实现高低电平的输出，从而实现硬件设备的启动与关闭，如控制LED灯亮灭。而模拟引脚的输出电压是可变的，利用这一特性，可以实现更多的硬件功能需求，如控制LED灯的亮度、控制电机的转速等。

【应用案例】

变频呼吸灯：通过模拟输出引脚实现呼吸灯的效果，并通过电位器控制呼吸灯的呼吸频率。

1. 案例分析

实现呼吸灯效果需要连续对模拟输出引脚设置占空比，进而产生连续的不同的输出电压值，控制LED灯的亮度。而LED灯的亮度变化频率取决于设置输出引脚占空比的间隔时间，如果间隔时间不变，则LED灯亮度变化的频率不变（呼吸频率不变）。

设置输出引脚占空比的间隔时间通过电位器实现，电位器是一个可调电阻，其原理如图3.3所示。

图3.3中，通过旋转旋钮改变2号脚位置，从而改变2号脚到两端的阻值。假设将电位器的1、3号脚分别接到GND和3.3 V，再通过模拟输入引脚读取电位器2号脚的输出电压，根据旋转电位器的情况，2号脚的电压会在0～3.3 V之间进行变化。

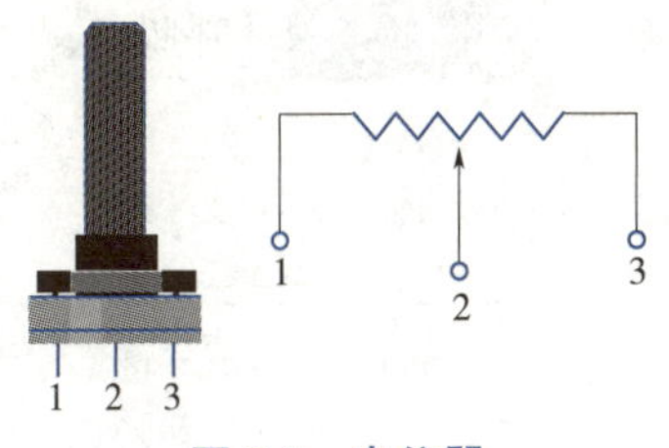

图 3.3　电位器

通过程序设计判断引脚2电压的大小，并将其转换为设置输出引脚占空比的间隔时间。如果旋转旋钮，则2号脚的电压值发生改变，设置输出引脚占空比的间隔时间同样发生改变。采用这种方式的目的是练习模拟输入引脚的使用以及了解电位器的控制原理。

2. 仿真电路设计

电路连接主要分为两个部分，一部分用来控制LED灯，其正极引脚连接到模拟输出引脚11，负极接GND；另一部分用来实现电位器控制，其1号引脚与3号引脚分别连接到3.3 V以及GND，2号引脚连接到模拟输入引脚A0，仿真电路设计如图3.4所示。

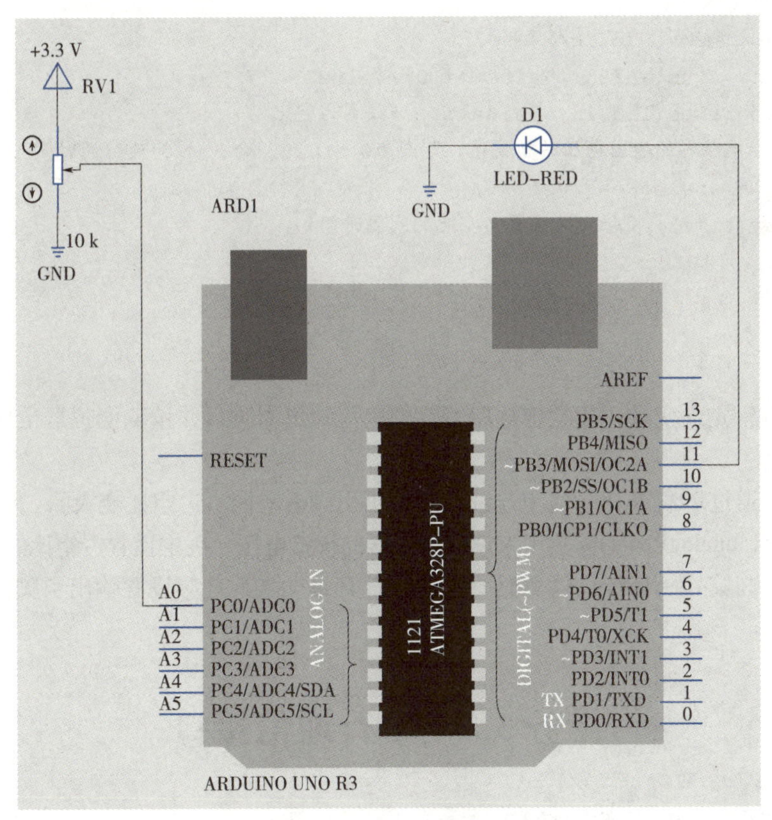

图 3.4　仿真电路设计

3. 程序设计

呼吸灯主要通过连续设置模拟输出引脚的占空比实现，连续设置的动作需要通过循环程序完成，而设置占空比的间隔时间由模拟输入引脚的电压值决定。具体程序设计如例3.2所示。

例 3.2 呼吸灯。

```
1 int ledPin = 11;
2 int pot = A0;
3 int time;
4 void setup() {
5 /*无须设置初始化，即无须设置引脚输出状态*/
6}
7
8 void loop() {
9 /*占空比逐渐变大，LED逐渐变亮*/
10  for(int Value = 0; Value <= 255; Value += 5){
11    analogWrite(ledPin, Value); /*设置占空比*/
12    /*读取电位器的输出电压的转换值，范围为0～1023，除以5作为延时的时间*/
13    time = analogRead(pot)/5;
14    delay(time);  /*定义设置占空比的间隔时间*/
15  }
16  /*占空比逐渐减小，LED逐渐变暗*/
17  for(int Value = 255; Value >= 0; Value -= 5){
18    analogWrite(ledPin, Value);  /*设置占空比*/
19    /*读取电位器的输出电压的转换值，范围为0～1023，除以5作为延时的时间*/
20    time = analogRead(pot)/5;
21    delay(time);  /*定义设置占空比的间隔时间*/
22  }
23}
```

分析：

第1～3行：分别定义变量，指定连接LED灯的模拟输出引脚11，读取电位器电压的模拟输入引脚A0。

第10～15行：通过for循环语句实现连续设置输出引脚占空比（占空比变大），其中analogWrite()函数用来设置占空比，analogRead()函数用来读取电位器的模拟电压，决定设置占空比的间隔时间。

第17～22行：与第10～15行代码类似，通过for循环语句实现连续设置输出引脚占空比，占空比逐渐减小。

任务 3.3　串行通信接口

3.3.1　预备知识——串行通信接口

串行通信指的是采用串行通信协议在一条信号线上将数据按位进行传输的通信模式。串行通信是相对于并行通信的概念，其区别如图3.5所示。

图3.5中，并行通信可以实现多位数据同时传输，传输效率更高，但其占用的I/O口较多，而串行通

信只能逐位依次进行传输，传输效率较低，但其占用的I/O口较少，安全性更高，适合长距离通信。由于Arduino的I/O资源较少，其更多采用的是串行通信方式。

串行通信接口指的是Arduino硬件集成的串口。在Arduino中，通过Arduino上的USB接口与PC连接即可进行串口通信，或者使用串口引脚连接其他串口设备进行通信。在进行串口通信时，两个串口设备间需要发送端（TX）与接收端（RX）交叉相连，并共用电源地（GND），如图3.6所示。

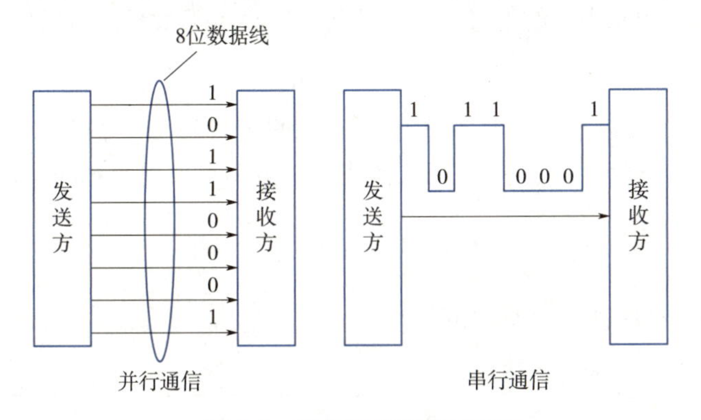

图 3.5　串行通信与并行通信

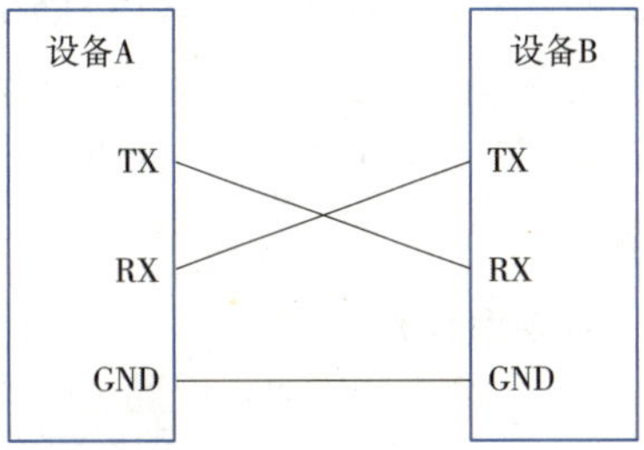

图 3.6　串口通信

这里需要注意的是，串行通信与串口通信是两种概念。串行通信是一种概念，指的是通信双方按位进行，遵守时序的一种通信方式。串行通信中，将数据按位依次传输，每位数据占据固定的时间长度，串行通信如I2C、SPI等。而串口通信是一种通信手段，可以将接收来自CPU的并行数据字符转换为连续的串行数据发送出去，同时可将接收的串行数据转换为并行的数据提供给CPU。串口通信是串行通信方式中较低级的通信手段。

串口通信的数据是按位传输的，并且要求发送方与接收方在发送与接收数据的每一位时，都要保持相同的频率（每发送一位都有固定的间隔时间），在串口通信中，将其称之为波特率。波特率用来表示串行数据的传输速率，其单位为波特（位/秒），如115 200波特表示的是每秒传输115 200位二进制数据。

Arduino串口通信的数据传输采用的是数字信号（高低电平变化）的形式，这些一连串的数字信号组成了数据帧。数据帧可以理解为串口通信的基本传输单元，一般的数据帧格式如图3.7所示。

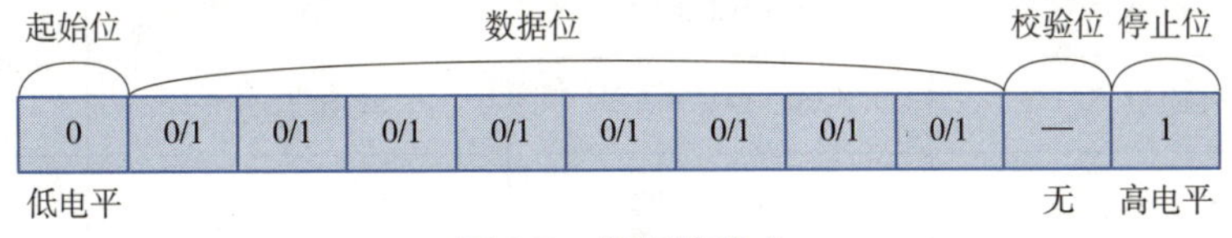

图 3.7　数据帧格式

图3.7中，数据帧中各位表示的含义及功能如下：

（1）起始位

起始位总为低电平，是一组数据帧开始传输的信号。

（2）数据位

数据位即发送的实际数据，一般为7位数据，Arduino默认为8位数据。

（3）校验位

校验位是一种简单的检错方式，可以设置为奇校验或偶校验，Arduino默认无校验位。

（4）停止位

每个数据帧末尾都有停止位，表示数据帧传输结束，停止位总为高电平，Arduino默认为1位停止位。

所有的Arduino开发板都至少有一个串口，称为UART或USART。通过数字引脚0（RX）和1（TX）与计算机的USB接口进行串行通信。通过Arduino IDE内嵌的串口监视器可以与Arduino开发板进行通信。

3.3.2 深入学习——串行通信接口函数

使用Arduino类库函数可以实现Arduino开发板与计算机或其他设备之间进行通信。在头文件HardwareSerial.h中定义了HardwareSerial类的实例Serial，直接使用该类成员函数即可实现简单的串口通信。

1. begin()

begin()函数用来实现设置串行通信波特率，具体描述如表3.13所示。

表 3.13 begin() 函数

语法格式	Serial.begin(speed) Serial.begin(speed，config)	
功能	设置串行通信波特率	
参数	speed	波特率
	config	配置数据位数、奇偶校验位、停止位，默认为 8 个数据位、无校验位、1 个停止位
返回值	无	

表3.13中，begin()函数的第1个参数用来设置串行通信的波特率，其一般设置的数值为300、600、1 200、2 400、4 800、9 600、115 200等；第2个参数配置数据位数、奇偶校验位、停止位，其有效设置值如表3.14所示。

表 3.14 config 参数设置值

N	SERIAL_5N1	SERIAL_6N1	SERIAL_7N1	SERIAL_8N1
	SERIAL_5N2	SERIAL_6N2	SERIAL_7N2	SERIAL_8N2
E	SERIAL_5E1	SERIAL_6E1	SERIAL_7E1	SERIAL_8E1
	SERIAL_5E2	SERIAL_6E2	SERIAL_7E2	SERIAL_8E2
O	SERIAL_5O1	SERIAL_6O1	SERIAL_7O1	SERIAL_8O1
	SERIAL_5O2	SERIAL_6O2	SERIAL_7O2	SERIAL_8O2

表3.14中，N表示无校验，E表示偶校验，O表示奇校验。参数SERIAL_8N1为默认设置参数，表示的是8位数据位，无奇偶校验位，1位停止位。

2. if(Serial)

if(Serial)函数用来测试串口是否准备就绪，具体描述如表3.15所示。

表 3.15　if(Serial) 函数

语法格式	if(Serial)
功能	测试指定的串口是否准备就绪
参数	无
返回值	true 或 false

3. available()

available()函数用来获取串口缓存区中的字节数，具体描述如表3.16所示。

表 3.16　available() 函数

语法格式	Serial.available()
功能	获取串口缓存区中的字节数，用来判断缓存区是否有数据
参数	无
返回值	读取的字节数，返回值大于 0 表示串口接收到数据，可以读取

4. availableForWrite()

availableForWrite()函数用来执行不阻塞写操作，并获取写入串口缓存区的字节数，具体描述如表3.17所示。

表 3.17　availableForWrite() 函数

语法格式	Serial.availableForWrite()
功能	写数据到串口缓存区
参数	无
返回值	获取写入串口缓存区的字节数

5. end()

end()函数用来禁止串口通信，具体描述如表3.18所示。

表 3.18　end() 函数

语法格式	Serial.end()
功能	禁止串口通信，允许 RX 与 TX 引脚作为普通的输入、输出引脚
参数	无
返回值	无

6. print()

print()函数用来实现串口输出，具体描述如表3.19所示。

表 3.19　print() 函数

语法格式	Serial.print(val) Serial.print(val，format)	
功能	将数据从串口输出并显示	
参数	val	显示的内容，可以为任何数据类型
	format	指定整型数据的进制或浮点型数据的数据位数
返回值	显示的字节数	

表3.19中，print()函数可以输出字符、字符串、整型数以及浮点型数。当输出整型数时，可以在print()函数的第2个参数中指定整型数的显示格式，如BIN（二进制）、OCT（八进制）、DEC（十进制）、HEX（十六进制）；当输出浮点型数时，第二个参数用来指定输出的小数位数，具体示例如下：

```
Serial.print(32, BIN);   //输出显示为100000
Serial.print(32, OCT);   //输出显示为40
Serial.print(32, DEC);   //输出显示为32
Serial.print(32, HEX);   //输出显示为20
Serial.print(1.2345, 0);   //输出显示为1
Serial.print(1.2345, 2);   //输出显示为1.23
Serial.print(1.2345, 3);   //输出显示为1.234
```

7. println()

println()函数与print()函数类似，不同的是println()函数在输出数据后，会接一个换行符（ASCII码值为10，“\n”），具体描述如表3.20所示。

表 3.20　println() 函数

语法格式	Serial.println(val) Serial.println(val，format)	
功能	将数据从串口输出并显示	
参数	val	显示的内容，可以为任何数据类型
	format	指定整型数据的进制或浮点型数据的数据位数
返回值	显示的字节数	

8. read()

read()函数用来读取串口数据，具体描述如表3.21所示。

表 3.21　read() 函数

语法格式	Serial.read()
功能	读取串口数据，一次读取一个字符，读取后删除已读数据
参数	无
返回值	串行输入数据的第一个字节

9. readBytes()

readBytes()函数从串口读取字符到缓存区，如果确定长度的数据读取完毕或超时则结束，具体描述如表3.22所示。

表 3.22　readBytes() 函数

语法格式	Serial.readBytes(buffer，length)	
功能	从串口读取字符到缓存区	
参数	buffer	存入数据的缓存区
	length	读取的字节数
返回值	存入缓存区的字节数	

10. setTimeout()

setTimeout()函数用来设置串口操作的超时时间，默认为1 000 ms，具体描述如表3.23所示。

表 3.23　setTimeout() 函数

语法格式	Serial.setTimeout(time)	
功能	设置串口操作的超时时间	
参数	time	超时时间
返回值	无	

11. write()

write()函数用来实现写二进制数据到串口，写入的数据可以是一个字符或多个字符，具体描述如表3.24所示。

表 3.24　write() 函数

语法格式	Serial.write(val) Serial.write(str) Serial.write(buf，len)	
功能	将数据写入到串口	
参数	val	单字节数据
	str	字符串
	buf	数组
	len	数组的长度
返回值	写入串口的字节数	

12. find()

find()函数用来从串口缓存区中读取已知长度的目标数据，具体描述如表3.25所示。

表 3.25　find() 函数

语法格式	Serial.find(target)	
功能	从串口缓存区中读取数据，直到发现给定长度的目标字符串	
参数	target	要搜索的字符串
返回值	true 或 false	

13. flush()

flush()函数用来等待发送的串行数据传输完毕，具体描述如表3.26所示。

表 3.26　flush() 函数

语法格式	Serial.flush()
功能	等待发送的串行数据传输完毕
参数	无
返回值	无

14. peek()

peek()函数用来从串口中读取一个字节的数据，与read()函数不同的是，使用peek()函数读取数据后，被读取的数据不会被删除，具体描述如表3.27所示。

表 3. 27 peek() 函数

语法格式	Serial.peek()
功能	从串口中读取一个字节的数据
参数	无
返回值	串口数据中的第一个有效字符

15. parseFloat()/parseInt()

parseFloat()/parseInt()函数分别用于从串口数据中读取第一个有效的浮点数以及整数，具体描述如表3.28所示。

表 3. 28 parseFloat()/parseInt() 函数

语法格式	Serial.parseFloat() Serial.parseInt() Serail.parseInt(skipChar)	
功能	从串口数据中读取第一个有效的浮点数以及整数	
参数	shipChar	需要忽略掉的字符
返回值	有效浮点数或有效整数	

16. serialEvent()

serialEvent()表示串口数据准备就绪时触发的事件函数，即串口数据准备就绪时调用该函数（判断是否准备就绪使用Serial.read()），具体描述如表3.29所示。

表 3. 29 serialEvent() 函数

语法格式	void serialEvent(){}
功能	串口数据准备就绪时触发该函数
参数	无
返回值	无

3.3.3 引导实践——数值显示器

数值显示器：通过Arduino硬件串口，实现指定信息的输出。

1. 案例分析

通过Arduino硬件串口与其他串口设备进行连接，程序执行输出操作，将指定的信息输出，这里选择输出Arduino模拟输入引脚A0输入电压对应的模拟值。

2. 仿真电路设计

将Arduino的硬件串口与串口设备连接，通过监视串口设备，判断串口是否有数据输出，仿真电路图如图3.8所示。

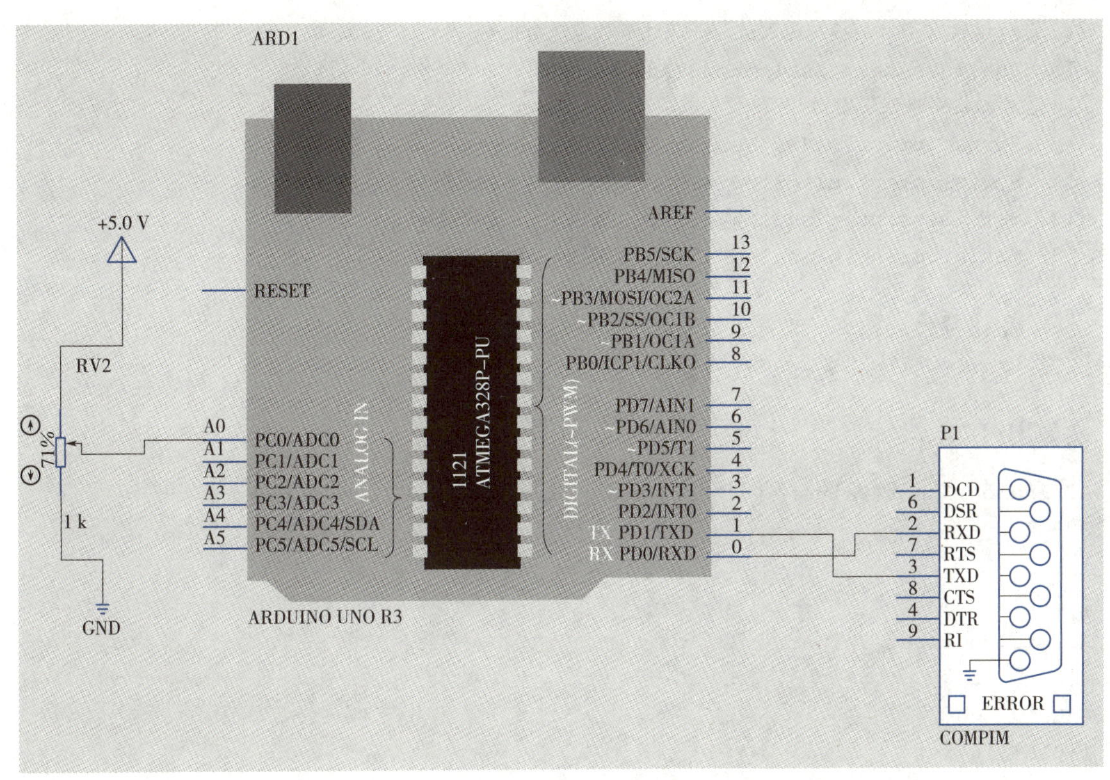

图 3.8　硬件串口通信

图3.8中，Arduino串口输出引脚1连接COMPIM的输出引脚3（TXD），输入引脚0连接COMPIM的输入引脚2（RXD）。其他串口设备通过连接COMPIM的RXD与TXD口即可实现与Arduino开发板的串口通信。

模拟输入引脚连接电位器，电位器1、3号引脚连接5 V与GND，2号引脚连接模拟输入引脚A0，根据旋转电位器的情况，2号引脚的电压会在0～5 V之间进行变化。

3. 程序设计

根据上述案例分析，结合模拟I/O接口以及串行通信接口函数，设计程序如例3.3所示。

例 3.3　硬件串口通信。

```
1  int analogValue = 0;
2
3  void setup() {
4  //打开串口，设置波特率为9600，并判断串口是否准备就绪，若就绪则执行loop函数
5  Serial.begin(9600);
6  while(!Serial){
7    ;
8  }
9}
10
11  void loop() {
```

```
12 //读取A0引脚的模拟输入值，并通过串口实现输出
13 analogValue = analogRead(A0);
14 //通过串口实现输出
15 Serial.println("A0 Analog Input Value:");
16 Serial.println(analogValue, DEC);  //十进制
17 Serial.println(analogValue, HEX);  //十六进制
18 Serial.println(analogValue, BIN);  //二进制
19
20 delay(8000);
21}
```

输出：

```
A0 Analog Input Value:
399
18F
110001111
A0 Analog Input Value:
430
1AE
110101110
A0 Analog Input Value:
338
152
101010010
......
```

分析：

第5行：打开硬件串口，并设置串口传输的波特率为9 600。

第6～8行：判断串口是否准备就绪，如果准备就绪则跳出循环，执行loop()函数。

第13行：读取模拟输入引脚A0的电压，将其转换为模拟值进行输出。

第15～18行：通过串口输出提示以及模拟输入引脚对应的模拟值（不同进制）。

任务 3.4　软件模拟串口

3.4.1　预备知识——软件模拟串口

Arduino实现串行通信需要通过串行通信接口引脚0（RX）与引脚1（TX），同时使用Arduino提供的HardwareSerial类库函数实现对串口的控制。如果Arduino需要连接更多的串口设备，则可以使用软件模拟串口。

软件模拟串口由程序模拟实现，通过Arduino提供的SoftwareSerial类库，可以将其他数字引脚通过程序模拟成串口通信引脚。因此，可以将Arduino开发板上自带的串口称为硬件串口，使用

SoftwareSerial类库模拟成的串口称为软件模拟串口。

3.4.2　深入学习——软件模拟串口函数

使用SoftwareSerial库，可通过软件模拟的方式利用两个I/O引脚实现串行通信。该库并非Arduino核心类库，因此在使用时需要先声明包含SoftwareSerial.h，其中定义的成员函数与硬件串口函数类似，如available()、begin()、read()、write()、print()、println()、peek()等。

1. SoftwareSerial

SoftwareSerial定义了一个构造函数，通过它可以指定数字引脚为RX、TX引脚，具体描述如表3.30所示。

表 3.30　SoftwareSerial 构造函数

语法格式	SoftwareSerial mySerial = SoftwareSerial(rxPin，txPin) SoftwareSerial mySerial(rxPin，txPin)	
功能	将数字引脚模拟为软串口引脚 RX、TX	
参数	rxPin	软串口接收引脚
	txPin	软串口发送引脚
返回值	无	

表3.30中，构造函数有两种编写方式，其中mySerial为实例，可自行定义，后续函数将采用该实例进行介绍。

2. begin() 函数

begin()函数用来实现设置串行通信波特率，具体描述如表3.31所示。

表 3.31　begin() 函数

语法格式	mySerial.begin(speed)	
功能	设置串行通信波特率	
参数	speed	波特率
返回值	无	

speed用来指定串行通信速率，最大传输速率不超过115 200 bit/s。

3. available() 函数

available()函数用来获取从串口接收到的字节数，具体描述如表3.32所示。

表 3.32　available() 函数

语法格式	mySerial.available()
功能	获取串口接收到的字节数
参数	无
返回值	读取的字节数，返回值大于 0 表示串口接收到数据，可以读取

4. read() 函数

read()函数用来读取串口数据，具体描述如表3.33所示。

表 3.33 read() 函数

语法格式	mySerial.read()
功能	读取串口数据
参数	无
返回值	串行输入数据的第一个字节

5. write() 函数

write()函数用来实现写二进制数据到串口，写入的数据可以是一个字符或多个字符，具体描述如表3.34所示。

表 3.34 write() 函数

语法格式	mySerial.write(val) mySerial.write(str) mySerial.write(buf，len)	
功能	将数据写入到串口	
参数	val	单字节数据
	str	字符串
	buf	数组
	len	数组的长度
返回值	写入串口的字节数	

6. listen() 函数

listen()函数用来使指定的软件串口处于监测状态，同一时间只能有1个软件串口处于监测状态，调用该函数时，已经接收的数据将被丢弃。具体描述如表3.35所示。

表 3.35 listen() 函数

语法格式	mySerial.listen()
功能	使选中的软件串口处于监测状态
参数	无
返回值	true 或 false

7. isListening() 函数

isListening()函数用来测试软件串口是否为监测状态，具体描述如表3.36所示。

表 3.36 isListening() 函数

语法格式	mySerial.isListening()
功能	测试软件串口是否为监测状态
参数	无
返回值	1 或 0

8. overflow() 函数

overflow()函数用来测试软件串口缓存区是否溢出，具体描述如表3.37所示。

表 3. 37　overflow() 函数

语法格式	mySerial.overflow()
功能	测试软件串口缓存区是否溢出
参数	无
返回值	true 或 false

其他函数与串行通信接口函数类似，如peek()、print()、println()函数，其功能与用法参考3.3.2节。

3.4.3　引导实践——数值显示器

数值显示器：将Arduino数字引脚软件模拟为串口，实现指定信息的输出。

1. 案例分析

通过Arduino软件模拟串口与其他串口设备进行连接，程序执行输出操作，将指定的信息输出，这里选择输出Arduino模拟输入引脚A0输入电压对应的模拟值。

2. 仿真电路设计

将Arduino的软件模拟串口与串口设备连接，通过监视串口设备，判断串口是否有数据输出，仿真电路图如图3.9所示。

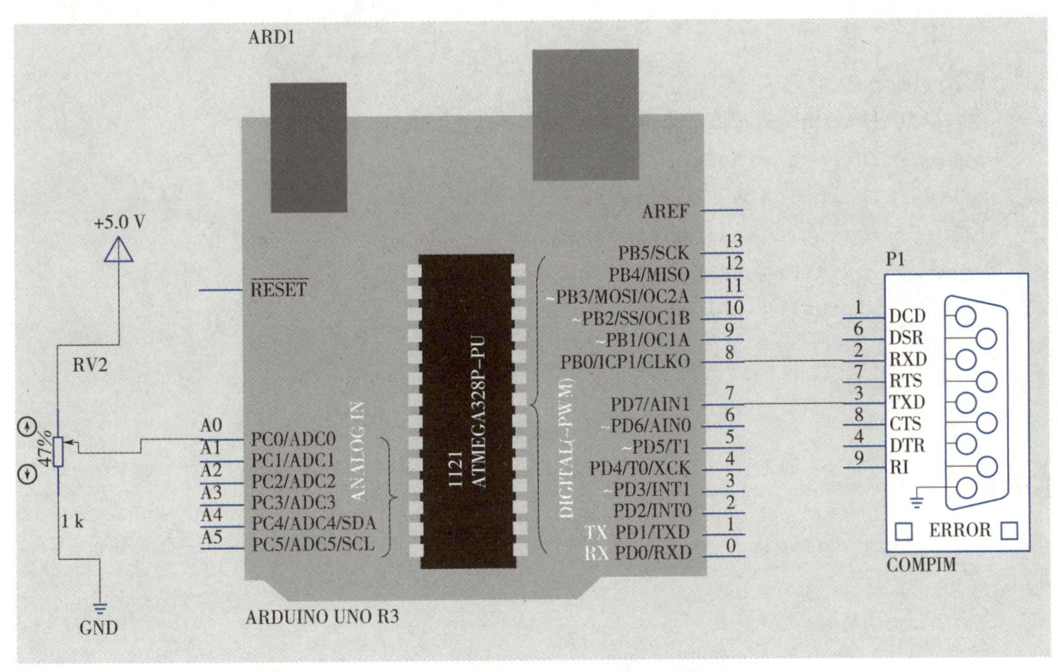

图 3.9　软件模拟串口通信仿真电路图

图3.9中，Arduino数字引脚7连接COMPIM的输出引脚3（TXD），输入引脚8连接COMPIM的输入引脚2（RXD）。其他串口设备通过连接COMPIM的RXD与TXD即可实现与Arduino开发板的串口通信。由于引脚7、8为数字引脚，需要通过软件程序将其模拟为对应的串口输出、输入引脚。

模拟输入引脚连接电位器，电位器1、3号引脚连接5 V与GND，2号引脚连接模拟输入引脚A0，根据旋转电位器的情况，2号引脚的电压会在0～5 V之间进行变化。

3. 程序设计

设计程序通过串口输出引脚输出模拟输入引脚读取的电压模拟值，结合模拟I/O接口以及串行通信接口函数，设计程序如例3.4所示。

例 3.4 软件模拟串口。

```
1  #include <SoftwareSerial.h>
2
3  //定义模拟串口：数字引脚8为RX，数字引脚7为TX
4  SoftwareSerial mySerial(8, 7);
5  int analogValue = 0;
6
7  void setup() {
8  //打开串口，设置波特率为9600，并判断串口是否准备就绪，若就绪则执行loop函数
9  mySerial.begin(9600);
10  while(!mySerial){
11    ;
12  }
13 }
14
15  void loop() {
16  //读取A0引脚的模拟输入值，并通过串口实现输出
17  analogValue = analogRead(A0);
18  mySerial.println("A0 Analog Input Value:");
19  mySerial.println(analogValue, DEC);
20  mySerial.println(analogValue, HEX);
21  mySerial.println(analogValue, BIN);
22
23  delay(8000);
24 }
```

输出：

```
A0 Analog Input Value:
686
2AE
1010101110
A0 Analog Input Value:
635
27B
1001111011
A0 Analog Input Value:
481
1E1
```

```
111100001
......
```

分析：

第1行：声明软件模拟串口类库函数的头文件。

第4行：定义软件串口，将数字引脚7、8模拟为串口输出、输入引脚。

第9行：打开软件串口，并设置串口传输的波特率为9 600。

第10～12行：判断串口是否准备就绪，如果准备就绪则跳出循环，执行loop()函数。

第17行：读取模拟输入引脚A0的电压，将其转换为模拟值进行输出。

第18～21行：通过串口输出提示以及模拟输入引脚对应的模拟值（不同进制）。

任务 3.5　IIC 总线接口

3.5.1　预备知识——IIC 总线概述

IIC（Inter-Integrated Circuit）总线（也称为I2C）是由PHILIPS半导体公司于1982年开发的双向两线制串行总线，用于连接微控制器及其外围设备。它是微电子通信控制领域广泛采用的一种总线标准，是同步通信的一种特殊形式，具有接口线少、控制方式简单、器件封装形式小、通信速率较高等优点。

如图3.10所示，IIC总线由SCL（串行时钟线）和SDA（串行数据线）两条线组成，其上连接有主机控制器（Master）和从设备（Slave）。所有的访问操作都是由主机控制器发起，在同一条总线上可以有多个主机控制器，当多个主机控制器同时对设备发起访问时，由协议的冲突检测和仲裁机制来保证只有一个主机控制器对从设备进行访问。多个从设备是通过从设备的地址来区分的，地址分为7位地址和10位地址两种，常见的为7位地址。

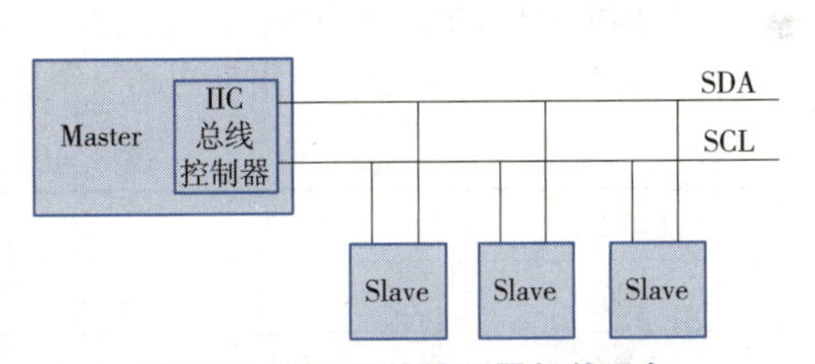

图 3.10　IIC 总线控制器与从设备

通常可以认定启动IIC总线开始发送数据的器件称为主机，任何被寻址的器件称为从机。在IIC总线中，主机与从机之间发送和接收的关系不是恒定的，而是取决于当时数据传送的方向。如果主机要发送数据给从机，则主机首先寻址从机（由于IIC总线会连接很多从机，为了确认数据发送的从机设备，每一个从机都有自己固定的地址，主机如果需要与从机进行通信需要先发送从机地址，然后等待从机进行应答），然后主动发送数据至从机，最后由主机终止数据传送。如果主机要接收从机的数据，首先由主机寻址从机，然后主机接收从机发送的数据，最后由主机终止接收过程。在这种情况下，主机负责产生定时时钟和终止数据传送。

当SCL为高电平，SDA由高电平变为低电平时，表示起始信号，主机开始访问从机。当SCL为高电平，SDA由低电平变为高电平时，表示结束信号，主机结束对从机的访问。当SCL为高电平时，SDA产生电平变化为有效电平变化。当SCL为高电平时，SDA的电平为有效电平。

Arduino开发板的IIC引脚（在Arduino中称为TWI）分配，如表3.38所示。

表 3. 38 Arduino 开发板的 IIC 引脚分配

Arduino 开发板	IIC（TWI）引脚
UNO/Ethernet	A4（SDA）、A5（SCL）
Mega 2560	20（SDA）、21（SCL）
DUE	20（SDA）、21（SCL）、SDA1、SCL1
Leonardo	2（SDA）、3（SCL）

3.5.2 深入学习——IIC 总线接口函数

IIC总线的类库（Wire）函数的解析如下。

1. begin() 函数

begin()函数用来初始化Wire库，将IIC设备作为主设备或从设备加入IIC总线，具体描述如表3.39所示。

表 3. 39 begin() 函数

语法格式	Wire.begin(address)	
功能	将 IIC 设备加入 IIC 总线	
参数	address	7 位从机地址，如果未指定，则作为主设备加入总线
返回值	无	

2. beginTransmission() 函数

beginTransmission()函数用来启动一个已知地址的IIC从设备的通信，具体描述如表3.40所示。

表 3. 40 beginTransmission() 函数

语法格式	Wire.beginTransmission(address)	
功能	启动一个已知地址的 IIC 从设备的通信	
参数	address	从设备地址
返回值	无	

3. write() 函数

write()函数实现写数据到主设备或从设备，具体描述如表3.41所示。

表 3. 41 write() 函数

语法格式	Wire.write(value) Wire.write(string) Wire.write(data,length)	
功能	写数据到主设备或从设备	
参数	value	需要发送的字节
	string	需要发送的字符串
	data	需要发送的数组
	length	需要发送的字节数
返回值	发送数据的字节数	

write()函数用在从设备时，用来响应主设备的接收请求（主设备执行requestFrom()函数），从设备写入数据，主设备接收数据；函数用在主设备时，用来将数据写入到从设备，从设备接收数据，此时函数通常在beginTransmission()与endTransmission()之间进行调用。

4. endTransmission() 函数

endTransmission()函数用来结束对从设备的数据发送，具体描述如表3.42所示。

表 3.42 endTransmission() 函数

语法格式	Wire.endTransmission() Wire.endTransmission(stop)	
功能	结束由 beginTransmission() 发起的对从设备的数据发送	
参数	stop	布尔值为 true 将发送一个停止信息，发送后释放总线；布尔值为 false 将发送一个重启信息，保持连接激活状态
返回值	0、1、2、3、4	

表3.42中，Arduino 1.0.1及以上版本，endTransmission()函数接收一个布尔值参数，便于兼容不同的IIC设备。如果为真，endTransmission()函数发送数后，发送一个停止信息，释放IIC总线。如果为假，endTransmission()函数发送数据后发送一个重新启动信息，总线将不会被释放，避免另一主设备发送数据。函数返回值为0表示成功，返回1表示数据太大，返回2表示发送地址时未应答，返回3表示发送数据时未应答，返回4表示其他错误。

5. requestFrom() 函数

requestFrom()函数在主机模式下设置从设备向主设备发送的字节数，具体描述如表3.43所示。

表 3.43 requestFrom() 函数

语法格式	Wire.requestFrom(address，quantity) Wire.requestFrom(address，quantity，stop)	
功能	设置从设备向主设备发送的字节数	
参数	address	从设备地址
	quantuty	请求发送的字节数
	stop	布尔值为 true 将发送一个停止信息，发送后释放总线；布尔值为 false 将发送一个重启信息，保持连接激活状态
返回值	从设备返回的字节数	

6. read() 函数

在调用requestFrom()函数后，通过read()函数可读取从设备发送到主设备或主设备发送到从设备的一个字节数据，具体描述如表3.44所示。

表 3.44 read() 函数

语法格式	Wire.read()
功能	读取一个字节数据
参数	无
返回值	读取的字节数据

7. onReceive() 函数

onReceive()函数的功能为当从设备接收来自主设备的数据时，注册一个处理数据函数，具体描述如表3.45所示。

表 3.45　onReceive() 函数

语法格式	Wire.onReceive(handler)	
功能	当从设备接收来自主设备的数据时，注册处理函数	
参数	handler	处理函数
返回值	无	

8. onRequest() 函数

onRequest()函数的功能为当主设备接收来自从设备的数据时，注册一个处理数据函数，具体描述如表3.46所示。

表 3.46　onRequest() 函数

语法格式	Wire.onRequest(handler)	
功能	当主设备接收来自从设备的数据时，注册处理函数	
参数	handler	处理函数
返回值	无	

9. available() 函数

available()函数对于主设备而言，在调用requestFrom()函数后返回接收的字节数；对于从设备而言，在onReceive()函数句柄内，返回接收的字节数，具体描述如表3.47所示。

表 3.47　available() 函数

语法格式	Wire.available()
功能	返回接收的字节数
参数	无
返回值	接收的字节数

10. setClock() 函数

setClock()函数用来修改IIC通信的时钟频率，具体描述如表3.48所示。

表 3.48　setClock() 函数

语法格式	Wire.setClock(clockFrequency)	
功能	设置通信的时钟频率	
参数	clockFrequency	设置的通信频率
返回值	无	

3.5.3　引导实践——接收“电报”

在某些特定的场合下，需要实现多个Arduino开发板之间共享数据或进行数据的传递，这种情况下，可以将IIC总线接口作为Arduino开发板之间通信的媒介，实现Arduino开发板之间的数据传递。

接收“电报”：使用一个Arduino开发板作为主设备，另一个Arduino开发板作为从设备，主设备读取从设备发送的数据并显示，实现类似于电报的功能。

1. 案例分析

使用两个Arduino开发板进行通信，需要将这两个开发板作为主从设备加入IIC总线，主设备接收从设备发送的数据后，通过串口将接收的数据输出。

2. 仿真电路设计

将Arduino开发板的引脚A4（SDA）、引脚A5（SCL）分别与另一个Arduino开发板的引脚A4（SDA）、引脚A5（SCL）相连。其中一个Arduino开发板外接一个串口母口COMPIM，实现信息的串口输出。仿真电路设计，如图3.11所示。

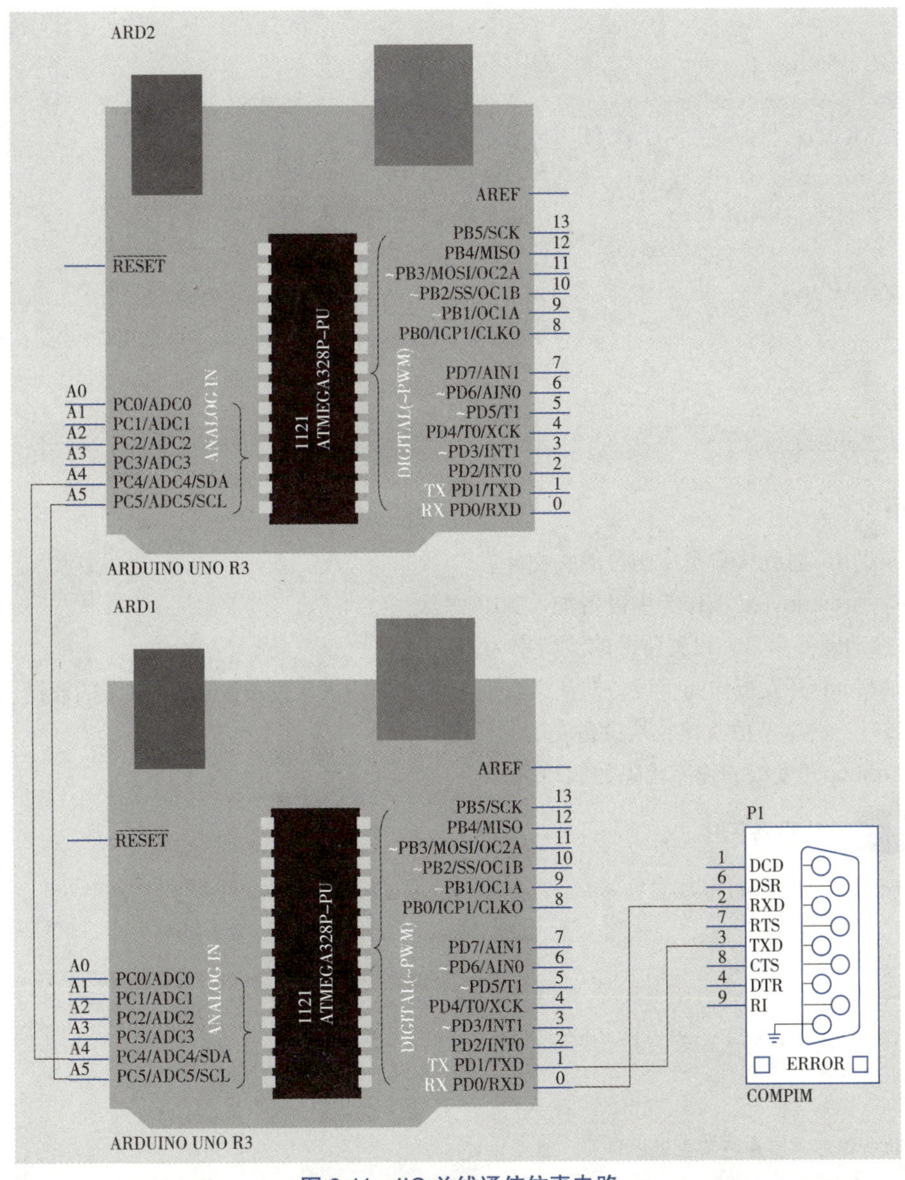

图 3.11　IIC 总线通信仿真电路

3. 程序设计

实现两个Arduino开发板之间通信，需要为两个Arduino开发板设计程序。主设备Arduino开发板的程序代码如例3.5所示。

例 3.5 主设备程序。

```
1  #include <Wire.h>
2
3  void setup() {
4  Wire.begin();
5  Serial.begin(9600);
6 }
7
8  void loop() {
9  Wire.requestFrom(8, 5);      //请求地址为8的从设备发送5个字节的数据
10  while(Wire.available()){   //当有数据可以接收时，执行循环接收
11    char c = Wire.read();    //接收1个字节的数据保存到字符变量c
12    Serial.print(c);         //输出接收的字符显示
13  }
14  delay(500);
15 }
```

输出:

```
hellohellohello...
```

分析:

第1行：声明IIC总线接口类库函数的头文件。

第4行：将Arduino开发板作为主设备加入到IIC总线。

第5行：启动硬件串口，设置传输的波特率为9 600。

第9行：Arduino开发板作为主设备向从设备发起请求，请求从设备发送5个字节的数据。

第10～13行：按字节依次接收从设备发送的数据。

从设备Arduino开发板的程序代码如例3.6所示。

例 3.6 从设备程序。

```
1  #include <Wire.h>
2
3  void setup() {
4  Wire.begin(8);
5  Wire.onRequest(requestEvent);
6 }
7
8  //执行循环，程序将不会退出
9  void loop() {
```

```
10  delay(100);
11 }
12
13  //注册函数
14  void requestEvent(){
15  Wire.write("hello");
16 }
```

分析：

第1行：声明IIC总线接口类库函数的头文件。

第4行：将Arduino开发板作为从设备加入到IIC总线，设置从设备的地址为8。

第5行：注册处理函数，当主设备发起数据请求时，执行处理函数。

第14～16行：注册函数，通过IIC总线发送数据到主设备。

如果使用主设备向从设备发送数据，则仿真电路与图3.11一致。不同的是，将连接串口的Arduino开发板作为从设备，另一个作为主设备。主设备程序如例3.7所示。

例 3.7　主设备程序。

```
1  #include <Wire.h>
2
3  void setup() {
4  //Arduino开发板作为主设备加入IIC总线
5  Wire.begin();
6 }
7
8  void loop() {
9  Wire.beginTransmission(8);    //启动IIC设备通信
10  Wire.write("hello");          //向从设备发送数据
11  Wire.endTransmission();       //结束IIC设备通信
12  delay(500);
13 }
```

分析：

第1行：声明IIC总线接口类库函数的头文件。

第5行：将Arduino开发板作为主设备加入到IIC总线。

第9～11行：启动IIC主设备向从设备的数据发送，发送数据后，结束主设备向从设备的数据发送。

从设备程序实现接收数据，程序代码如例3.8所示。

例 3.8　从设备程序。

```
1  #include <Wire.h>
2
3  void setup() {
4  Wire.begin(8);   //Arduino开发板作为从设备加入IIC总线
```

```
5  Serial.begin(9600);  //启动串口，设置传输波特率为9600
6  Wire.onReceive(receiveEvent);  //注册函数，当接收主设备发送的数据时调用该函数
7 }
8
9  void loop() {
10  delay(500);
11 }
12  //注册函数
13  void receiveEvent(int rev){
14  while(Wire.available()){          //当有数据接收时，执行循环接收
15    char c = Wire.read();           //接收一个字节数据
16    Serial.print(c);                //从串口输出接收的数据
17  }
18 }
```

输出：

```
hellohellohello...
```

分析：

第1行：声明IIC总线接口类库函数的头文件。

第4行：将Arduino开发板作为从设备加入到IIC总线，从设备地址为8。

第6行：注册处理函数，当主设备发送数据到从设备时，执行该函数进行处理。

第13～18行：处理函数，将接收的数据按字节依次输出。

任务 3.6　SPI 总线接口

3.6.1　预备知识——SPI 总线概述

SPI（serial peripheral interface）总线是由摩托罗拉（Motorola）公司开发的双全工同步串行总线，是微处理器与外围设备之间进行通信的同步串行端口，主要应用于EEPROM、Flash、实时时钟等。SPI总线是同步四线制全双工的串行总线，属于主从结构，所有的传输都是通过主机发送的，但与IIC总线不一样的是，总线上只能有一个主机控制器，各个从机通过不同的片选线来进行选择，如图3.12所示。

图3.12中，Master为主机（主设备），其内部有3个片选信号SS1、SS2、SS3，分别连接3个从机（slave），由片选信号来决定选择其中一个从机，从而与之通信。

图3.12中的4种信号线的概念如下所示：

①SCLK（serial clock）：串行时钟线，由主机发出。

②MOSI（master output，slave input）：主机发送数据，从机接收数据。

③MISO（master input，slave output）：主机接收数据，从机发送数据。

④SS（slave select）：从机选择线，由主机发出，低电平有效。

主机通过MOSI线发送数据的同时也可以通过MISO接收数据，因此SPI总线是全双工总线。SPI通信

有4种模式，不同的设备在出厂时被配置为某种固定的模式，而采用SPI通信的双方必须工作在同一模式下，因此需要对主机的SPI模式进行配置。

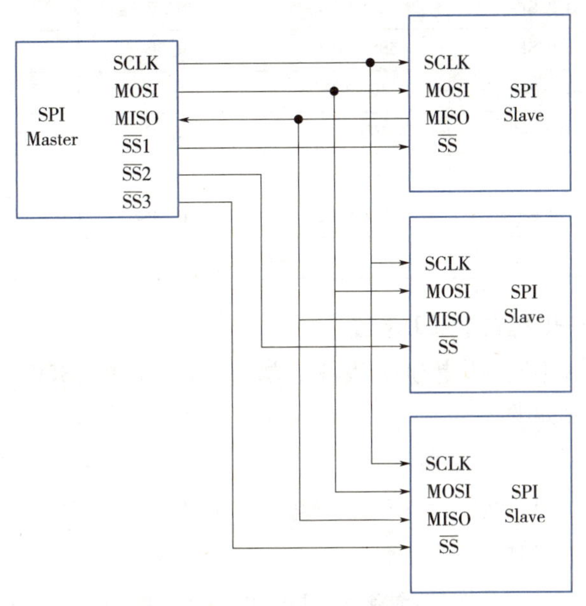

图 3.12　SPI 主从设备连接图

SPI通信模式需要通过CPOL（时钟极性）和CPHA（时钟相位）进行配置，具体如表3.49所示。

表 3.49　SPI 通信模式配置

SPI 通信模式	CPOL	CPHA
Mode0	0	0
Mode1	0	1
Mode2	1	0
Mode3	1	1

表3.49中，CPOL代表SCLK的极性，CPOL为0表示SCLK为低电平，CPOL为1表示SCLK为高电平。CPHA表示数据采样时的SCLK相位，CPHA为0表示在SCLK的前沿采样数据（上升沿或下降沿）以及后沿输出数据，CPHA为1表示在SCLK的前沿输出数据以及后沿采样数据。由此可知，4种SPI通信模式的具体描述如下所示：

①CPOL为0，CPHA为0，表示SCLK平时为低电平，在SCLK的上升沿采样MISO的数据，在SCLK的下降沿从MOSI输出数据。

②CPOL为0，CPHA为1，表示SCLK平时为低电平，在SCLK的上升沿从MOSI输出数据，在SCLK的下降沿采样MISO的数据。

③CPOL为1，CPHA为0，表示SCLK平时为高电平，在SCLK的上升沿从MOSI输出数据，在SCLK的下降沿采样MISO的数据。

④CPOL为1，CPHA为1，表示SCLK平时为高电平，在SCLK的上升沿采样MISO的数据，在SCLK的下降沿输出MOSI的数据。

不同的Arduino开发板的SPI引脚分配如表3.50所示。

表 3.50 不同 Arduino 板的 SPI 引脚分配

Arduino 开发板	MOSI	MISO	SCK	SS（从）	SS（主）
UNO	11/ICSP-4	12/ICSP-1	13/ICSP-3	10	–
Mega 2560	51/ICSP-4	50/ICSP-1	52/ICSP-3	53	–
Leonardo	ICSP-4	ICSP-1	ICSP-3	–	–
Due	ICSP-4	ICSP-1	ICSP-3	–	4，10，52
Zero	ICSP-4	ICSP-1	ICSP-3	–	–
101	11/ICSP-4	12/ICSP-1	13/ICSP-3	10	10
MKR1000	8	10	9	–	–

3.6.2 深入学习——SPI 总线接口函数

SPI类库允许Arduino作为主设备与其他SPI设备通信，SPI类库名称为SPISettings与SPIClass。在SPI.h中定义了对象SPI，其类库函数如下：

1. begin() 函数

begin()函数用来初始化SPI总线，设置SCK、MOSI、SS为输出，将SCK与MOSI拉为低电平，SS拉为高电平，具体描述如表3.51所示。

表 3.51 begin() 函数

语法格式	SPI.begin()
功能	初始化 SPI 总线
参数	无
返回值	无

2. end() 函数

end()函数用来禁止SPI总线，引脚模式不变，具体描述如表3.52所示。

表 3.52 end() 函数

语法格式	SPI.end()
功能	禁止 SPI 总线
参数	无
返回值	无

3. beginTransaction() 函数

beginTransaction()函数使用被定义的SPISettings对象初始化SPI总线，具体描述如表3.53所示。

表 3.53 beginTransaction() 函数

语法格式	SPI.beginTransaction(mySettings)	
功能	初始化 SPI 总线	
参数	mySettings	被定义的 SPISettings 对象名
返回值	无	

SPISettings对象被用于配置SPI，如果设置SPISettings对象的参数为常量时，则SPISettings可以被直接使用，语法格式如下所示：

```
SPISettings(14000000, MSBFIRST, SPI_MODE0);
```

如果设置SPISettings对象的参数为变量，则需要创建一个SPISettings对象，再将对象名传递给SPI.beginTransaction()函数，具体使用如下所示：

```
SPISettings mySettings(speedMaximum,dataOrder,dataMode);
SPI.beginTransaction(mySettings);
```

SPISettings对象的具体描述如表3.54所示。

表 3.54　SPISettings 对象

语法格式	SPISettings mySettings(speedMaximum，dataOrder，dataMode)	
功能	配置 SPI 总线	
参数	speedMaximum	通信的最大速率
	dataOrder	MSBFIRST（高位先送）或 LSBFIRST（低位先送）
	dataMode	SPI_MODE0/SPI_MODE1/SPI_MODE2/SPI_MODE3
返回值	无	

4. endTransaction() 函数

endTransaction()函数用来停止SPI总线，具体描述如表3.55所示。

表 3.55　endTransaction() 函数

语法格式	SPI.endTransaction()
功能	停止使用 SPI 总线
参数	无
返回值	无

5. transfer() 函数

transfer()函数用来实现数据的传输，即发送与接收数据，具体描述如表3.56所示。

表 3.56　transfer() 函数

语法格式	SPI.transfer(val) SPI.transfer16(val16) SPI.Transfer(buffer, size)	
功能	数据接收与发送	
参数	val	通过总线发送的字节
	val16	通过总线发送的两个字节的变量
	buffer	发送的数据
	size	发送的数组大小
返回值	读取的数据（读操作时）	

3.6.3 引导实践——自动渐变灯

自动渐变灯：使用Arduino开发板，通过SPI总线控制一个6通道的数字电位器AD5206，修改电位器内部阻值，输出不同的电压值，控制6个LED灯的亮度，实现自动渐变的效果。

1. 案例分析

AD5206是一个6通道的数字电位器，AD5206有6个可调电阻器，每个对应3个引脚，分别为A_n、B_n、W_n，其中A引脚连接5 V电压，B引脚连接GND，W引脚用来输出可调电压，其引脚排列如图3.13所示。

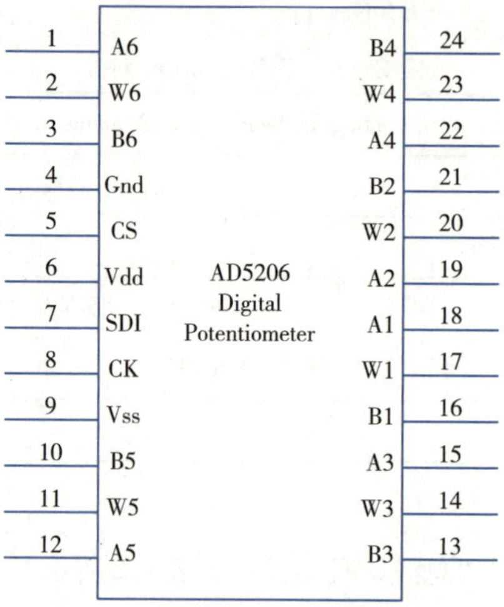

图 3.13　AD5206 引脚排列图

AD5206的具体引脚说明如表3.57所示。

表 3. 57　AD5206 引脚说明

引　脚　号	引脚名称	说　　明	引　脚　号	引脚名称	说　　明
1	A6	6 号电位器 A 端	13	B3	3 号电位器 B 端
2	W6	6 号电位器移动电刷	14	W3	3 号电位器移动电刷
3	B6	6 号电位器 B 端	15	A3	3 号电位器 A 端
4	Gnd	接地	16	B1	1 号电位器 B 端
5	CS	片选，低电平有效	17	W1	1 号电位器移动电刷
6	Vdd	电源正极	18	A1	1 号电位器 A 端
7	SDI	数据输入	19	A2	2 号电位器 A 端
8	CLK	时钟输入	20	W2	2 号电位器移动电刷
9	Vss	电源负极	21	B2	2 号电位器 B 端
10	B5	5 号电位器 B 端	22	A4	4 号电位器 A 端
11	W5	5 号电位器移动电刷	23	W4	4 号电位器移动电刷
12	A5	5 号电位器 A 端	24	B4	4 号电位器 B 端

AD5206除了电源正极、GND与Arduino对应连接外，其余引脚CS、SDI、CLK分别与Arduino开发板10、11、13引脚连接，其电路原理图如图3.14所示。

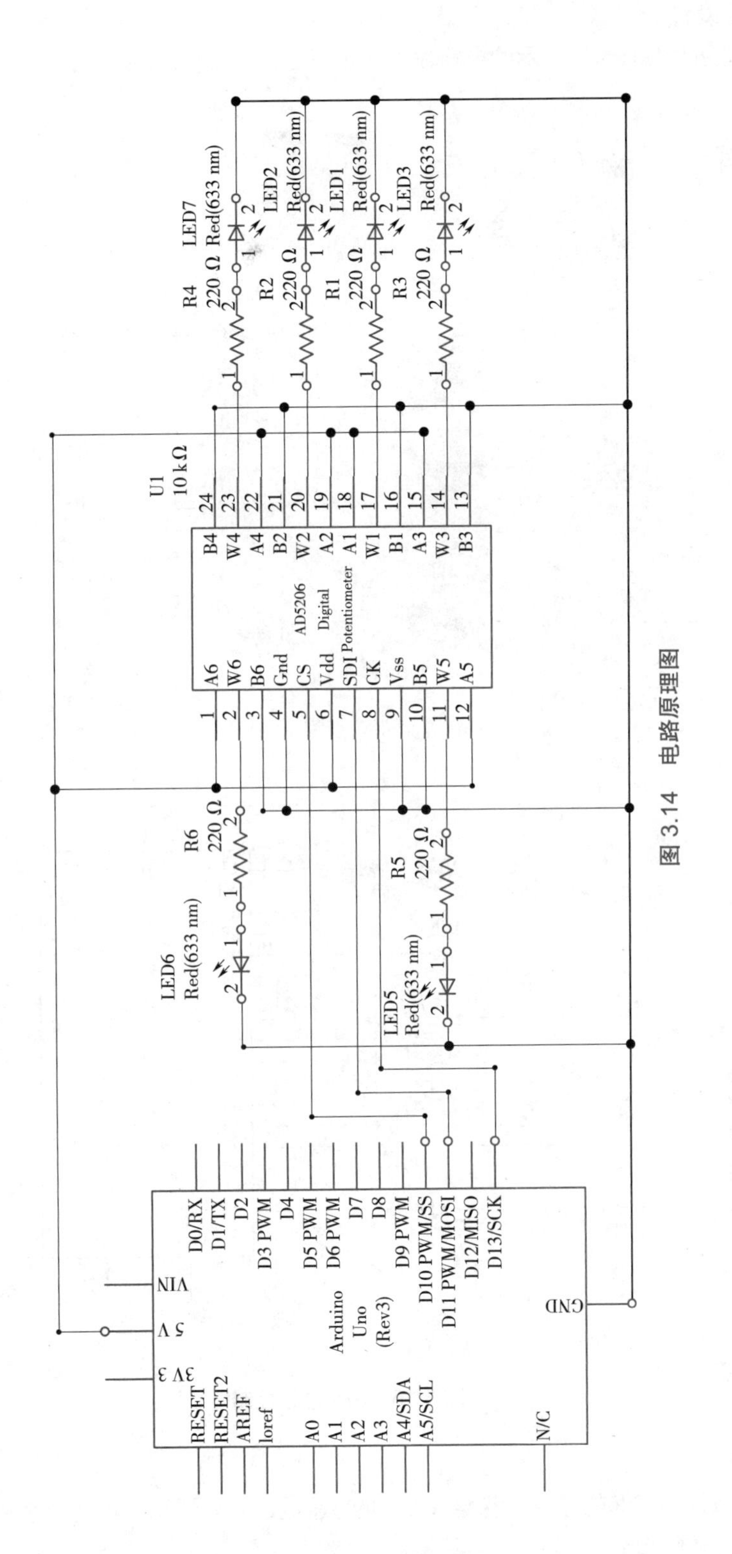
LED7
Red(633 nm)
LED2
Red(633 nm)
LED1
Red(633 nm)
LED3
Red(633 nm)
R4
220 Ω
R2
220 Ω
R1
220 Ω
R3
220 Ω
U1
10 kΩ
AD5206
Digital
Potentiometer
A6 W6 B6 Gnd CS Vdd SDI CK Vss B5 W5 A5
B4 W4 A4 B2 W2 A2 A1 W1 B1 A3 W3 B3
R6
220 Ω
R5
220 Ω
LED6
Red(633 nm)
LED5
Red(633 nm)
Arduino
Uno
(Rev3)
D0/RX
D1/TX
D2
D3 PWM
D4
D5 PWM
D6 PWM
D7
D8
D9 PWM
D10 PWM/SS
D11 PWM/MOSI
D12/MISO
D13/SCK
VIN
5 V
3V 3
GND
RESET
RESET2
AREF
Ioref
A0
A1
A2
A3
A4/SDA
A5/SCL
N/C

图 3.14　电路原理图

2. 仿真电路设计

仿真电路设计可依据图3.14所示的电路原理图进行连接，如图3.15所示。

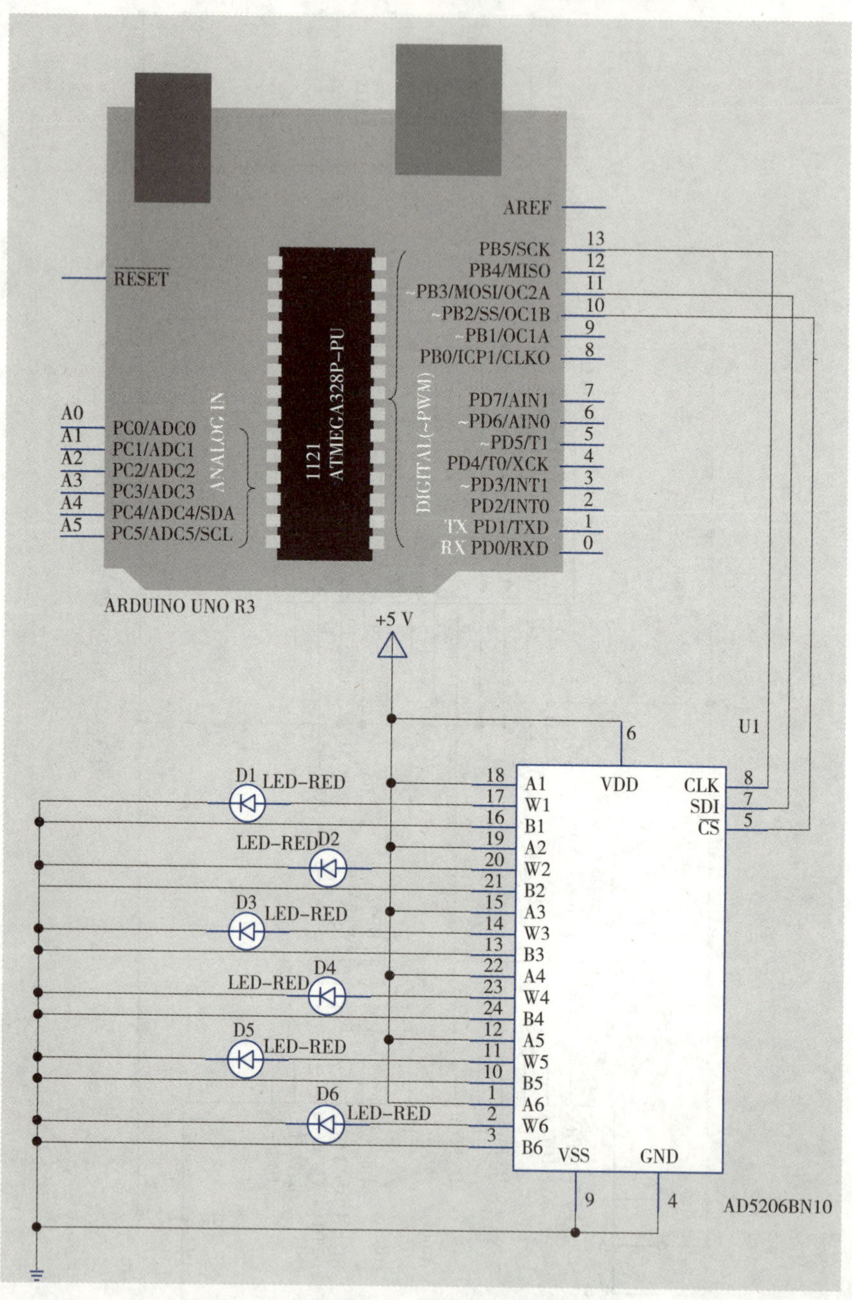

图 3.15　SPI 总线控制

3. 程序设计

设计程序实现对AD5206的控制，指定AD5206的通道，并设置输出电压（调整电阻值），从而改变LED灯亮度，具体如例3.9所示。

例 3.9 SPI总线接口控制。

```
1  #include <SPI.h>
2
3  void setup() {
4  pinMode(10, OUTPUT);  //设置Arduino连接的片选为输出
5  SPI.begin();  //初始化SPI总线
6 }
7
8  void loop() {
9  //循环控制AD5206的6个通道
10  for(int channel = 0; channel < 6; channel++){
11    for(int val = 0; val < 255; val++){  //逐渐增加每个通道的电阻值
12      digitalPotWrite(channel, val);  //对指定的通道设置电阻值
13      delay(10);
14    }
15    delay(100);
16    for(int val = 255; val > 0; val--){  //逐渐减小每个通道的电阻值
17      digitalPotWrite(channel, val);  //对指定的通道设置电阻值
18      delay(10);
19    }
20  }
21 }
22
23  void digitalPotWrite(int address, int level){
24    digitalWrite(10, LOW);  //设置cs低电平，低电平有效
25    delay(100);
26    SPI.transfer(address);  //通过SPI发送通道号
27    SPI.transfer(level);    //通过SPI发送电阻值
28    delay(100);
29    digitalWrite(10, HIGH);  //设置cs高电平
30}
```

分析：

第1行：声明SPI总线接口类库函数的头文件。

第4行：设置Arduino连接的片选为输出。

第5行：初始化SPI总线。

第10行：执行循环控制AD5206的每一个通道。

第11～14行：逐渐增加对指定通道设置的电阻值。

第16～19行：逐渐减小对指定通道设置的电阻值。

第23～30行：自定义函数，对指定通道设置电阻值。

任务3.7 外部中断

3.7.1 预备知识——外部中断概述

在微控制器的程序设计中，使用中断技术，可以使微控制器在处理当前程序的过程时，实时处理随机发生的外部事件。中断是一个过程，指的是CPU在正常执行程序的过程中，遇到外部或内部的紧急事件需要处理，暂时中断（中止）当前程序的执行，转而去为事件服务，待服务完毕后，在返回到暂停处（断点）继续执行原来的程序。而为事件服务的程序称为中断服务程序或中断处理程序。

对于Arduino开发板而言，当开发板正在处理某个事件时，外部或内部发生某一事件请求Arduino的CPU进行处理，此时，CPU暂停当前的工作，转而去处理刚发生的请求事件。处理完事件后，再回到被中止处继续原来的工作，这样的过程即为Arduino的中断处理。产生中断请求的源称为中断源，中断源向CPU提出的处理请求，称为中断请求。

中断处理相较于轮询（CPU不断查询外部是否有事件发生），实时性更好，效率更高。

为了管理多个中断请求，需要根据每个中断处理的紧急程度，对中断进行分级管理，称其为中断优先级。在有多个中断请求时，总是响应与处理优先级高的中断请求。当CPU正在处理优先级较低的一个中断时，接收到优先级较高的一个中断请求，则CPU先停止低优先级的中断处理过程，去响应优先级较高的中断请求，在优先级高的中断处理完成之后，再继续处理低优先级的中断，这种情况称为中断嵌套。

Arduino外部中断指的是由Arduino外部中断引起的中断，不同型号的Arduino开发板外部中断引脚如表3.58所示。

表3.58 Arduino开发板的外部中断引脚

开发板名称	中断引脚
UNO、Nano、Mini、其他基于ATMega328的开发板	2、3
Mega 2560、MegaADK	2、3、18、19、20、21
Micro、Leonardo、其他基于32u4的开发板	0、1、2、3、7
Zero	除引脚4以外的所有数字引脚
MKR系列	0、1、4、5、6、7、8、9、A1、A2
Due	所有数字引脚
101	所有数字引脚

3.7.2 深入学习——外部中断函数

Arduino外部中断函数如下所示：

1. interrupts()

interrupts()函数用来打开中断，具体描述如表3.59所示。

表3.59 interrupts()函数

语法格式	interrupts()
功能	打开中断
参数	无
返回值	无

2. noInterrupts()

noInterrupts()函数用来停止已设置好的中断，使程序运行不受中断影响，具体如表3.60所示。

表 3.60　noInterrupts() 函数

语法格式	noInterrupts()
功能	关闭中断
参数	无
返回值	无

3. attachInterrupt()

attachInterrupt()函数用来设置一个外部中断，具体描述如表3.61所示。

表 3.61　attachInterrupt() 函数

语法格式	attachInterrupt(digitalPinToInterrupt(pin)，ISR，mode) attachInterrupt(interrupt，ISR，mode) attachInterrupt(pin，ISR，mode)	
功能	设置一个外部中断	
参数	interrupt	中断号
	pin	引脚号
	ISR	中断服务函数名
	mode	中断触发方式
返回值	无	

表3.61中，函数的第1个参数表示的是中断号，通常使用digitalPinToInterrupt()函数将实际数字引脚转换为指定的中断号，不同开发板的中断号和引脚的映射关系不同，对于UNO WiFi Rev.2、Due、Zero、MKR Family以及101系列的开发板，中断号等于引脚号，其他开发板中断号与引脚号的映射关系如表3.62所示。

表 3.62　中断号与引脚号的映射关系

Arduino 板中断号	INT.0	INT.1	INT.2	INT.3	INT.4	INT.5
UNO、Ethernet 引脚	2	3				
Mega 2560 引脚	2	3	21	20	19	18
基于 32u4 开发板引脚	3	2	0	1	7	

attchInterrupt()函数的第2个参数表示的是中断服务函数，该参数没有参数与返回值。第3个参数定义中断触发的方式，其触发方式如表3.63所示。

表 3.63　中断触发方式

触发方式	含义
LOW	当引脚为低电平时，触发中断
CHANGE	当引脚变化时，触发中断
RISING	当引脚产生低到高的跳变时，触发中断
FALLING	当引脚产生高到低的跳变时，触发中断
HIGH	当引脚为高电平时，触发中断

4. detachInterrupt()

detachInterrupt()函数用来关闭某个已启用的中断，具体描述如表3.64所示。

表 3.64　detachInterrupt() 函数

语法格式	detachInterrupt(interrupt)	
功能	关闭某个已启动的中断	
参数	interrupt	关闭的中断号
返回值	无	

3.7.3　引导实践——阅读台灯

阅读台灯：通过按键实现开、关灯，并对开、关灯状态进行提示，可模拟阅读台灯的效果。

1. 案例分析

通过物理按键触发Arduino外部中断，当中断产生时，对LED灯进行操作，并且通过串口输出操作提示。Arduino中断引脚需要与物理按键相连，数字引脚与LED灯相连，通过硬件串口进行输出。

2. 仿真电路设计

仿真电路如图3.16所示，数字引脚9连接LED灯，数字引脚2作为外部中断引脚连接物理按键，串口引脚0、1连接拓展的串口。

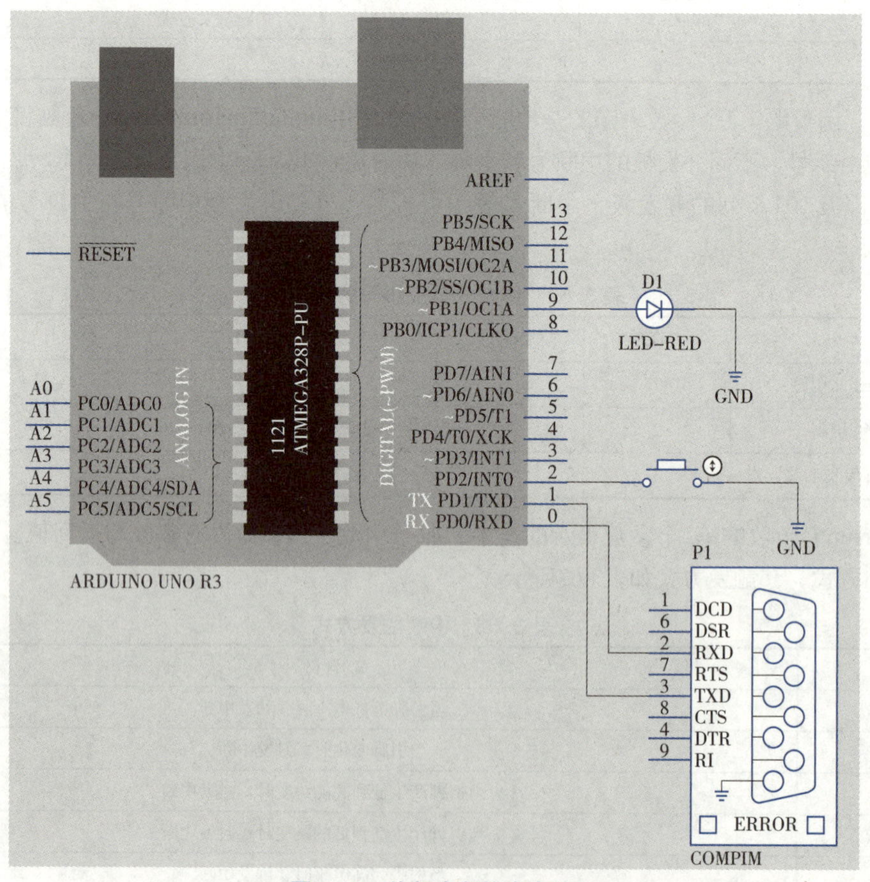

图 3.16　外部中断仿真电路

3. 程序设计

设计程序实现按键对LED灯以及串口的控制，用来模拟日常生活中的电灯控制。当按键按下并抬起一次后，打开LED灯，输出LED灯打开的提示，再次按下按键并抬起后，关闭LED灯，输出LED灯关闭的提示，依此类推。具体如例3.10所示。

例 3.10　外部中断。

```
1  int interruptPin = 2;
2  int ledPin = 9;
3  char state = LOW;
4
5  void setup() {
6  Serial.begin(9600);  //初始化硬件串口，设置波特率为9600
7  pinMode(ledPin, OUTPUT);  //设置LED灯连接的引脚为输出模式
8  pinMode(interruptPin, INPUT_PULLUP);  //设置外部中断引脚为内部上拉模式
9  //设置外部中断，指定中断号、中断处理函数以及中断触发方式
10  attachInterrupt(digitalPinToInterrupt(interruptPin), test, LOW);
11 }
12
13  void loop() {
14  //指定LED灯连接引脚输出的电平
15  digitalWrite(ledPin, state);
16 }
17
18  void test(){
19  state = !state;  //取反，改变电平状态
20  //根据电平状态，输出LED灯的状态
21  if(state == LOW){
22    Serial.println("LED OFF");
23  }else{
24    Serial.println("LED ON");
25  }
26 }
```

输出：

```
LED ON
LED OFF
LED ON
LED OFF
LED ON
LED OFF
......
```

分析：

第1～3行：定义外部中断引脚，LED灯输出引脚、电平状态对应的变量。

第6行：初始化硬件串口，并设置波特率为9 600。

第7行：指定LED灯连接的数字引脚的模式为输出模式，当输出电平为高时，LED灯亮，反之不亮。

第8行：设置与物理按键连接的外部中断引脚为输入上拉模式，当按键按下时，引脚与GND导通，电平被拉低；当按键抬起时，引脚与GND断开，内部上拉使引脚处理高电平。

第10行：设置一个外部中断，中断处理函数为test()，中断的触发方式为低电平触发。

第13～16行：设置与LED灯连接的数字引脚的电平，通过写入高低电平，实现LED灯的开关控制。

第18～26行：中断处理函数，当中断产生时执行该函数，每次执行该函数都将改变state的状态（LOW或HIGH），state的状态通过第13～16行代码写入引脚，控制LED灯变化。

任务 3.8　定时器中断

3.8.1　预备知识——定时器中断概述

定时器中断与外部中断不同，外部中断一般指的是由外围设备发出的中断请求，即中断源在外部，如按键、鼠标等。而定时器中断指的是在主程序运行的过程中，每隔一段时间执行一次中断服务程序，不需要中断源的中断请求触发，而是自动进行，使用定时器中断可以周期性地完成一些固定的任务。

3.8.2　深入学习——定时器中断类库函数

Arduino封装了定时器中断函数，用来设置定时中断。使用定时器中断前，必须先安装MsTimer2库，并在程序中引用头文件MsTimer2.h。

1. MsTimer2::set()

MsTimer2::set()用来设置定时中断，具体描述如表3.65所示。

表 3. 65　MsTimer2::set()

语法格式	MsTimer2::set(unsigned long ms，void(*f)())	
功能	设置定时中断	
参数	ms	定时中断的间隔时间，毫秒级
	void(*f)()	定时中断的服务函数
返回值	无	

2. MsTimer2::start()

MsTimer2::start()函数用来开始定时，具体描述如表3.66所示。

表 3. 66　MsTimer2::start()

语法格式	MsTimer2::start()
功能	定时开始
参数	无
返回值	无

3. MsTimer2::stop()

MsTimer2::stop()函数用来停止定时，具体描述如表3.67所示。

表 3.67 MsTimer2::end()

语法格式	MsTimer2::stop()
功能	定时停止
参数	无
返回值	无

3.8.3 引导实践——警报灯

警报灯：使用定时中断实现红色LED灯闪烁，模拟警报灯亮起时的效果。

1. 案例分析

设置定时中断，并在中断处理函数中对Arduino数字引脚输出高低电平。中断处理函数周期性执行，每次执行都输出高（低）电平，进而控制LED灯亮灭，达到闪烁的效果。

2. 仿真电路设计

将Arduino的数字引脚9与LED灯进行连接，仿真电路如图3.17所示。

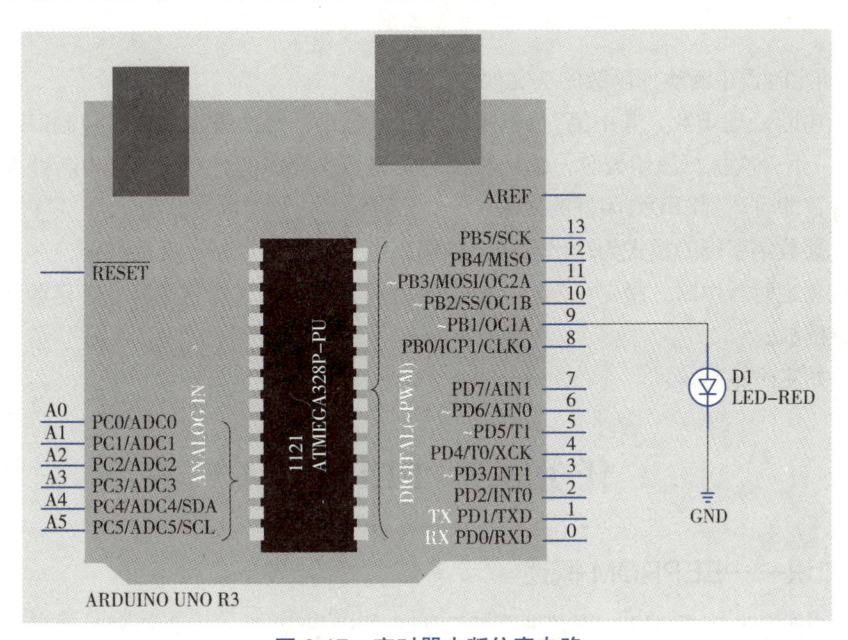

图 3.17 定时器中断仿真电路

3. 程序设计

设置定时器中断函数并开始中断，该函数将每隔一段时间执行一次。在中断处理函数中，对Arduino的数字引脚输出高低电平。具体如例3.11所示。

例 3.11 定时器中断。

```
1  #include <MsTimer2.h>
2
```

```
3 int ledPin = 9;
4
5 void Show(){
6 static char output = HIGH;
7 digitalWrite(ledPin, output);  //对数字引脚输出高低电平
8 output = !output;  //状态取反，下次执行Show函数时，输出相反的电平状态
9 }
10
11  void setup() {
12  pinMode(ledPin, OUTPUT);  //设置数字引脚的模式为输出模式
13  MsTimer2::set(300, Show);  //设置定时中断
14  MsTimer2::start();  //开始定时中断
15 }
16
17  void loop() {
18
19 }
```

分析：

第1行：声明定时器中断类库函数的头文件。

第5～9行：中断处理函数，其中第7行用来输出高低电平，每次输出后，将控制LED灯状态的变量output取反，保证下一次执行该函数时，输出相反的状态，实现LED灯亮灭，当中断处理函数被触发的时间间隔较短时，即可达到LED灯闪烁的效果。

第12行：设置数字引脚的模式为输出模式，输出高电平，LED灯亮，反之灯灭。

第13行：设置定时器中断，指定中断产生的间隔时间为300 ms，指定中断处理函数为Show()，中断产生时，执行该函数。

第14行：开始定时中断。

任务 3.9　EEPROM

3.9.1　预备知识——EEPROM 概述

EEPROM（electrically erasable programmable read-only memory，电可擦除可编程只读存储器）是一种掉电后数据不丢失的存储芯片，使用EEPROM可以保存Arduino断电后的一些参数。在各型号的Arduino控制器上的AVR芯片均带有EEPROM，其中，基于ATmega328P的Arduino开发板内置的EEPROM大小为1 KB，基于ATmega168以及ATmega8的Arduino开发板内置的EEPROM大小为512 B，基于ATmega1280与ATmega2560的Arduino开发板内置的EEPROM大小为4 KB。

3.9.2　深入学习——EEPROM 类库函数

Arduino提供了EEPROM的封装函数，这些函数出自EEPROM类库，在使用时需要声明头文件EEPROM.h。

1. write()

write()函数用来向EEPROM中写入一个字节数据，具体描述如表3.68所示。

表 3.68　write() 函数

语法格式	EEPROM.write(address，value)	
功能	向 EEPROM 指定地址中写入数据	
参数	address	写入数据的地址，int 类型，从 0 开始
	value	写入的数据，0~255
返回值	无	

2. read()

read()函数用来从EEPROM中读取一个字节数据，具体描述如表3.69所示。

表 3.69　read() 函数

语法格式	EEPROM.read(address)	
功能	从 EEPROM 中读取一个字节	
参数	address	读取数据的地址，int 类型，从 0 开始
返回值	读取的数据	

3. put()

put()函数用来在EEPROM指定的地址更新任意类型的数据，具体描述如表3.70所示。

表 3.70　put() 函数

语法格式	EEPROM.put(address，data)	
功能	向 EEPROM 中写入任意类型的数据	
参数	address	写入数据的地址，int 类型，从 0 开始
	data	写入的基本类型数据或自定义结构
返回值	写入数据的参考值	

4. get()

get()函数用来从EEPROM中读取任意类型的数据，具体描述如表3.71所示。

表 3.71　get() 函数

语法格式	EEPROM.get(address，data)	
功能	从 EEPROM 中读取任意类型的数据	
参数	address	读取数据的地址
	data	保存读取的任意基本类型数据或自定义结构
返回值	读取的数据的参考值	

5. update()

update()函数与write()函数类似，用来在指定的地址更新一个字节的数据，具体描述如表3.72所示。

表 3.72 update() 函数

语法格式	EEPROM.update(address，value)	
功能	在指定的地址更新一个字节的数据	
参数	address	写入数据的地址
	value	写入的数据
返回值	无	

3.9.3 引导实践——EEPROM 读写

EEPROM读写：向EEPROM写入数据进行保存，然后读取数据并通过串口进行输出。

1. 案例分析

在setup()函数中依次向指定地址中写入数据，在loop()函数中读取指定地址上的数据，通过串口进行输出。

2. 仿真电路设计

Arduino硬件串口引脚连接外接的串口，仿真电路如图3.18所示。

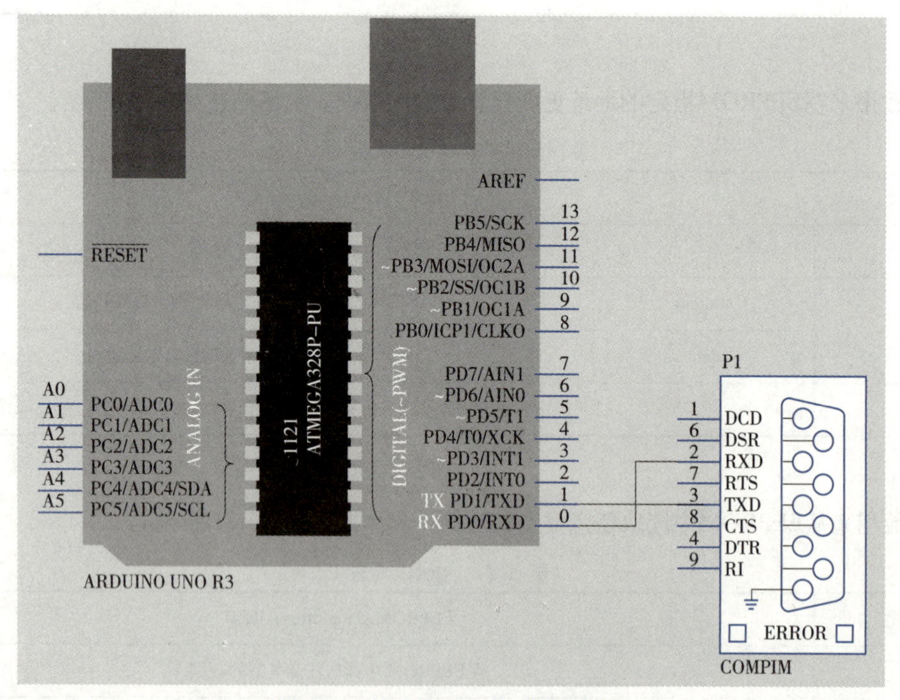

图 3.18 EEPROM 读写仿真电路

3. 程序设计

通过循环向EEPROM地址上写入指定的值，在loop()函数中依次输出EEPROM地址上的数值，实现对EEPROM的读写，具体如例3.12所示。

例 3.12　EEPROM读写。

```
1  #include <EEPROM.h>
2
3  int addr = 0;  //EEPROM的起始地址
4
5  void setup() {
6  //初始化硬件串口，设置波特率为9600，确定串口准备就绪
7  Serial.begin(9600);
8  while(!Serial);
9
10  int value = 10;  //写入EEPROM的初始值
11
12  for(int i = 0; i < 10; i++){
13    EEPROM.write(i, value++);  //向EEPROM中写入数据
14    delay(100);
15  }
16}
17
18  void loop() {
19  int value;
20
21  value = EEPROM.read(addr);  //从EEPROM中读取一个数值
22  Serial.print("addr:");
23  Serial.print(addr);
24  Serial.print("\t");
25  Serial.print("value:");
26  Serial.println(value);
27
28  delay(500);
29  addr++;  //获取下一个地址
30
31  if(addr == 10){
32    addr = 0;
33  }
34}
```

输出：

```
addr:0    value:10
addr:1    value:11
addr:2    value:12
```

```
addr:3    value:13
addr:4    value:14
addr:5    value:15
addr:6    value:16
addr:7    value:17
addr:8    value:18
addr:9    value:19
addr:0    value:10
addr:1    value:11
addr:2    value:12
......
```

分析：

第1行：声明EEPROM类库函数的头文件。

第12～15行：通过for循环依次向EEPROM从0开始的地址上写入数值。

第21行：从EEPROM中读取一个字节的数据，即一个数值。

第22～26行：输出EEPROM的地址以及地址上对应的数值。

第29行：获取下一个地址，下次循环输出该地址上的数值。

第31～33行：当地址为10时，数据全部读取完成，继续从0地址开始读取。

任务 3.10　上机实践——交通信号灯

3.10.1　实验介绍

1. 实验目的

通过Arduino开发板实现模拟十字路口交通信号灯，实现自动化控制以及手动控制，并可以监控信号灯指示状态。

2. 需求分析

交通信号灯一共分为4组，分别为南→北、北→南、西→东、东→西，每组信号灯分为左转灯、直行灯以及人行通道灯（右转忽略信号灯），这些灯又分别分为红、黄、绿3种颜色，在指定逻辑时间内，亮起其中一种颜色，如图3.19所示。

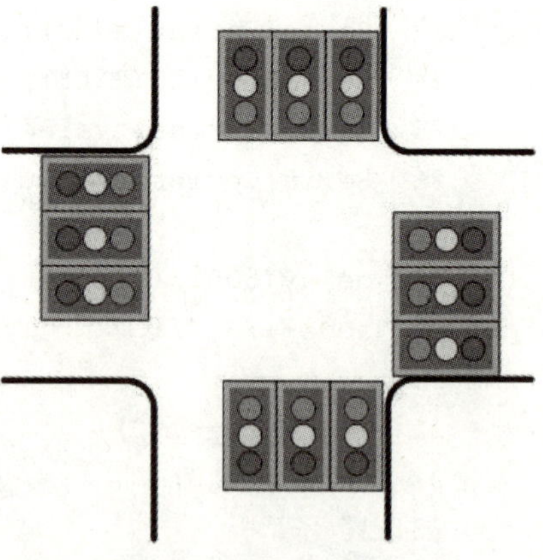

图 3.19　交通信号灯

根据实际生活中的情况，可以设置8种信号灯逻辑（针对不同路况，信号灯逻辑略有不同），如表3.73所示。

表 3.73　信号灯逻辑

信号灯逻辑	南→北		北→南		西→东		东→西	
	直行	左转	直行	左转	直行	左转	直行	左转
1	绿	红	绿	红	红	红	红	红
2	黄	红	黄	红	红	红	红	红

续上表

信号灯逻辑	南→北		北→南		西→东		东→西	
	直行	左转	直行	左转	直行	左转	直行	左转
3	红	绿	红	绿	红	红	红	红
4	红	黄	红	黄	红	红	红	红
5	红	红	红	红	绿	红	绿	红
6	红	红	红	红	黄	红	黄	红
7	红	红	红	红	红	绿	红	绿
8	红	红	红	红	红	黄	红	黄

信号灯逻辑遵循直行时不能左转，某个方向通行时其垂直方向不能通行的原则。

使用LED灯模拟信号灯，通过Arduino数字引脚实现对LED灯的控制；通过外部中断的方式实现对信号灯的手动控制，模拟交通拥堵情况下，对信号灯进行灵活控制；通过硬件串口连接模拟串口终端实现对信号灯状态的监控。

3. 实验器件

- Arduino Mega 2560开发板：1个。
- Arduino UNO开发板：1个。
- 面包板：1个。
- 杜邦线：若干。
- 三色灯或信号灯模块、LED灯：若干。
- 220欧限流电阻：若干。

3.10.2 实验引导

根据实验需求分析，设定实验硬件部分分为2个模块：模块1负责实现信号灯自动控制与手动控制，模块2负责与模块1进行信息交互，接收模块1发送的信号灯状态并通过串口进行输出。模块1与模块2采用IIC总线进行通信。实验可采用仿真或实物连接的方式进行实现，这里展示仿真实现的方式。

使用Protues搭建仿真电路，并使用Arduino IDE进行程序测试，仿真电路图如图3.20所示。

模块1为Arduino Mega 2560开发板，其数字引脚0～8、22～48分别连接4组信号灯（采用标号的形式进行无实线连接，摆放位置对应东西南北4个方向），每组信号灯按照从左到右的顺序依次为左转灯、直行灯以及人行通道灯，每个信号灯都是组合灯，红、黄、绿3色灯都可以独立亮灭，当对应连接的引脚为高电平时灯亮，反之则不亮。数字引脚19连接物理按键模块，从而手动获取输入电平。模块2为Arduino UNO开发板，通过SDA与SCL线与模块1相连，通过硬件串口TXD、RXD与串口母口进行连接，其他设备连接串口母口即可与Arduino UNO进行串口通信。

3.10.3 软件分析

实现实验的软件部分同样分为两个部分，第1部分为模块1（Arduino Mega 2560）使用的程序代码，第2部分为模块2（Arduino UNO）使用的程序代码。

从设计需求分析，软件程序主要实现3部分功能，分别为自动执行信号灯的状态转变，手动执行信

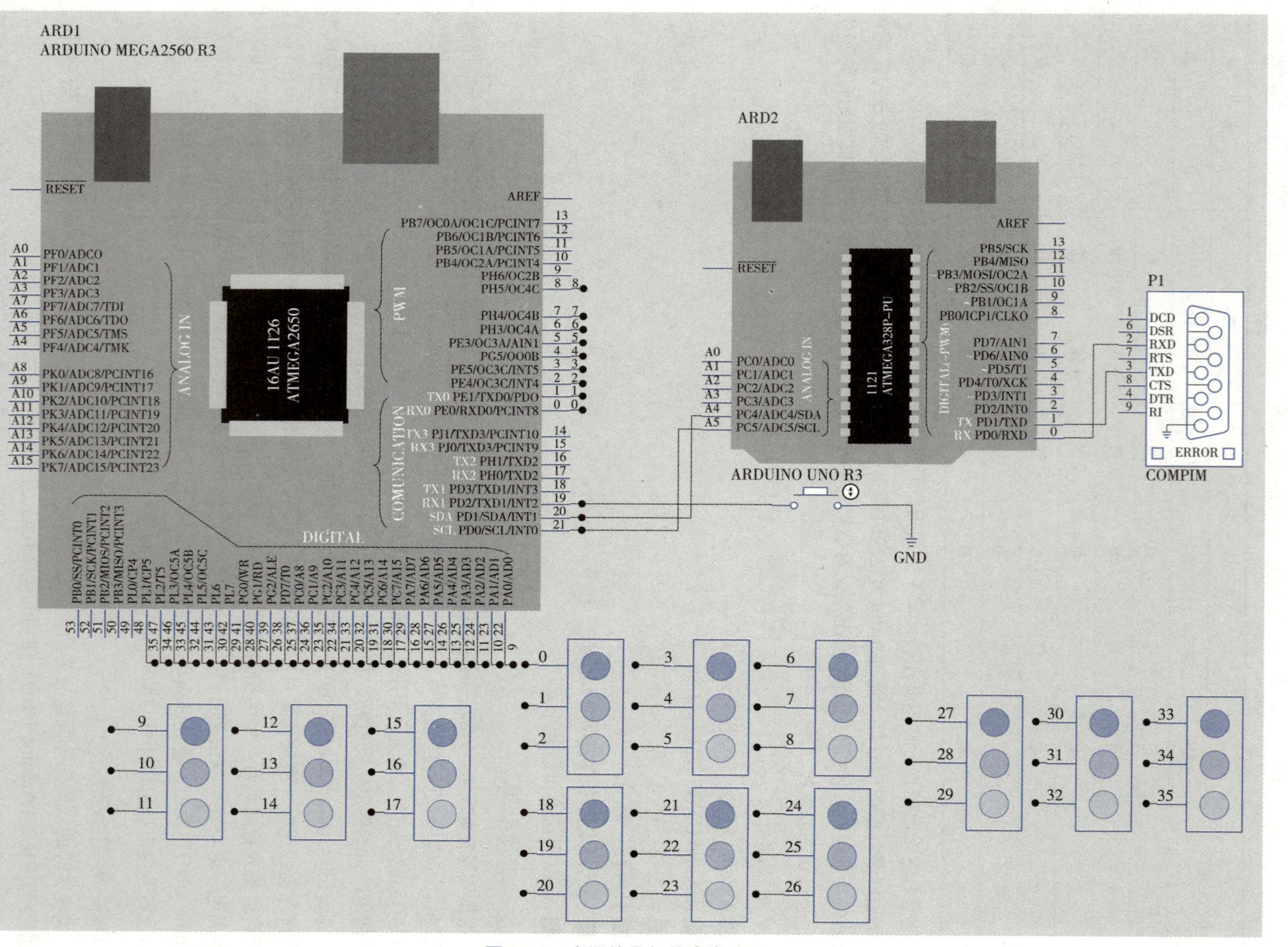

图 3.20 交通信号灯仿真电路图

号灯的状态转变，实时输出手动执行信号灯状态转变的信息。前两部分功能需要在模块1中实现，第3部分功能需要在模块2中实现。

1. 自动实现状态转变

自动实现状态转变需要通过循环完成，由于信号灯连接开发板的数字引脚，每一种状态（见表3.73）都需要对数字引脚的电平进行控制。为了模拟交通信号灯的实际情况，需要在设置某一种交通信号灯状态后，执行延时，需要注意的是，不同颜色的信号灯延时不同，代码框架如下所示：

```
void loop(){
  /*状态1执行代码*/
  delay();
  /*状态2执行代码*/
  delay();
  /*状态3执行代码*/
  delay();
  ......
  /*状态8执行代码*/
  delay();
}
```

延时处理可以采用Arduino时间函数，如delay()函数，但delay()或delayMicroseconds(μs)函数并不适合长时间延时。尤其在中断处理函数中，使用延时函数与中断机制本身（中断处理优先级较高，占用CPU资源时间不宜太长）存在冲突。因此，可以采用获取程序执行时间的方式执行延时处理，获取程序执行时间可以采用millis()、micros()函数，标准模板如下所示：

```
unsigned long previousMillis = 0;  /*程序开始执行的时间*/
void delayTime(int delayValue){     /*延时操作函数，参数为延时长度，单位为毫秒*/
  boolean delayState = true;        /*设置状态位*/
  while(delayState){
    unsigned long currentMillis = millis();  /*计算程序当前运行的时间*/
    if((currentMillis - previousMillis) >= delayValue){
      /*满足条件，将当前程序运行时间作为起始时间*/
      previousMillis = currentMillis;
      delayState = false;  /*改变状态，结束循环*/
    }
  }
}
```

上述程序的核心思想是通过while循环不断获取程序当前运行的时间，并通过if判断将当前时间与初始时间进行相减，判断相减的数值是否大于等于设置的延时长度。如果小于延时长度，表示程序运行的时间还未达到设置的时长，延时不够，继续执行循环；反之则跳出循环，表示延时结束，将程序当前的运行时间作为下一次延时的起始时间。

2. 手动实现状态转变

手动实现信号灯状态转变通过外部中断实现，将数字引脚连接物理按键，通过电平的变化触发中断产生，在中断函数中通过状态位的判断执行对应的操作，使用switch...case语句完成，具体设计如下所示：

```
pinMode(19, INPUT_PULLUP);  /*设置连接物理按键的数字引脚的模式*/
/*注册中断处理函数*/
attachInterrupt(digitalPinToInterrupt(19), eInterrupt, LOW);
void eInterrupt(){  /*中断处理函数*/
  SetStatic += 1;

  if(SetStatic == 9){
    SetStatic = 1;
  }

  switch(SetStatic){
    case 1:
        /*状态1执行代码*/
      break;
    case 2:
      /*状态2执行代码*/
      break;
    case 3:
      /*状态3执行代码*/
      break;
    case 4:
      /*状态4执行代码*/
      break;
    case 5:
      /*状态5执行代码*/
      break;
    case 6:
      /*状态6执行代码*/
      break;
    case 7:
      /*状态7执行代码*/
      break;
    case 8:
      /*状态8执行代码*/
      break;
  }
}
```

SetStatic为状态值，每次执行switch分支语句前，对该值加1，获取下一种状态。为了在信号灯自动实现状态转变的情况下，执行手动状态转变不影响原有状态的切换，每次自动执行状态转变后，需要设置状态值。

3. 实时输出手动执行状态转变的信息

输出状态信息通过串口实现，输出信息之前需要通过IIC总线接收需要发送的信息。对于IIC总线而言，将模块1视为主设备，将模块3视为从设备，实现数据传输与输出的操作代码设计如下：

```
/**********主设备发送数据**********/
Wire.begin();
Wire.beginTransmission(8);    /*开始传输*/
Wire.write();                 /*写入数据*/
Wire.endTransmission();       /*结束传输*/

/**********从设备接收数据**********/
Wire.begin(8);
Wire.onReceive(receiveEvent);
Serial.begin(9600);
void receiveEvent(){   /*处理函数*/
  while(Wire.available()){
    char c = Wire.read();     /*读取数据*/
    Serial.print(c);          /*输出数据*/
  }
  Serial.println();
}
```

3.10.4　程序设计

综合软件分析，模块1与模块2完整的程序设计如例3.13和例3.14所示。

例 3.13　模块1。

```
1  #include <Wire.h>
2
3  int SetStatic = 0;
4  unsigned long previousMillis = 0;
5
6  int ledBit[5][9] = {{1,0,0,0,0,1,0,0,1},
7                      {1,0,0,0,1,0,0,1,0},
8                      {0,0,1,1,0,0,1,0,0},
9                      {0,1,0,1,0,0,1,0,0},
10                     {1,0,0,1,0,0,1,0,0}
11                     };
12  int Pin[4][9] = {{0,1,2,3,4,5,6,7,8},
13                  {22,23,24,25,26,27,28,29,30},
14                  {31,32,33,34,35,36,37,38,39},
15                  {40,41,42,43,44,45,46,47,48}
16                 };
17
```

```
18  void setup() {
19  int ledPin = 0;
20  for(ledPin = 0; ledPin < 49; ledPin++){
21    if(ledPin >= 9 && ledPin <= 21){
22      continue;
23    }
24    pinMode(ledPin, OUTPUT);
25  }
26
27  pinMode(19, INPUT_PULLUP);
28  attachInterrupt(digitalPinToInterrupt(19), eInterrupt, LOW);
29
30  Wire.begin();
31 }
32
33  void loop() {
34  setStatic(0, 0);
35  setStatic(1, 4);
36  setStatic(2, 0);
37  setStatic(3, 4);
38  SetStatic = 1;
39
40  delayTime(10000);
41
42  setStatic(0, 1);
43  setStatic(2, 1);
44  SetStatic = 2;
45
46  delayTime(3000);
47
48  setStatic(0, 2);
49  setStatic(2, 2);
50  SetStatic = 3;
51
52  delayTime(10000);
53
54  setStatic(0, 3);
55  setStatic(2, 3);
56  SetStatic = 4;
57
58  delayTime(3000);
59
60  setStatic(0, 4);
```

```
61  setStatic(1, 0);
62  setStatic(2, 4);
63  setStatic(3, 0);
64  SetStatic = 5;
65
66  delayTime(10000);
67
68  setStatic(1, 1);
69  setStatic(3, 1);
70  SetStatic = 6;
71
72  delayTime(3000);
73
74  setStatic(1, 2);
75  setStatic(3, 2);
76  SetStatic = 7;
77
78  delayTime(10000);
79
80  setStatic(1, 3);
81  setStatic(3, 3);
82  SetStatic = 8;
83
84  delayTime(3000);
85 }
86
87  void delayTime(int delayValue){
88  unsigned long previousMillis = millis();
89  boolean delayState = true;
90  while(delayState){
91    unsigned long currentMillis = millis();
92    if((currentMillis - previousMillis) >= delayValue){
93      delayState = false;
94    }
95  }
96 }
97
98  void eInterrupt(){
99  SetStatic += 1;
100
101  if(SetStatic == 9){
102    SetStatic = 1;
103  }
```

```
104
105  switch(SetStatic){
106    case 1:
107      setStatic(0, 0);
108      setStatic(1, 4);
109      setStatic(2, 0);
110      setStatic(3, 4);
111      interrupts();
112      Wire.beginTransmission(8);
113      Wire.write("SN Straight Green | WE Red");
114      Wire.endTransmission();
115      break;
116    case 2:
117      setStatic(0, 1);
118      setStatic(2, 1);
119      interrupts();
120      Wire.beginTransmission(8);
121      Wire.write("SN Straight Yellow | WE Red");
122      Wire.endTransmission();
123      break;
124    case 3:
125      setStatic(0, 2);
126      setStatic(2, 2);
127      interrupts();
128      Wire.beginTransmission(8);
129      Wire.write("SN left Green | WE Red");
130      Wire.endTransmission();
131      break;
132    case 4:
133      setStatic(0, 3);
134      setStatic(2, 3);
135      interrupts();
136      Wire.beginTransmission(8);
137      Wire.write("SN left Yellow | WE Red");
138      Wire.endTransmission();
139      break;
140    case 5:
141      setStatic(0, 4);
142      setStatic(1, 0);
143      setStatic(2, 4);
144      setStatic(3, 0);
145      interrupts();
146      Wire.beginTransmission(8);
```

```
147        Wire.write("SN Red | WE Straight Green");
148        Wire.endTransmission();
149        break;
150      case 6:
151        setStatic(1, 1);
152        setStatic(3, 1);
153        interrupts();
154        Wire.beginTransmission(8);
155        Wire.write("SN Red | WE Straight Yellow");
156        Wire.endTransmission();
157        break;
158      case 7:
159        setStatic(1, 2);
160        setStatic(3, 2);
161        interrupts();
162        Wire.beginTransmission(8);
163        Wire.write("SN Red | WE left Green");
164        Wire.endTransmission();
165        break;
166      case 8:
167        setStatic(1, 3);
168        setStatic(3, 3);
169        interrupts();
170        Wire.beginTransmission(8);
171        Wire.write("SN Red | WE left Yellow");
172        Wire.endTransmission();
173        break;
174    }
175}
176
177  void setStatic(int Val, int Sta){
178  for(int i = 0; i < 9; i++){
179    digitalWrite(Pin[Val][i], ledBit[Sta][i]);
180  }
181}
```

分析：

第6～11行：存储每一组信号灯输出状态对应的数字引脚的输出电平，共有5种状态，每种状态需要对应9个数字引脚的电平。

第12～16行：存储所有的数字引脚，每9个数字引脚为1组。

第20～25行：设置数字引脚的模式为输出模式。

第27～28行：设置外部中断引脚的模式为输入上拉模式，当按键未按下时，读取引脚电平为高电平，反之为低电平，注册中断处理函数，低电平触发中断。

第33～85行：自动执行信号灯状态转变，共有4组信号灯，执行8种信号灯逻辑，每设置一种逻辑，都需要赋值状态值，该状态值被用来手动执行信号灯状态切换。

第87～96行：延时函数，延时长短由参数确定，精度为毫秒级。

第98～175行：中断处理函数，用来手动执行信号灯状态转换，同样为8种信号灯逻辑，每设置完一种状态后，都需要执行一次打开中断操作（中断函数在执行过程中，屏蔽了其他中断），并开启IIC总线传输，传输当前信号灯状态。

第177～181行：对一组信号灯的数字引脚电平进行设置，数字引脚定义见第12～16行，电平状态共有5种，见第6～11行。

例 3.14 模块2。

```
1  #include <Wire.h>
2
3  void setup() {
4  Wire.begin(8);
5  Serial.begin(9600);
6  Wire.onReceive(receiveEvent);
7 }
8
9  void loop() {
10  delay(1000);
11}
12
13  void receiveEvent(){
14  while(Wire.available()){
15    char c = Wire.read();
16    Serial.print(c);
17  }
18  Serial.println();
19 }
```

分析：

第3～7行：作为从设备，加入IIC总线；初始化串口，设置波特率为9 600；注册处理函数，当从设备接收来自主设备的数据时，执行该函数。

第13～19行：循环读取IIC总线数据，一次读取一个字节数据。

3.10.5 成果展示

编译模块1与模块2的程序代码，需要注意的是，Arduino IDE编译前需要选择对应的Arduino开发板，编译后，下载至各自对应的开发板中即可。开启整个设备（开始执行仿真），信号灯可自行进行状态转变。当按下按键后，信号灯转换进入手动模式，之后每按下一次按键，信号灯状态转变一次。当在一定时间内，未进行按键操作，信号灯则再次进入自动状态转变的模式。

无论是自动模式或手动模式，每组信号灯都具有5种逻辑状态，4组信号灯可组成8种逻辑状态，当手动执行时，可通过串口工具实时监测当前的信号灯状态，如图3.21所示。

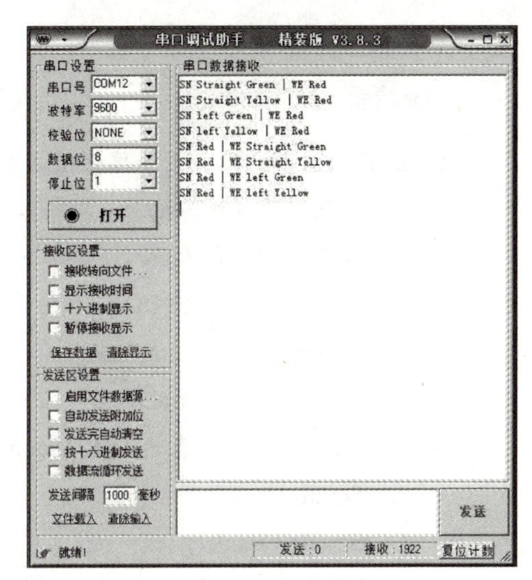

图 3.21 信号灯状态监测

3.10.6 总结分析

本次上机实践设计的交通信号灯系统，实现了基础的自动控制，并添加了手动控制的功能，模拟在特殊路况下，由交通警察控制信号灯的情况。同时，通过串口输出的方式对信号灯的状态进行监测。一些更加复杂的功能有待开发，如对信号灯进行倒计时显示，实时对信号灯的控制时间进行修改，对行人闯红灯的行为进行语音提醒等。读者可以在全面掌握Arduino开发技术的情况下，继续对该实验进行二次开发，使实验模拟更加贴近现实。

单元小结

本单元主要介绍了Arduino开发板的各种接口，包括数字接口、模拟接口、软硬件串口、IIC总线接口、SPI接口、中断接口以及EEPROM。围绕各种接口，本单元主要讨论了接口的功能、类库函数以及基本的应用。读者需要理解接口的工作原理，并且熟练使用接口对应的类库函数，从而搭建属于自己的应用项目。

习 题

1. 填空题

（1）Arduino 数字引脚可设置为 3 种模式，分别为______、______、______。

（2）设置 Arduino 数字引脚模式的函数为______。

（3）______函数通过 PWM 的方式在指定引脚输出模拟值。

（4）一条信号线上将数据按位进行传输的通信模式称为______。

（5）串口通信的基本传输单元数据帧的格式为______、______、______、______。

（6）在串口通信中，要求发送方与接收方在发送与接收数据的每一位时保持相同的频率，称为______。

（7）软件模拟串口由程序模拟实现，通过 Arduino 提供的______类库，可以将其他数字引脚通过程序模拟成串口通信引脚。

（8）IIC 总线由______和______两条线组成。

（9）IIC 总线开始发送数据的器件称为______，任何被寻址的器件称为______。

（10）SPI 通信模式需要通过______和______进行配置。

2. 选择题

（1）LED 灯一端接地，另一端连接 Arduino 数字引脚，则点亮 LED 灯需要（　　）。

A. 设置引脚模式为输入，再写入高电平　　B. 设置引脚模式为输出，再写入高电平

C. 设置引脚模式为输入，再写入低电平　　D. 设置引脚模式为输出，再写入低电平

（2）以下哪个函数是模拟 I/O 接口的读写函数（　　）。

A. digitalWrite()/digitalRead()　　B. anlogWrite()/analogRead()

C. Serial.write()/Serial.read()　　D. Wire.write()/Wire.read()

（3）以下哪个函数用来表示检测 Arduino 串口是否准备就绪（　　）。

A. Serial　　B. Serial.begin()

C. Serial.avalable()　　D. Serial.print()

（4）以下哪种情况表示 IIC 总线发起起始信号（　　）。

A. SCL 为高电平，SDA 从高电平变为低电平

B. SCL 为高电平，SDA 从低电平变为高电平

C. SCL 为低电平，SDA 从高电平变为低电平

D. SCL 为低电平，SDA 从低电平变为高电平

（5）以下关于 SPI 总线的描述错误的是（　　）。

A. SPI 总线系统是一种同步串行外设接口，这里的同步通信相对于异步通信

B. 由于是同步通信方式，所以主机和从机共用一个时钟，这个时钟由主机提供

C. 当主机通过 SPI 总线连接多个设备时，可通过片选信号 SS 来控制对哪个从机进行操作

D. 在主机和从机连接时，主机的 MOSI 信号要连接到从机的 MISO 信号，而主机的 MISO 信号要连接到从机的 MOSI 信号

（6）EEPROM 指的是（　　）。

A. 不可擦除存储器　　B. 只读存储器

C. 电擦除可编程只读存储器　　D. 可擦除可编程存储器

3. 思考题

（1）简述数字 I/O 接口与模拟 I/O 接口的概念。

（2）简述 IIC 总线的工作原理。

（3）简述 SPI 总线的工作模式。

（4）简述中断的概念。

4. 编程题

编写 Arduino 程序实现阅读灯案例，案例需求：既可以直接控制阅读灯开关，也可以调节阅读灯亮度（提供仿真电路图以及案例分析）。

第 4 单元

Arduino 与人机交互模块

学习目标

◎了解人机交互模块的工作原理

◎熟悉模块相关的类库函数

◎熟练掌握模块应用案例

◎掌握上机实践案例

Arduino开发板集成了大量接口，如数字I/O接口、IIC总线接口、SPI总线接口等，这些接口可以连接各种外围模块实现更多特定的功能。人机交互模块可以实现操作人员与计算机的直接互动，是系统开发中非常重要的部分。本单元将结合大量的实践案例介绍Arduino与人机交互模块的综合性开发。

任务 4.1　Arduino 与数码管显示器

4.1.1　预备知识——数码管工作原理

数码管（见图4.1），又称为辉光管，是一种可以显示数字与其他信息的电子设备。数码管由8个发光二极管组成，当某个二极管导通时，相应的字段便会发光，反之则不发光。由此可知，通过控制不同组合的二极管的导通状态，数据码管可以显示十进制数字与字符。

常见的数码管为7段LED灯数码管（包含小数点则共有8段），其引线已经在内部连接完成，只需要在外部保留控制端与公共电极。数码管7个段分别使用a ～g表示，小数点使用dp表示。

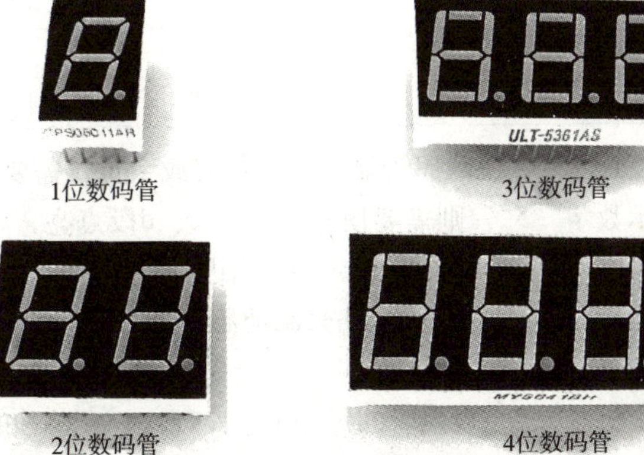

图 4.1　LED 数码管

按照发光二极管的连接方式的不同，可以将数码管分为共阳极数码管与共阴极数码管，其原理结构图如图4.2所示。

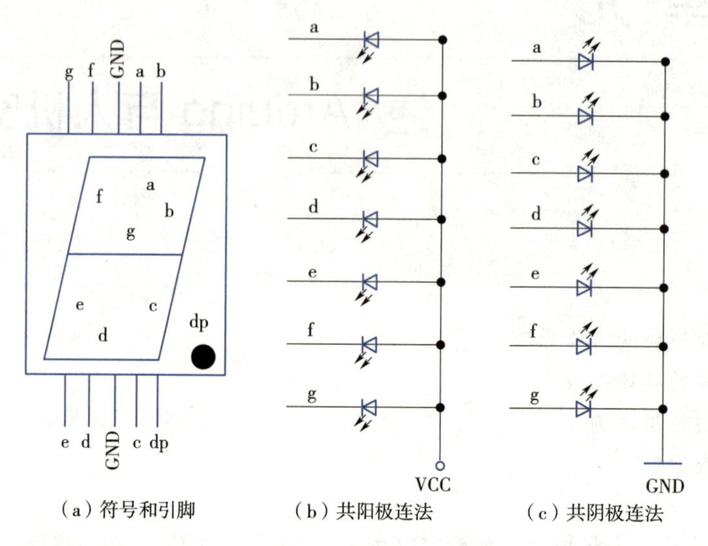

（a）符号和引脚　（b）共阳极连法　（c）共阴极连法

图 4.2　数码管原理与外形结构体

图4.2中，共阳极数码管是指将所有发光二极管的阳极连接到一起形成公共阳极的数码管，共阳极数码管在应用时需要将公共极连接到+5 V，当某一字段发光二极管的阴极为低电平时，相应字段点亮，反之字段不亮。

共阴极数码管是指将所有发光二极管的阴极连接到一起形成公共阴极的数码管，共阴极数码管在应用时需要将公共极连接到GND上，当某一字段发光二极管的阳极为高电平时，相应字段点亮，反之字段不亮。

将8段控制信号用一个数据表示，称为段码。设置段码需要了解数码管段名对应的数据位，如表4.1所示。

表 4.1　数码管段位对应的数据位

段　名	对应数据位	段　名	对应数据位
dp 段	D7	d 段	D3
g 段	D6	c 段	D2
f 段	D5	b 段	D1
e 段	D4	a 段	D0

根据数码管段名对应的数据位可知，使数码管显示某一数值或字母，需要将对应的数据位设置为1或0。如使用共阳极数码管显示数字“5”，则需要使a、f、g、c、d段点亮，即数据位D0、D2、D3、D5、D6设置为0（低电平），其他位为1（高电平），对应的十六进制数为0x92。

综上所述，数码管要正常显示，需要使用驱动电路来驱动数码管的各个字段。根据数码管的驱动方式不同，可以分为静态驱动和动态驱动两种。

静态驱动即采用直流驱动的方式，每个数码管的每一个字段都由一个单独的I/O端口进行驱动，当输入一次字形码后，显示的字形可一致保持，直到送入新字形码为止。采用静态驱动具有显示稳定、亮度大、便于监测和控制的优点，但占用的I/O端口较多。静态驱动的原理图如图4.3所示。

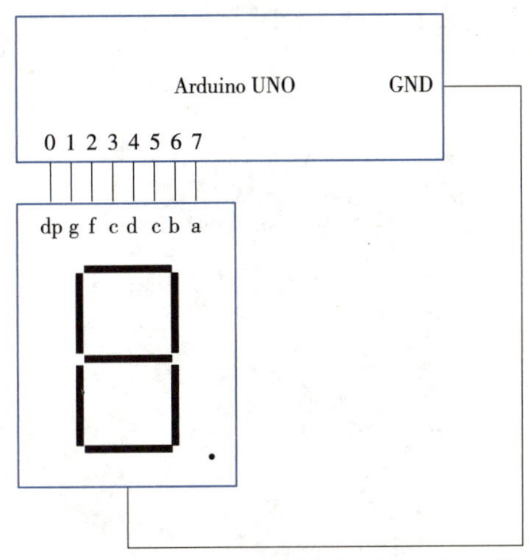

图 4.3　共阴极数码管静态驱动显示原理图

动态驱动指的是将所有数码管的字段的同名端（a、b、c、d、e、f、g、dp）连接在一起，每个数码管的公共极通过位选进行控制，位选通过独立的I/O线进行设置。当开发板输出字形码时，通过对位选端的控制，实现将字形输出到指定的数码管上。通过分时轮流控制各个数码管的公共端，使各个数码管轮流受控显示，这就是动态驱动。在轮流显示的过程中，只要每位数码管点亮的时间间隔够短，同时由于人的视觉暂留现象以及发光二极管的余晖效应，尽管实际上各位数码管并非同时点亮，但给人的印象是一组稳定的显示数据，与静态驱动显示的效果差异几乎可以忽略。动态驱动显示可以节省大量的I/O端口，功耗更低，其原理图如图4.4所示。

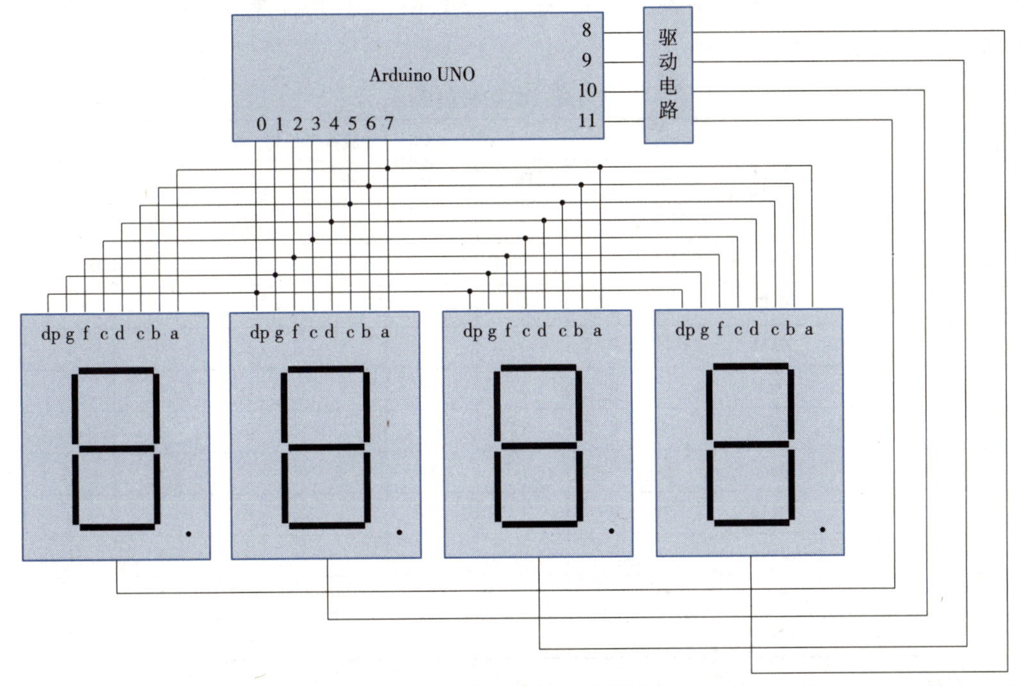

图 4.4　动态驱动显示原理图

4.1.2 引导实践——数字秒表计时器

数字秒表计时器：使用数码管实现数字秒表计时器，即实现0～59 s计时，每到60 s执行重新计时，如图4.5所示。

图 4.5 秒表计时器

1. 案例分析

数码管采用静态驱动的方式显示，共使用两个1位数码管，分别表示秒针计数的十位与个位。获取需要显示的个位与十位数值，并将其转换为对应的段码，段码中的每一位对应开发板数字引脚。通过段码决定数字引脚的输出电平状态。

2. 仿真电路设计

表示数字秒表的个位数的数码管通过Arduino Mega 2560的数字引脚30～37传送指定的段码，表示数字秒表的十位数的数码管通过数字引脚22～29传送指定的段码。由于数码管采用的是共阴极的设计，其从0到9对应的段码如表4.2所示。

表 4.2 共阴极段码

显示字符	共阴极段码（十六进制数）	对应数据位值 / 段名							
		D7	D6	D5	D4	D3	D2	D1	D0
		dp	g	f	e	d	c	b	a
0	0x3f	0	0	1	1	1	1	1	1
1	0x06	0	0	0	0	0	1	1	0
2	0x5b	0	1	0	1	1	0	1	1
3	0x4f	0	1	0	1	1	1	1	1
4	0x66	0	1	1	0	0	1	1	0
5	0x6d	0	1	1	1	1	1	0	1
6	0x7d	0	1	1	1	1	1	0	1
7	0x07	0	0	0	0	0	1	1	1
8	0x7f	0	1	1	1	1	1	1	1
9	0x6f	0	1	1	1	1	1	1	1

实现数字秒表计时器的仿真电路设计图，如图4.6所示。

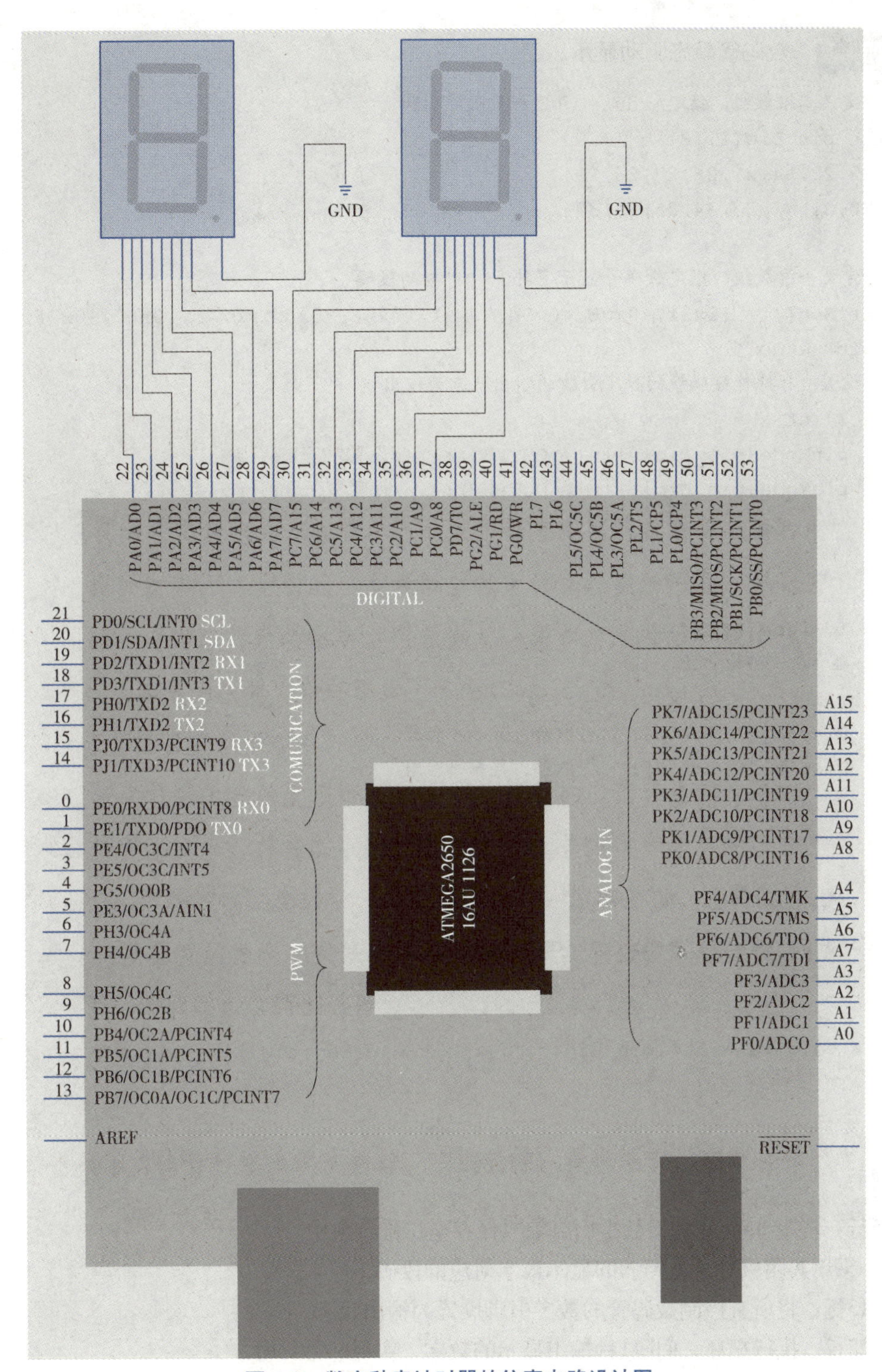

图 4.6　数字秒表计时器的仿真电路设计图

3. 程序设计

实现数码管数字输出，需要指定对应的段码，根据段名（a、b、c、d、e、f、g、dp）与段码的数据位对应关系，对段名对应的数字引脚进行电平设置，具体如例4.1所示。

例 4.1 数码管静态驱动显示。

```
1  //定义二维数组，指定Arduino开发板的数字引脚
2  int pin_Dig[2][8] = {
3  {22,23,24,25,26,27,28,29},
4  {30,31,32,33,34,35,36,37}
5};
6  //定义一维数组，指定数码管显示字符0~9对应的段码
7  int Seg[] = {0x3f, 0x06, 0x5b, 0x4f, 0x66, 0x6d, 0x7d, 0x07, 0x7f, 0x6f};
8  void setup() {
9  //设置所有操作数码管的数字引脚的输出状态为输出
10  for(int x = 0; x < 8; x++){
11    pinMode(pin_Dig[0][x], OUTPUT);  //设置22~29引脚
12    pinMode(pin_Dig[1][x], OUTPUT);  //设置30~37引脚
13  }
14 }
15
16  void loop() {
17  //显示0~59秒计数
18  for(int x = 0; x < 60; x++){
19    Display(1, x%10);  //取余，显示个位数
20    Display(0, x/10);  //取整，显示十位数
21    delay(1000);       //间隔1秒
22  }
23 }
24  //显示函数
25  void Display(int n, int digit){
26    for(int i = 0; i < 8; i++){  //遍历每一个段名
27      //向指定引脚写入高低电平
28      digitalWrite(pin_Dig[n][i], bitRead(Seg[digit], i));
29    }
30 }
```

分析：

第2～5行：将Arduino开发板数字引脚编号保存至二维数组中。

第7行：采用共阴极时，从0到9的显示数字对应的段码。

第10～13行：将所有控制数码管的数字引脚设置为输出状态。

第18～22行：执行循环，间隔1秒输出显示的数字，实现60秒计时。

第25～29行：执行显示的函数，无论显示个位数或十位数都执行该函数，第26行代码用来遍历从a～dp的每个段名，digitalWrite()函数通过操作二维数组向数字引脚写入高低电平。

向数字引脚写入高低电平，通过bitRead()函数进行确认，其中第1个参数指定显示的数字的个位数或十位数对应的段码，第2个参数指定段码的位数（从低位开始计数）。如果指定位的值为1，则函数返

回值为1，反之为0。例如，数字1对应的段码为0x06（00000110），第2个参数指定为0（从右起计数第1位），由于右起第1位的值为0，bitRead()函数返回值为0，digitalWrite()函数在该位写入低电平。

4.1.3　引导实践——数字定时器

数字定时器（见图4.7）：在秒表计时器的基础上，实现定时功能，即设置定时时间后开始计时，当计时到定时时间后，指示灯亮起。

1. 案例分析

数码管采用动态驱动的方式显示，使用4位数码管实现秒数与分钟数计时，即0分0秒～59分59秒。第1位数码管表示分钟数的十位数，第2位数码管表示分钟数的个位数，第3位数码管表示秒数的十位数，第4位数码管表示秒数的个位数。

图 4.7　数字定时器

动态驱动数码管，需要每隔一段时间驱动1位数码管，间隔时间不宜过长或过短，如果间隔时间长则不会产生4位数码管同时亮起的视觉效果（出现闪烁），间隔时间过短则会导致显示亮度不够数字混乱的现象。定时驱动数码管可以采用定时器中断机制，将数码管动态显示的操作封装到中断处理函数中。

2. 仿真电路设计

使用Arduino UNO开发板的数字引脚4～11连接4位数码管的a～dp段对应的引脚，同时使用数字引脚0～3连接4位数码管的位选控制引脚，数码管选取为共阴极，如图4.8所示。

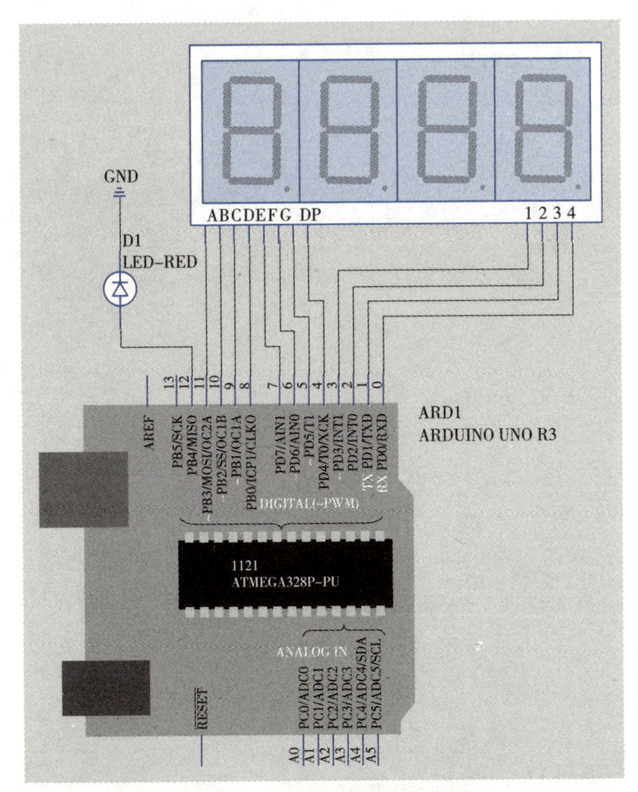

图 4.8　数字定时器仿真电路

3. 程序设计

驱动4位数码管显示需要实时获取当前的分钟数以及秒数。由于采用动态驱动的方式，每隔一段时间都需要对数码管进行扫描，即每次驱动1位数码管进行显示，无论显示哪一位数码管都必须是实时时间（对应位的数值）。程序设计如例4.2所示。

例 4.2 数字定时器。

```
1  #include <MsTimer2.h>
2
3  int pin_Dig[8] = {4, 5, 6, 7, 8, 9, 10, 11};
4  int Opt[4] = {0, 1, 2, 3};
5  int Seg[] = {0x3f, 0x06, 0x5b, 0x4f, 0x66, 0x6d, 0x7d, 0x07, 0x7f, 0x6f};
6
7  int count = 0;
8  unsigned long long state = 0x0f;
9  int ledPin = 12;
10
11  void setup() {
12  for(int x = 0; x < 8; x++){
13    pinMode(pin_Dig[x], OUTPUT);
14  }
15
16  for(int i = 0; i < 4; i++){
17    pinMode(Opt[i], OUTPUT);
18  }
19
20  pinMode(ledPin, OUTPUT);
21  MsTimer2::set(2, displayDigit);
22  MsTimer2::start();
23 }
24
25  void loop() {
26  for(int x = 0; x < 3600; x++){
27    count = x;
28    delay(1000);
29
30    if(count == 300){
31        digitalWrite(ledPin, HIGH);
32    }
33  }
34 }
35
36  void displayDigit(){
```

```
37  state = ((state << 1)|(state >> 4));
38  for(int i = 0; i < 4; i++){
39    digitalWrite(Opt[i], bitRead(state, i));
40  }
41  switch(state&0xf){
42    case 0xe:
43      for(int j = 0; j < 8; j++){
44        digitalWrite(pin_Dig[j], bitRead(Seg[count%60%10], 7-j));
45      }
46    break;
47    case 0xd:
48      for(int j = 0; j < 8; j++){
49        digitalWrite(pin_Dig[j], bitRead(Seg[count%60/10], 7-j));
50      }
51    break;
52    case 0xb:
53      for(int j = 0; j < 8; j++){
54        digitalWrite(pin_Dig[j], bitRead(Seg[count/60%10], 7-j));
55      }
56    break;
57    case 0x7:
58      for(int j = 0; j < 8; j++){
59        digitalWrite(pin_Dig[j], bitRead(Seg[count/60/10], 7-j));
60      }
61    break;
62  }
63}
```

分析：

第3～5行：定义连接数码管各个段的数字引脚编号；定义连接数码管位选的数字引脚；定义共阴极数码管显示的不同数字时的段码。

第8行：定义操作状态，用来控制数码管位选，由于采用共阴极，当数码管位选对应的引脚设置为低电平时，对应的数码管显示，4位数码管轮流显示需要设置操作状态为1110、1101、1011、0111。

第12～18行：设置控制数码管的数字引脚为输出模式。

第20行：设置控制LED灯数字引脚为输出模式。

第21～22行：设置并开启定时中断，每隔2 ms执行一次中断，每次中断显示1位数码管数值。

第25～33行：for循环获取实时时间，最大计时为59分59秒，实时时间保存到全局变量count中，当计时到达5分钟时，LED灯点亮。

第36～63行：中断触发函数，动态驱动数码管显示，每次显示1位数码管，数码管的位选由state确定，每次执行该函数，state都将执行位操作，使其值的低4位在1110、1101、1011、0111之间循环切换；根据获取的state值的低4位执行switch…case语句，并对count执行除、取余处理得到实时时间的每一位数值，通过数值对应的段码对数字引脚写入高低电平。

任务 4.2　Arduino 与 LED 灯点阵模块

4.2.1　预备知识——LED 点阵模块工作原理

LED灯点阵模块由发光二极管阵列组成，根据发光二极管分类可分为单色、双色以及全彩色LED灯点阵模块。使用LED点阵模块可组成点阵单元板，一般用于室内单、双色显示。采用“级联”的方式将多个LED灯点阵模块组成任何点阵大显示屏，实现图形、汉字等符号的静态或滚动显示。

如图4.9所示，一个8×8的LED灯点阵模块，由64个发光二极管组成，其原理与引脚示意图如图4.10所示。

图 4.9　8×8 LED 灯点阵模块

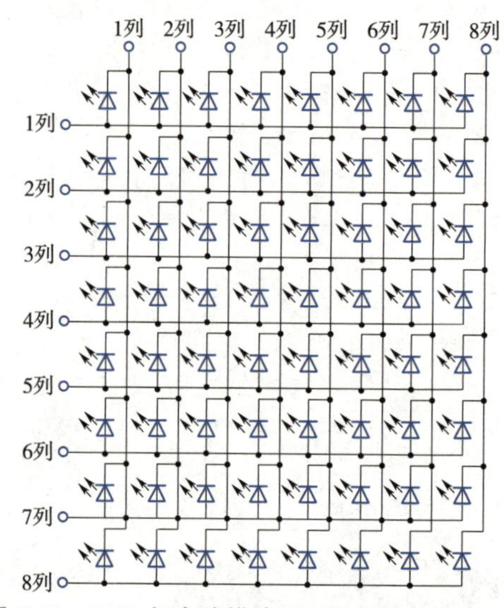

图 4.10　LED 灯点阵模块原理及引脚示意图

图4.10中，该LED灯点阵模块属于行共阳极、列共阴极的接法，按照行、列、共阴与共阳还可以有更多的接法。每一个发光二极管都放置在行线与列线的交叉点上，当对应的某一行置1，某一列置0，则相应交叉点的二极管被点亮。因此，使LED灯点阵模块显示字符图案可以采用列输出控制或行输出控制。采用列输出控制则需要使行线都输出高电平1，列线输出高电平1灯灭、低电平0灯亮。采用行输出控制则需要使列线都输出低电平0，行线输出高电平1灯亮，低电平0灯灭。

4.2.2　深入学习——LED 灯点阵模块串行控制技术

无论采用行输出控制或列输出控制，1个8×8的LED灯点阵模块需要16个I/O接口，会占用太多的Arduino数字引脚。因此，控制LED灯点阵模块可以采用串行控制的方式，极大减少数字引脚的使用，串行控制需要通过移位寄存器实现。

移位寄存器74HC595具有16个引脚，是一种集成电路芯片，也是1位串行输入、8位并行输出的位移缓存器，并行输出为三态输出，分别为高电平、低电平和高阻抗，其芯片原理图如图4.11所示。

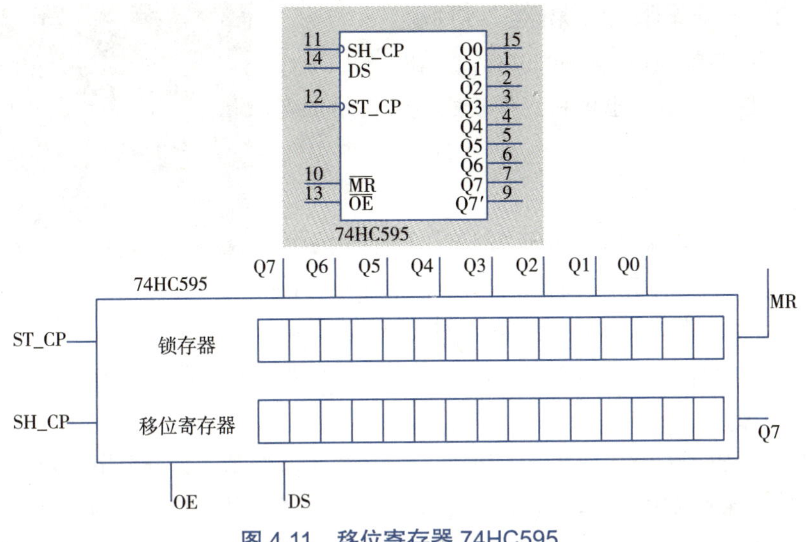

图 4.11　移位寄存器 74HC595

移位寄存器74HC595的引脚及功能说明如表4.3所示。

表 4.3　74HC595 引脚及说明

引脚名称	引脚编号	功能描述
Q0 ~ Q7	15,1 ~ 7	8 位并行数据输出
Q7'(SDO)	9	串行数据输出（可用于级联）
$\overline{\text{MR}}$	10	主复位（低电平）
SH_CP	11	数据输入时钟线
ST_CP	12	输出存储器锁存时钟线
$\overline{\text{OE}}$	13	输出有效（低电平）
DS	14	串行数据输入

SH_CP是移位寄存器的时钟引脚，在74HC595中包含1个8位内部移位寄存器，用来保存从DS引脚输入的数据。当SH_CP引脚产生一次上升沿（电平由低到高）时，74HC595将会从DS引脚上取得当前的数据，并将取得的1位数据保存到移位寄存器中。

ST_CP是锁存寄存器的时钟引脚，在74HC595中包含1个8位锁存寄存器，当移位寄存器的8位数据全部传输完毕后，制造一次锁存器时钟引脚的上升沿。74HC595会在该上升沿将移位寄存器中的8位数据复制到锁存器中，锁存器中原有的数据将被替换，此时8位数据并未输出。锁存寄存器中的数据除了断电、重置以及移位寄存器数据准备完毕外，不会再发生改变。

$\overline{\text{OE}}$是输出使能引脚，其作用是控制锁存器中的数据是否输出到Q0～Q7引脚上。低电平时输出，高电平时不输出。是用来重置内部寄存器的引脚，低电平时重置内部寄存器。

4.2.3 引导实践——演唱会“粉丝”灯牌

图 4.12 灯牌

演唱会“粉丝”灯牌设计（见图4.12）：使用8×8 LED灯点阵模块实现显示心形图案（也可将点阵模块组合显示更多图案）。

1. 案例分析

驱动8×8 LED点阵模块需要2个74HC595芯片，1个用于控制点阵模块的行，另一个用于控制点阵模块的列。无论是行控制或是列控制，在某一时刻只能显示一行或一列，与动态数码管显示原理一样，通过高速循环输出编码，利用人眼的“视觉暂留”现象，达到稳定显示的效果。

2. 仿真电路设计

使用2块74HC595驱动8×8 LED灯点阵模块，一个用于行控制，另一个用于列控制。数据从第1个74HC595的串行数据输入端SDI输入，并将第1个74HC595的串行数据输出端与第2个74HC595的数据输入端相连，实现级联控制，如图4.13所示。

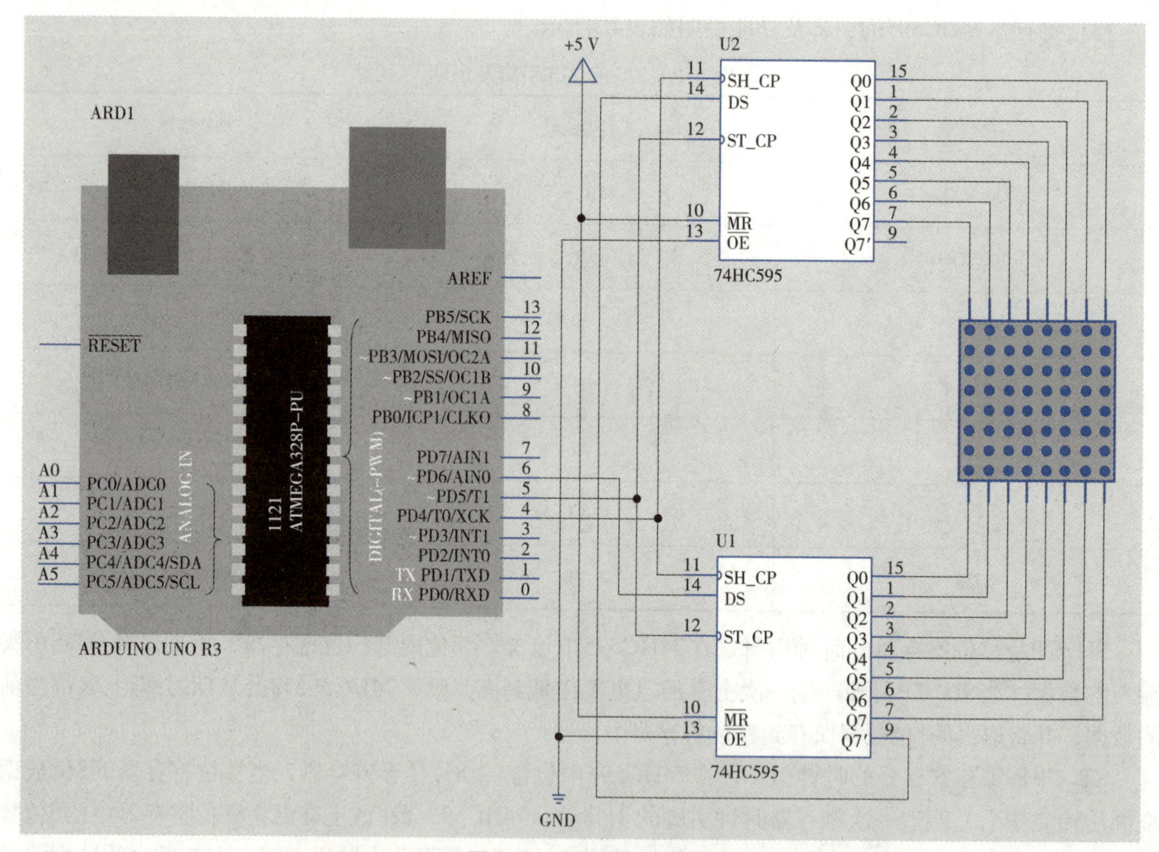

图 4.13 “粉丝”灯牌

图4.13中，U1用于行控制，U2用于列控制，在Protues中，LED灯点阵模块的上8个引脚需要连接阳极，控制列显示，下8个引脚需要连接阴极，控制行显示。由此可知，只需要将上8个引脚接高电平，下8个引脚接低电平，LED灯即可点亮。两个芯片的复位端接5 V，不复位，使能端接GND，输出始终有效。

数据输入时钟SH_CP、输出锁存时钟ST_CP以及串行输入信号DS分别接Arduino的数字引脚4、5、6。显示图案需要通过串行输出的方式，在数据输入时钟信号的上升沿将列与行的16位数据连续发送到移位寄存器（先传输列数据编码，后传输行数据编码），最后通过输出锁存时钟信号上升沿将行和列数据锁存在输出寄存器中，由于使能端接低电平，数据直接控制点阵模块引脚，显示相应的图案。

3. 程序设计

使用LED点阵模块实现“心形”图案，程序设计如例4.3所示。

例 4.3 “粉丝”灯牌。

```
1  int SCK_Pin = 4;
2  int RCK_Pin = 5;
3  int SDI_Pin = 6;
4
5  int Data[8] = {B01100110,B11111111,B11111111,B11111111,
6                B11111111,B01111110,B00111100,B00011000};
7
8  void setup() {
9  pinMode(SCK_Pin, OUTPUT);
10  pinMode(RCK_Pin, OUTPUT);
11  pinMode(SDI_Pin, OUTPUT);
12 }
13
14  void loop() {
15  int col = 0x1;
16  int i;
17  for(i = 0; i< 8; i++){
18    digitalWrite(RCK_Pin, 0);   //设置输出锁存信号为低电平
19
20    shiftOut(Data[i]);   //列控制
21    shiftOut(~(col << (7-i)));   //行控制
22
23    digitalWrite(RCK_Pin, 1);   //设置输出锁存信号为高电平
24    delay(5);
25  }
26 }
27
28  void shiftOut(byte myData){
29  int i = 0;
30  digitalWrite(SDI_Pin, 0);
31  digitalWrite(SCK_Pin, 0);
32
33  for(i = 7; i >= 0;  i--){
34    digitalWrite(SCK_Pin, 0);
```

```
35     digitalWrite(SDI_Pin, bitRead(myData, 7-i));
36     digitalWrite(SCK_Pin, 1);
37     digitalWrite(SDI_Pin, 0);
38   }
39 }
```

分析：

第1～3行：定义输入时钟、输出锁存时钟、串行输入数据接口连接的数字引脚。

第5～6行：定义列控制时的编码，列控制引脚连接阳极，高电平灯亮。

第9～11行：设置输入时钟、输出锁存时钟、串行输入数据接口连接引脚的工作模式为输出模式。

第15行：行控制变量，行控制连接阴极，低电平有效。

第17～25行：执行循环，每次循环显示一行状态，从上向下依次显示；每次循环输出16位数据，先输出列控制，再输出行控制；设置锁存时钟信号电平从低变为高，完成一次数据传输，每隔5毫秒执行一次，执行8次，显示全部内容；通过loop()函数实现无限次输出显示。

第20行：列控制，一次输出1个列控制编码。

第21行：行控制，控制行对应的引脚设置为低电平时有效。

第28～39行：控制函数，其中第33～38行执行循环按位输出，每次循环输出1位数据，输出数据前后，需要对输入时钟信号先置0后置1，产生上升沿，触发1位数据发送。

任务 4.3　Arduino 与 LCD1602 模块

4.3.1　预备知识——LCD 概述

液晶显示器（liquid crystal display，LCD）是用于数字型时钟和许多便携式计算机的一种显示器类型。LCD使用两片玻璃基板，在它们之间有液体水晶溶液，电流通过该液体时会使水晶重新排列，从而达到成像的目的。

LCD屏按照显示技术可以分为点阵式液晶屏、段码式液晶屏、TFT彩屏等。点阵式液晶屏是按照一定规则排列起来的列阵，其内部由许多“点”组成，通过控制这些点可以显示图形或汉字。段码显示屏指的是在某个固定的位置显示或不显示的固定显示屏，用来显示字符或汉字等，如计算机、钟表的显示。TFT彩屏即薄膜晶体管型液晶显示屏，薄膜晶体管指的是液晶显示器上的每一个液晶像素点由集成在其后的薄膜晶体管来驱动，从而达到高速度、高亮度、高对比度显示屏幕信息，典型应用如笔记本、电视显示屏等。

LCD1602属于字符型液晶显示器，是一种专门用来显示字母、数字和符号的点阵型液晶显示模块。它由若干个点阵字符位组成，每个点阵字符位都可以显示一个字符。1602表示同时能够显示“16×02”即32个字符。不同厂家生产的LCD1602芯片可能不同，但其使用方法都是一样的，如图4.14所示。

图 4.14　LCD1602 液晶显示器

4.3.2　深入学习——LCD1602 模块工作原理

1. LCD1602 主要特性

LCD1602由字符型液晶显示屏、控制驱动主电路HD44780、扩展驱动电路HD44100以及电容元件等组成。LCD1602内含字形库CGROM，理论上根据8位显示码DB7～DB0产生192个点阵字形，其中包含96个标准的ASCII码，96个日文字符和希腊文字符。LCD1602内含128字节的RAM，其中80个字节为显示DDRAM，可以存储80个字符显示码。LCD1602内含64个字节的自定义字形CGRAM，可暂存自建矩阵字形。

2. LCD1602 引脚说明

LCD1602采用标准的14引脚（无背光）或16引脚（有背光），各引脚接口说明如表4.4所示。

表 4.4　LCD1602 引脚说明

编　号	引脚名称	引脚说明	编　号	引脚名称	引脚说明
1	VSS	电源地	9	D2	数据
2	VDD	电源正极	10	D3	数据
3	VO	液晶显示偏压	11	D4	数据
4	RS	数据 / 命令选择	12	D5	数据
5	R/W	读 / 写选择	13	D6	数据
6	E	使能信号	14	D7	数据
7	D0	数据	15	BLA	背光源正极
8	D1	数据	16	BLK	背光源负极

3.LCD1602 显示原理

LCD1602液晶显示器显示1个字符需要40 μs，执行每条指令之前一定要使该模块的忙标志位为低电平，表示空闲，否则此指令失效。显示字符时，需要先输入显示字符地址，确定显示位置。LCD1602内部DDRAM用来寄存待显示的字符编码，共80个字节，其地址和屏幕的对应关系如表4.5所示。

表 4.5　LCD1602 地址与屏幕的对应关系

	显示位置	1	2	3	4	5	6	7	……	40
DDRAM地址	第 1 行	0x00	0x01	0x02	0x03	0x04	0x05	0x06	……	0x27
	第 2 行	0x40	0x41	0x42	0x43	0x44	0x45	0x46	……	0x67

表4.5中，如果在LCD1602屏幕中显示1个字符“A”，需要向DDRAM的0x00地址写入“A”字的编码，LCD1602屏幕一行可以显示16个字符，只要确定显示的第一个字符的地址，即可连续显示16个字符。

每一个需要显示的字符都对应1个编码，在字形库CGROM中，显示编码是以点阵字模的方式记录，如图4.15所示。

图4.15中，LCD1602采用的是5×8点阵字模（即5×8像素），左边对应的是屏幕中的点，实心点表示1（对应屏幕中的点点亮），空心点表示0（对应屏幕中的点熄灭）；右边对应的是字模数据（二进制形式），因此显示的字符“A”对应的编码为{0x0e，0x11，0x11，0x11，0x1f，0x11，0x11}。

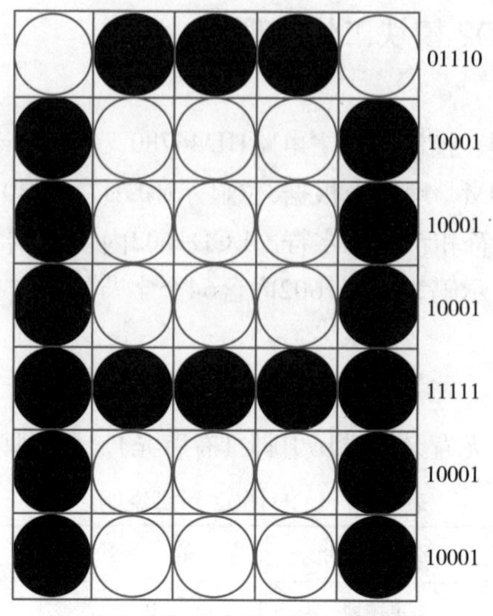

图 4.15 字符“A”点阵图

4. LCD1602 指令说明

LCD1602液晶模块的读/写操作、屏幕和光标的操作都是通过指令按一定时序实现的。模块内部的控制器共有11条控制令，如表4.6所示（1表示高电平，0表示低电平，*表示任意）。

表 4. 6 LCD1602 液晶模块的控制指令

序号	控制指令	RS	R/W	DB7	DB6	DB5	DB4	DB3	DB2	DB1	DB0
1	清屏	0	0	0	0	0	0	0	0	0	1
2	光标复位	0	0	0	0	0	0	0	0	1	*
3	输入模式设置	0	0	0	0	0	0	0	1	I/D	S
4	显示开 / 关控制	0	0	0	0	0	0	1	D	C	B
5	光标或字符移位	0	0	0	0	0	1	S/C	R/L	*	*
6	功能设置	0	0	0	0	1	DL	N	F	*	*
7	字符发生器 RAM 地址设置	0	0	0	1	字符发生存储器地址					
8	DDRAM 地址设置	0	0	1	显示数据存储器地址						
9	读忙信号和光标地址	0	1	计时器地址							
10	写数到 CGRAM 或 DDRAM	1	0	写入的数据内容							
11	从 CGRAM 或 DDRAM 读数	1	1	读出的数据内容							

如表4.6所示，具体的指令介绍如下所示：

①指令1：清屏，指令码01H，光标复位到地址00H。

②指令2：光标复位，光标复位到00H。

③指令3：输入模式设置，其中，I/D表示光标的移动方向，高电平右移，低电平左移；S表示显示屏上所有文字是否左移或右移，高电平表示有效，低电平表示无效。

④指令4：显示开/关控制，其中，D用于控制整体显示的开与关，高电平表示打开显示，低电平表示关显示；C用于控制光标的开关，高电平表示有光标，低电平表示无光标；B用于控制光标是否闪烁，高电平闪烁，低电平不闪烁。

⑤指令5：光标或字符移位，其中，S/C表示在高电平时移动显示的文字，低电平时移动光标。

⑥指令6：功能设置，其中，DL表示在高电平时为8位总线，低电平时为4位总线；N表示在低电平时为单行显示，高电平时双行显示；F表示在低电平时显示5×7的点阵字符，高电平时显示5×10的点阵字符。

⑦指令7：字符发生器RAM地址设置。

⑧指令8：DDRAM地址设置。

⑨指令9：读忙信号和光标地址，其中，BF为忙标志位，高电平表示忙，模块不接收命令或数据，如果为低电平则表示不忙。

⑩指令10：写数据。

⑪指令11：读数据。

5. LCD1602 连接方式

LCD1602与单片机的连接方式有两种：一种是直接控制方式；另一种是间接控制方式。

（1）直接控制方式

直接控制方式指的是LCD1602的8根数据线与3根控制线E、RS、R/W与单片机相连后即可正常工作。一般应用中只需向LCD1602中写入命令和数据，R/W读写控制直接接GND即可。

（2）间接控制方式

间接控制方式即采用四线制工作方式，只采用引脚DB4～DB7与单片机进行通信，先传输数据或命令的高4位，再传低4位。采用四线并行通信，可以减小对微控制器I/O的需求。

4.3.3 深入学习——LCD1602 类库函数

LCD1602操作执行11条指令时，需要参数与时序的配合，其编程比较复杂。Arduino IDE提供了LiquidCrystal类库，只需通过类库函数即可实现对LCD1602的控制。

1. LiquidCrystal()

LiquidCrystal()函数用来创建1个LiquidCrystal对象，具体描述如表4.7所示。

表 4.7　LiquidCrystal() 函数

语法格式	LiquidCrystal lcd(rs，enable，d4，d5，d6，d7) LiquidCrystal lcd(rs，rw，enable，d4，d5，d6，d7) LiquidCrystal lcd(rs，enable，d0，d1，d2，d3，d4，d5，d6，d7) LiquidCrystal lcd(rs，rw，enable，d0，d1，d2，d3，d4，d5，d6，d7)	
功能	创建 LiquidCrystal 实例，可使用 4 位或 8 位数据线的方式 如果采用 4 线方式，则将 d0 ～ d3 悬空 如果 R/W 引脚接地，函数中的 rw 参数可省略	
参数	rs	与 rs 连接的 Arduino 引脚编号
	rw	与 rw 连接的 Arduino 引脚编号
	enable	与 enable 连接的 Arduino 引脚编号
	d0 ～ d7	与数据线连接的 Arduino 引脚编号
返回值	无	

2. begin()

begin()函数执行初始化操作，具体描述如表4.8所示。

表 4.8　begin() 函数

语法格式	lcd.begin(cols，rows)	
功能	初始化，设置显示模式	
参数	cols	显示器的列数
	rows	显示器的行数
返回值	无	

3. clear()

clear()函数用来清除LCD屏幕中的内容，并将光标置于左上角，具体描述如表4.9所示。

表 4.9　clear() 函数

语法格式	lcd.clear()
功能	清除 LCD 屏幕中的内容
参数	无
返回值	无

4. home()

home()函数将光标定位于屏幕左上角，具体描述如表4.10所示。

表 4.10　home() 函数

语法格式	lcd.home()
功能	将光标定位在屏幕左上角，并保留 LCD 屏幕中的内容，字符从左上角开始显示
参数	无
返回值	无

5. setCursor()

setCursor()函数用来设定显示光标的位置，具体描述如表4.11所示。

表 4.11　setCursor() 函数

语法格式	lcd.setCursor(col，row)	
功能	设置显示光标的位置	
参数	col	显示光标的列，从 0 开始计数
	row	显示光标的行，从 0 开始计数
返回值	无	

6. write()

write()函数用来向LCD写一个字符，具体描述如表4.12所示。

表 4.12　write() 函数

语法格式	lcd.write(data)	
功能	向 LCD 写 1 个字符	
参数	data	写入字符在库表中的编码
返回值	true 或 false	

7. print()

print()函数用来将文本显示到LCD上，具体描述如表4.13所示。

表 4.13　print() 函数

语法格式	lcd.print(data) lcd.print(data，BASE)	
功能	在 LCD 上显示文本信息	
参数	data	显示的数据
	BASE	进制数（BIN、DEC、OCT、HEX）
返回值	无	

8. cursor()/noCursor()

cursor()/noCursor()函数用来显示/隐藏光标，具体描述如表4.14所示。

表 4.14　cursor()/noCursor() 函数

语法格式	lcd.cursor() lcd.noCursor()
功能	显示或隐藏光标
参数	无
返回值	无

9. blink()/noBlink()

blink()/noBlink()函数用来打开/关闭光标闪烁，具体描述如表4.15所示。

表 4.15　blink()/noblink() 函数

语法格式	lcd.blink() lcd.noBlink()
功能	打开或关闭光标闪烁
参数	无
返回值	无

10. dislplay()/noDisplay()

dislplay()/noDisplay()函数用来打开/关闭液晶显示，具体描述如表4.16所示。

表 4.16　dislplay()/noDisplay() 函数

语法格式	lcd.display() lcd.noDisplay()
功能	打开或关闭液晶显示 关闭液晶显示不会丢失原有显示的内容，执行打开恢复显示
参数	无
返回值	无

11. scrollDisplayLeft()/scrollDisplayRight()

scrollDisplayLeft()/scrollDisplayRight()函数使屏幕中的内容向左/右滚动1个字符，具体描述如表4.17所示。

表 4.17　scrollDisplayLeft()/scrollDisplayRight() 函数

语法格式	lcd.scrollDisplayRight() lcd.scrollDisplayLeft()
功能	使屏幕中的内容向左 / 右滚动 1 个字符
参数	无
返回值	无

12. autoscroll()

autoscroll()函数用来使能液晶显示屏的自动滚动功能，具体描述如表4.18所示。

表 4.18　autoscroll() 函数

语法格式	lcd.autoscroll()
功能	使能液晶屏自动滚动功能 当输出 1 个字符到 LCD 时，之前的文本将移动 1 个位置
参数	无
返回值	无

13. noAutoscroll()

noAutoscroll()函数用来关闭自动滚动功能，具体描述如表4.19所示。

表 4.19　noAutoscroll() 函数

语法格式	lcd.noAutoscroll()
功能	关闭自动滚动功能
参数	无
返回值	无

14. leftToRight()/rightToLeft()

leftToRight()/rightToLeft()函数用来设置将文本从左向右或从右向左写入屏幕，具体描述如表4.20所示。

表 4.20 leftToRight()/rightToLeft() 函数

语法格式	lcd.leftToRight() lcd.rightToLeft()
功能	设置将文本从左向右或从右向左写入屏幕
参数	无
返回值	无

15. createChar()

createChar()函数用来创建用户自定义的字符，具体描述如表4.21所示。

表 4.21 createChar() 函数

语法格式	lcd.createChar(num，data)	
功能	创建用户自定义的字符，共可创建 8 个用户自定义字符，编号为 0 ～ 7	
参数	num	创建的字符的编号
	data	字符的像素数据
返回值	无	

createChar()函数总共可创建8个用户自定义字符，每个字符都通过1个8字节的数组进行定义，其中的每个字节表示点阵字模的一行，DB7～DB5一般取“000”，DB4～DB0对应每个字符5个点的字模数据。如果需要在屏幕显示自定义字符，应使用write(num)函数。

4.3.4 引导实践——液晶显示广告牌

液晶显示广告牌（见图4.16）：使用LCD1602模块实现广告牌设计，显示“Hello 北京”宣传语。

1. 案例分析

硬件分析：采用直接连接的方式，将LCD1602模块与Arduino UNO采用4位数据线的方式进行连接，即将d0～d3悬空。

软件分析：如果需要显示普通字符，则直接输出即可，如果需要显示一些基础汉字，则需要创建自定义字符，创建自定义字符需要按照点阵字模的方式，推出汉字的编码。

图 4.16 液晶显示广告牌

2. 仿真电路设计

LCD1602模块与Arduino UNO的连接如图4.17所示。将R/W接地，只需写入数据，不用读取LCD状态。VEE信号通过一个电位器接入，用来调节液晶显示的对比度。RS引脚与E引脚分别连接数字引脚8、9。采用4位数据线连接方式，数据线D4、D5、D6、D7分别连接数字引脚4、5、6、7。

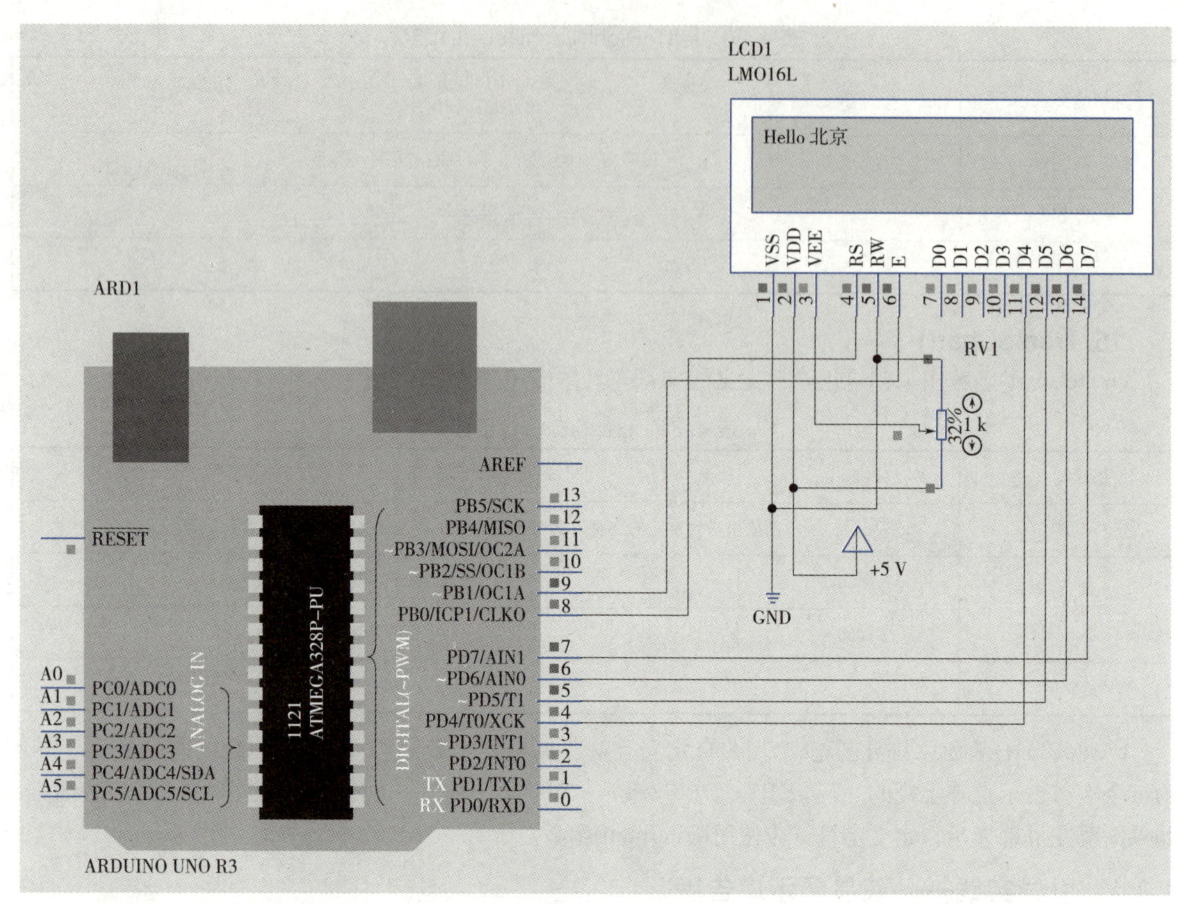

图 4.17 液晶显示广告牌仿真电路设计

3. 程序设计

设计程序实现LCD1602指定内容的显示，如例4.4所示。

例 4.4 液晶显示广告牌。

```
1  #include <LiquidCrystal.h>
2
3  const int rs = 8, en = 9, d4 = 4, d5 = 5, d6 = 6, d7 = 7;
4  LiquidCrystal lcd(rs, en, d4, d5, d6, d7);
5  char str[] = "Hello ";
6  byte bei[8] = {0x0a, 0x0a, 0x0a, 0x1b, 0x0a, 0x0a, 0x0a, 0x1b};
7  byte jing[8] = {0x04, 0x1f, 0x0e, 0x0a, 0x0e, 0x15, 0x15, 0x0c};
8
9  void setup() {
10  lcd.begin(16, 2);
11
12  lcd.createChar(0, bei);
13  lcd.createChar(1, jing);
```

```
14 }
15
16  void loop() {
17  lcd.setCursor(0,0);
18  lcd.print(str);
19  lcd.write(byte(0));
20  lcd.write(1);
21  while(1);
22 }
```

分析:

第1行：定义LCD类库函数的头文件。

第3行：定义LCD1602指定信号连接的数字引脚编号。

第4行：创建LiquidCrystal对象lcd，通过该对象调到类库函数。

第5行：定义写入到LCD的字符串。

第6～7行：定义汉字的编码，每个编码对应1个8字节的数组，数组中的元素为点阵字模对应的十六进制形式。

第10行：初始化操作，设置显示的行与列数。

第12～13行：创建用户自定义的字符，需要使用自定义对应的编码。

第17行：设置在第1行初始位置开始显示。

第18行：将字符串输出到LCD屏幕上。

第19～20行：将自定义字符（汉字）输出到LCD屏幕上。

上文介绍的是LCD1602与Arduino采用直接连接的方式，除此之外，还可以采用IIC总线驱动的方式（间接连接）进行连接，从而节省I/O接口。PCF8574可用于IIC扩展I/O接口，可将串行信号转换为并行信号，连接LCD1602模块。在程序设计时，需要在程序中添加LiquidCrystal_I2C.h库函数，具体函数说明如下。

LiquidCrystal_I2C()函数用来创建1个LiquidCrystal_I2C实例，具体描述如表4.22所示。

表 4.22　LiquidCrystal_I2C() 函数

语法格式	LiquidCrystal_I2C lcd(unit8_t lcd_Addr，unit8_t lcd_cols，unit8_t lcd_rows)	
功能	创建 1 个 LiquidCrystal_I2C 实例	
参数	lcd_Addr	设备地址
	lcd_cols	显示列数
	lcd_rows	显示行数
返回值	无	

init()函数用来执行初始化操作，具体描述如表4.23所示。

表 4.23　init() 函数

语法格式	lcd.init()
功能	初始化操作，在 setup() 函数中使用
参数	无
返回值	无

begin()函数用来设置显示模式，具体描述如表4.24所示。

表 4.24 begin() 函数

语法格式	lcd.begin(unit8_t cols，unit8_t lines，unit8_t dotsize)	
功能	设置显示模式，包括行、列以及字模大小	
参数	cols	显示器可以显示的列数
	lines	显示器可以显示的行数
	dotsize	LCD_5 × 10DOTS 或 LCD_5 × 8DOTS
返回值	无	

backlight()/noBacklight()函数用来打开/关闭液晶背光，具体描述如表4.25所示。

表 4.25 backlight()/noBacklight() 函数

语法格式	lcd.backlight() lcd.noBacklight()
功能	打开或关闭液晶背光，关闭背光时，不显示 打开背光后重新显示，显示原内容不变
参数	无
返回值	无

采用间接连接的方式连接LCD1602，其仿真电路图如图4.18所示。

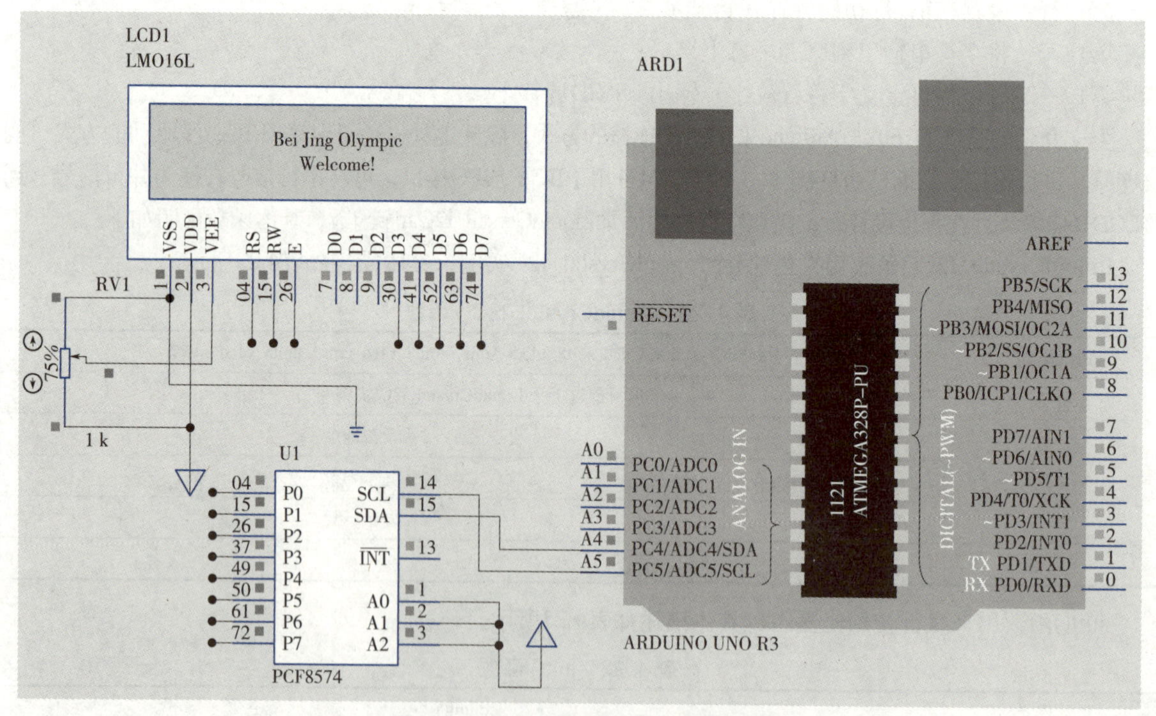

图 4.18 液晶显示广告牌仿真电路图

图4.18中，PCF8574通过IIC总线（SCL、SDA）与Arduino UNO连接；A0、A1、A2直接接+5 V，则设备的IIC地址是默认的0x27，如果在实际的使用中需要连接多个IIC设备，则需要通过这3个地址引脚

为设备设置一个唯一性的地址，以防设备地址冲突；P3～P7分别连接LCD1602的D3～D7引脚，P0～P2分别连接LCD1602的RS、R/W、E引脚。

设计程序实现液晶屏显示，如例4.5所示。

例 4.5　液晶显示广告牌。

```
1 #include <Wire.h>
2 #include <LiquidCrystal_I2C.h>
3
4 LiquidCrystal_I2C lcd(0x27, 16, 2);
5
6 void setup() {
7 lcd.init();
8 }
9
10 void loop() {
11 lcd.setCursor(0, 0);
12 lcd.print("BeiJing Olympic");
13 lcd.setCursor(0, 1);
14 lcd.print("Welcome!");
15 while(1);
16 }
```

分析：

第1行：定义IIC总线类库函数的头文件。

第3行：定义LCD类库函数的头文件。

第4行：构造函数，创建1个LiquidCrystal_I2C实例。

第7行：执行初始化操作。

第11～14行：设置LCD屏幕显示的位置以及内容。

任务 4.4　Arduino 与红外遥控器模块

4.4.1　预备知识——红外遥控器概述

常见的遥控模式有两种：一种是红外遥控模式，如电视遥控器；另一种是射频遥控模式，如防盗报警、汽车遥控等。红外遥控是一种无线、非接触控制技术，具有抗干扰能力强、信息传输可靠、功耗低、成本低等优点。

常见的红外遥控系统由发射部分与接收部分组成。

（1）发射部分

发射部分由指令键、指令编码系统、调制电路、驱动电路、发射电路等组成。当按下指令键时，指令编码电路产生所需的指令编码信号，指令编码信号对载波进行调制，再由驱动电路进行功率放大后由发射电路向外发射经调制的指令编码信号（发射电路采用红外发光二极管发出经过调制的红外光波）。

（2）接收部分

接收部分由接收电路、放大电路、调制电路、指令译码电路、驱动电路、执行电路等组成，接收电路（红外接收二极管）将已调制的编码指令信号接收并进行放大后送解调电路，解调电路执行还原编码信号，指令译码器对指令编码信号进行译码，最后由驱动电路驱动执行电路实现各种指令的操作控制。

红外遥控常用的载波频率为38 kHZ，不影响周边环境，不干扰其他电器设备。由于调制后的脉冲信号无法穿透墙壁，不同空间的家用电器可使用通用的遥控器且不会产生相互干扰。

在同一环境中，通常有多种红外遥控接收设备。因此，要求遥控器发出的信号要按一定的编码传送，防止相互干扰。发送端采用脉冲位置调制方式（使用脉冲时间间隔区分发送的位是0或1），将二进制数字信号调制成某一频率的脉冲序列，并驱动红外发射管以光脉冲的形式发送出去。对应编码芯片，接收端通常会有与之相配对的解码芯片或采用软件解码。红外遥控器的编码格式通常由起始码、用户码、数据码和数据反码组成，编码共占有32位，具体如图4.19所示。

起始码	用户码C0~C7	用户码C0~C7	数据码C0~C7	数据反码$\overline{D0}$~$\overline{D7}$

图 4.19　编码格式

常用的红外遥控器如图4.20所示。一般采用软件解码，通常只读取24位编码数据，即8位第2段用户码，8位数据码，8位数据反码。如读取遥控器的十六进制编码为0xFF42BD，则FF为用户码，42为数据码，BD为数据反码（数据码反相后的编码，用于数据纠错）。

不同的遥控器其键值编码也会存在差异，读者可根据生产厂家提供的数据手册进行查询或编写程序进行测试。图4.26所示的红外遥控器对应的键值编码如表4.26所示。

图 4.20　红外遥控器

表 4.26　键值编码表

<table>
<tr><th>定义</th><th>键值</th><th>定义</th><th>键值</th></tr>
<tr><td>CH-</td><td>FFA25D</td><td>CH</td><td>FF629D</td></tr>
<tr><td>CH+</td><td>FFE21D</td><td>|<<</td><td>FF22DD</td></tr>
<tr><td>>>|</td><td>FF02FD</td><td>>||</td><td>FFC23D</td></tr>
<tr><td>−</td><td>FFE01F</td><td>+</td><td>FFA857</td></tr>
<tr><td>EQ</td><td>FF906F</td><td>0</td><td>FF6897</td></tr>
<tr><td>100+</td><td>FF9867</td><td>200+</td><td>FFB04F</td></tr>
<tr><td>1</td><td>FF30CF</td><td>2</td><td>FF18E7</td></tr>
<tr><td>3</td><td>FF7A85</td><td>4</td><td>FF10EF</td></tr>
<tr><td>5</td><td>FF38C7</td><td>6</td><td>FF5AA5</td></tr>
<tr><td>7</td><td>FF42BD</td><td>8</td><td>FF4AB5</td></tr>
<tr><td>9</td><td>FF52AD</td><td></td><td></td></tr>
</table>

由于红外发光二极管的发射功率较小，红外接收二极管接收到的信号比较微弱。因此，需要增加高增益放大电路。大部分红外接收头都被封装为只有3个引脚的成品，包括电源正极（VDD）、电源负极(GND)、数据输出（VOUT），其成品与内部结构如图4.21所示。

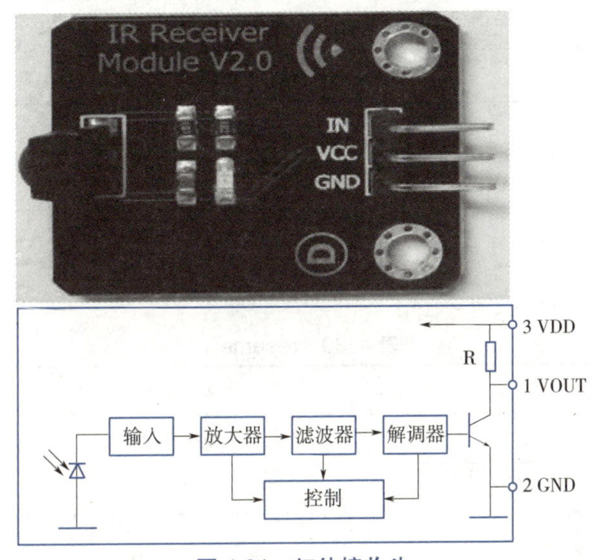

图 4.21 红外接收头

4.4.2 深入学习——红外遥控类库函数

在Arduino IDE中，提供了红外遥控器类库IRrecv，通过类库函数即可完成解码处理，具体如下所示：

1. IRrecv()

IRrecv()函数用来创建1个irrecv实例，具体描述如表4.27所示。

表 4. 27 IRrecv() 函数

语法格式	IRrecv irrecv(irReceiverPin)	
功能	创建 1 个 irrecv 实例，定义与红外接收头连接的 Arduino 引脚	
参数	irReceiverPin	与红外接头连接的 Arduino 引脚编号
返回值	无	

2. decode()

decode()函数用来解码接收的IR消息，具体描述如表4.28所示。

表 4. 28 decode() 函数

语法格式	irrecv.decode(&results)	
功能	解码接收的 IR 消息	
参数	results	存放解码结果
返回值	true 或 false	

3. enableRIn()

enableRIn()函数用来启动红外解码，具体描述如表4.29所示。

表 4. 29 enableRIn()

语法格式	irrecv.enableRIn()
功能	启动红外解码
参数	无
返回值	无

4. resume()

resume()函数继续等待接收下一组信号，具体描述如表4.30所示。

表 4. 30 resume()

语法格式	irrecv.resume()
功能	继续等待接收下一组信号
参数	无
返回值	无

5. blink13()

blink13()函数用来在红外处理中，启动或禁止引脚13闪烁，具体如表4.31所示。

表 4. 31 blink13()

语法格式	blink13(int blinkflag)	
功能	启动 / 禁止引脚 13 闪烁	
参数	blinkflag	1 表示启动闪烁，0 表示禁用闪烁
返回值	无	

4.4.3 引导实践——电视遥控器

电视遥控器（见图4.22）：使用遥控器按下不同按键，对准Arduino连接的红外接收头，在Arduino串口中输出对应的按键的编码，模拟电视遥控器的控制功能。

图 4.22 电视遥控器

1. 案例分析

将红外接收头模块与Arduino开发板进行连接，按下遥控器不同的键后，Arduino进行红外解码操作，并将解码后的编码输出到串口监视器。

2. 电路连接设计

将红外接收头通过面包板按照图4.23所示连接到Arduino开发板上，红外接头引脚1信号输出端连接Arduino数字引脚8，引脚2接Arduino电源地，引脚3接Arduino电源端5 V。

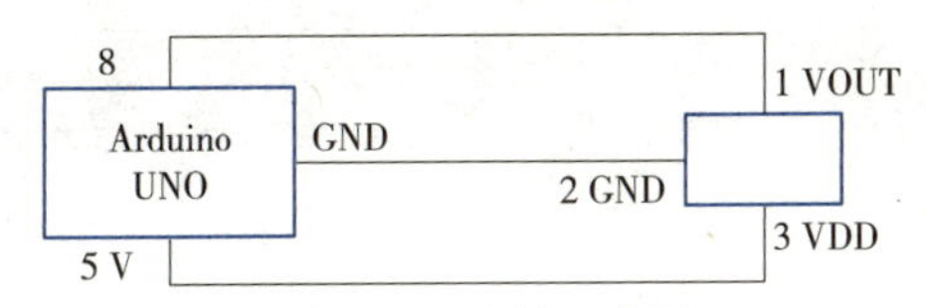

图 4.23 连接示意图

3. 程序设计

编写程序实现接收遥控器按键指令后，通过串口输出按键对应的键值编码，如例4.6所示。

例 4.6 电视遥控器。

```
1  #include <IRremote.h>
2
3  const int irReceiverPin = 8;
4  IRrecv irrecv(irReceiverPin);
5  decode_results results;
6
7  void setup() {
8  Serial.begin(9600);
9  irrecv.enableIRIn();
10 }
11
12  void loop() {
13  if(irrecv.decode(&results)){
14    Serial.println(results.value, HEX);
15    irrecv.resume();
16  }
17  delay(500);
18 }
```

分析：

第1行：定义IRRemote函数库对应的头文件。

第3行：定义红外接收头输出引脚连接的Arduino数字引脚编号。

第4行：构建1个irrecv实例，通过该实例调用类库函数。

第5行：IDE提供的存放解码结果的decode_results类，如该类中的变量value保存的是编码的结果，变量bits保存的是编码的位数，变量decode_type保存的是编码的类型。

第9行：启动红外解码。

第13行：解码接收的IR消息。

第14行：输出解码后的编码。

第15行：继续等待下一次信号。

如图4.24所示，当按下遥控器数字按键1～9后，通过Arduino IDE串口监视器输出的键值编码。

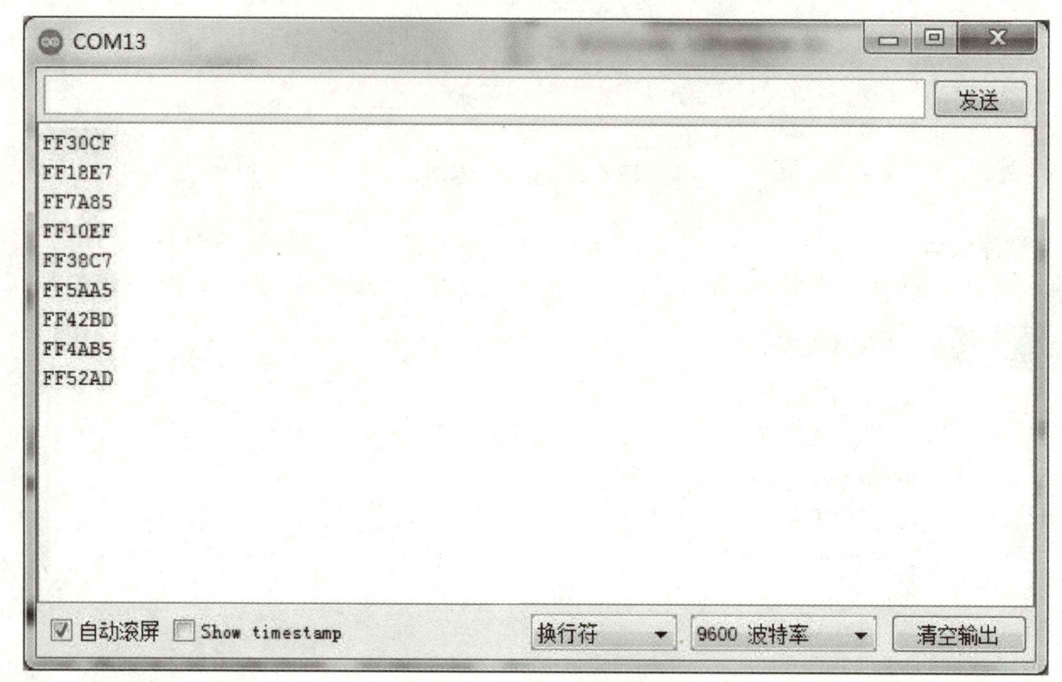

图 4.24 串口监视器输出结果

任务 4.5 Arduino 与红外人体感应模块

4.5.1 预备知识——HC-SR505 模块概述

HC-SR505（见图4.25）是一款基于热释电效应的人体热释运动传感器，可以对人体或动物发出的红外线进行检测。该传感器具有灵敏度高，可靠性强，体积超小，具有超低地电压工作模式等特点，被广泛应用到各类自动感应电器设备中，特别是干电池供电的自动控制产品。

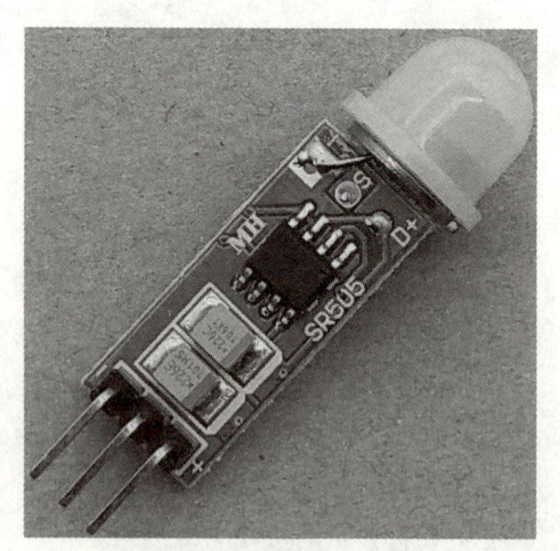

图 4.25 HC-SR505 模块

HC-SR505的产品特点如下：

①全自动感应：人进入其感应范围则输出高电平，人离开感应范围则自动延时关闭高电平，输出低电平。

②可重复触发方式：感应输出高电平后，在延时时间段内，如果有人体在其感应范围内活动，其输出将一直保持高电平，直到人离开后才延时将高电平变为低电平（感应模块检测到人体的每一次活动后会自动顺延一个延时时间段，并且以最后一次活动的时间为延时时间起始点）。

③微功耗：静态电流小于50 μA，特别适合干电池供电的自动控制产品。

④输出高电平信号：可方便与各类电路实现对接。

HC-SR505的技术参数如表4.32所示。

表 4.32　HC-SR505 技术参数

工作电压范围	DC 4.5 ～ 20 V
静态电流	<50 μA
电平输出	高 3.3 V/ 低 0 V
触发方式	可重复触发（默认）
延时时间	默认 8 s±30%
感应角度	<100° 锥角
感应距离	3 m 以内
感应透镜尺寸	直径 10 mm（默认）

4.5.2　引导实践——安全生产警报器

安全生产警报器（见图4.26）：在流水线生产车间，由于机械危险系数高，经常会设立隔离区域，避免员工进入隔离区域产生安全事故，在隔离区域建立安全警报装置，可有效提高员工安全意识。

图 4.26　车间报警装置

1. 案例分析

报警装置采用警示灯的方式进行提醒，通过人体感应模块检测区域范围内是否存在员工。当检测到人进入感应区域，警示灯执行闪烁警示。如果人一直在区域内移动，警示灯则持续循环警示，人离开警示区域后，警示灯一段时间后不再亮起。

2. 电路连接设计

将HC-SR505的电源正极与Arduino开发板5 V相连，电源负极与Arduino开发板GND相连，输出引脚与Arduino开发板数字引脚8连接。

如图4.27所示，Arduino数字引脚与LED灯相连，模拟警示灯的作用。

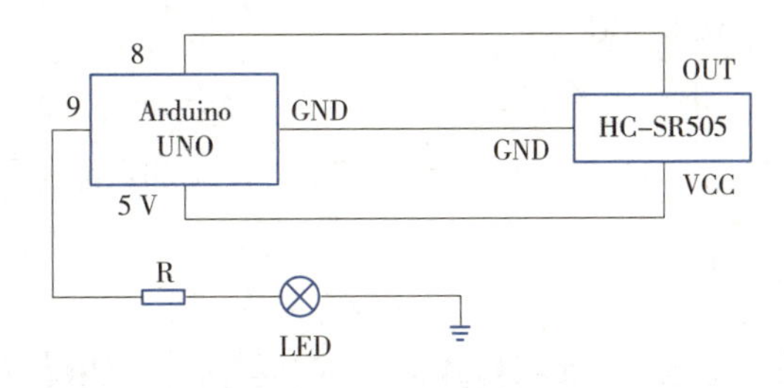

图 4.27　电路连接示意图

3. 程序设计

根据案例分析的设计需求，设计程序如例4.7所示。

例 4.7 安全生产警报器。

```
1  int ledPin = 9;
2  int inPin = 8;
3  int state;
4
5  void setup() {
6  pinMode(ledPin, OUTPUT);
7  pinMode(inPin, INPUT);
8 }
9
10  void loop() {
11  while(1){
12    state = digitalRead(inPin);
13    if(state == HIGH){
14      digitalWrite(ledPin, HIGH);
15      delay(100);
16      digitalWrite(ledPin, LOW);
17      delay(100);
18    }
19    else{
20      digitalWrite(ledPin, LOW);
21      break;
22    }
23  }
24 }
```

分析：

第1～3行：定义连接LED灯、感应模块输出引脚的Arduino数字引脚编号，定义读取引脚状态的变量。

第7行：设置连接感应模块输出引脚的Arduino数字引脚的模式为输入，读取电平状态。

第11行：执行循环操作，读取电平状态。

第12行：读取感应模块输出的电平状态。

第13行：判断读取的状态，状态为高电平，则向LED灯连接的数字引脚输出高低电平，结合第11行while循环，达到闪烁的效果；状态为低电平，则向LED灯连接的数字引脚输出低电平，并跳出循环，LED灯将不再闪烁。

任务 4.6　Arduino与语音识别模块

4.6.1　预备知识——语音识别模块概述

1. 语音识别技术发展

语音识别技术是指机器自动将人的语音的内容转换为计算机可读的输入内容，并通过识别和理解将语音信号转换为相应的文本或命令，也称为自动语音识别（automatic speech recognition，ASR）。

语音识别是一门交叉且非常复杂的学科，其结合了生理学、声学、信号处理、计算机科学、模式识别、语言学等各种学科知识。语音识别技术的发展最早可追溯到20世纪50年代，经历过程如表4.33所示。

表 4.33　语音识别技术发展

1952 年	贝尔实验室首次实现 Audrey 英文数字识别系统，可识别单个数字 0 ~ 9 的发音，同时期普林斯顿相继推出少量词的独立词识别系统
1971 年	美国国防部研究所（DARPA）赞助了五年期限的语音理解研究项目，推动了语音识别的一次大发展，卡耐基梅隆大学研发出 harpy 语音识别系统，能够识别 1 011 个单词
1980 年	语音识别技术从孤立词识别发展到连续词识别，出现了两项非常重要的技术，分别是隐马尔可夫模型与 N-gram 语言模型
1990 年	大词汇量连续词识别持续进步，提出了区分性的模型训练方法 MCE 和 MMI，使得语音识别的精确度日益增高
2009 年	随着深度学习的不断发展，神经网络之父 Hinton 提出深度置信网络（DBN），2009 年，Hinton 与 Mohamed 将深度神经网络应用于语音识别，在小词汇量连续语音识别任务 TIMIT 上获得成功
2015 年	2015 年，百度开放了上百项智能语音专利，与海尔、京东、中兴通讯、中国普天等组建了智能语音知识产权产业联盟，同时 PaddlePaddle、Warp-CTC、百度大脑的开放与开源，对中国语音识别有着潜移默化的影响，成为中国语音识别领域标准的制定者
2019 年	伴随 5G 技术的发展，人工智能技术以及自然语言理解能力的提升，国内科大讯飞、百度、喜马拉雅等公司纷纷在智能语音领域发力，语音识别也不再满足于“语音助手”的功能，在功能上开始向语音对话、内容服务、IoT 设备管理等方向演进，在场景上覆盖家庭、汽车、酒店等，形成以语音交互为切入的生态系统

语音识别技术是近十年来发展最快的技术之一，随着AI的不断发展，深度学习使得语音识别技术得到了质的飞跃，开始从实验室逐步进入工业、通信、汽车、医疗、消费电子产品等各个领域。

2. 分类应用

根据识别对象的不同，语音识别可分为3类，分别是孤立词识别、关键词识别以及连续语音识别。孤立词识别指的是识别事先已知的孤立的词，如“开灯”、“关灯”等；连续语音识别指的是识别任意的连续语音，如一句话或一段话。

根据说话者与识别系统的相关性，语音识别可分为特定人语音识别和非特定人语音识别，前者是只针对某个人或几个人的语音识别技术，如语音身份验证，后者则可以被任何人应用，适合人群更加广泛，如智能机器人。

根据语音设备和通道，语音识别技术可以分为桌面语音识别、电话语音识别和嵌入式设备（手机、PDA等）语音识别。不同的采集通道会使人发音的声学特性发生变形，因此需要构造各自的识别系统。

3. 语音识别技术原理

语音识别采用模块识别的基本框架，主要分为数据准备、特征提取、模型训练、测试应用4大步骤，具体如图4.28所示。

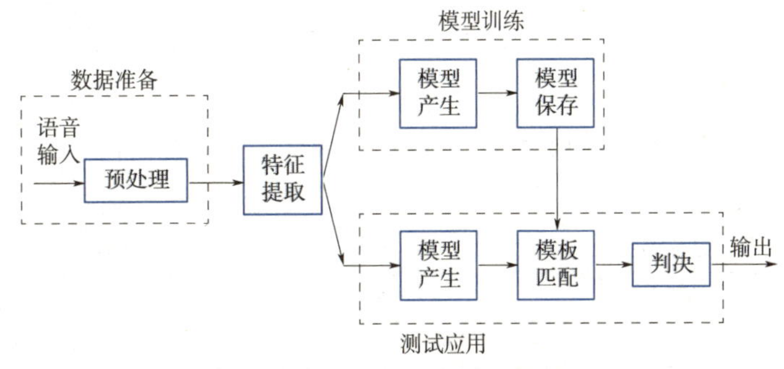

图 4.28　语音识别技术原理

4. LD3320 语音识别模块

LD3320芯片（见图4.29）是一款由ICRoute公司设计生产的基于非特定人语音识别技术的语音识别芯片。该芯片集成了语音识别处理器以及外围电路，包括AD/DA转换器、麦克风接口、声音输出接口等。LD3320不需要外接任何辅助的Flash、RAM、AD芯片，即可完成语音识别功能，每次识别最多可设置50项候选识别句，每个识别句可以是单字、词组或短句，长度不超过10个汉字或79个字节的拼音串。另一方面，识别句内容可以动态编辑修改，因此可支持多种场景。

图 4.29　LD3320 语音识别模块

4.6.2　深入学习——LD3320 模块类库函数

对LD3320模块进行操作需要按照其生产厂商提供的数据手册，编写驱动程序对内部的寄存器进行访问。为了简化操作，第三方提供了LD3320的类库VoiceRecognition，通过类库函数即可实现对LD3320的操作。

1. VoiceRecognition

VoiceRecognition函数为构造函数，具体描述如表4.34所示。

表 4. 34　VoiceRecognition 函数

语法格式	VoiceRecognition voice
功能	创建一个 voice 实例，通过该实例调用封装的函数
参数	无
返回值	无

2. reset()

reset()函数用来对LD3320执行复位操作，具体描述如表4.35所示。

表 4. 35　reset() 函数

语法格式	voice.reset()
功能	复位 LD3320
参数	无
返回值	无

3. init()

init()函数用来启动LD3320模块，具体描述如表4.36所示。

表 4. 36　init() 函数

语法格式	voice.init(unit8_t mic)	
功能	启动模块	
参数	mic	MIC，麦克风输入 /MONO，单声道输入
返回值	无	

4. start()

start()函数用来执行开始识别，具体描述如表4.37所示。

表 4.37　start() 函数

语法格式	voice.start()
功能	开始识别，各参数按默认值设定
参数	无
返回值	true 或 false

5. addCommand()

addCommand()函数用来添加识别命令和指令编号，具体描述如表4.38所示。

表 4.38　addCommand() 函数

语法格式	voice.addCommand(char *pass，int num)	
功能	添加识别命令和编号	
参数	pass	指令内容
	num	指令编号
返回值	无	

6. read()

read()函数用来读取识别结果，具体描述如表4.39所示。

表 4.39　read() 函数

语法格式	voice.read()
功能	读取识别结果
参数	无
返回值	指令编码

7. micVol()

micVol()函数用来调整MIC增益，具体描述如表4.40所示。

表 4.40　micVol() 函数

语法格式	voice.micVol(unit8_t vol)	
功能	调整 MIC 增益，默认值为 85	
参数	vol	0 ~ 127，建议值为 64 ~ 85
返回值	无	

表4.40中，参数vol表示MIC音量，其值越大代表MIC音量越大，识别启动越灵敏，但可能会带来更多误识别；其值越小代表MIC音量越小，需要近距离说话才能启动识别功能，可有效减少远处语音的干扰。

8. speechEndpoint()

speechEndpoint()函数用来调整语音端点检测，具体描述如表4.41所示。

表 4.41 speechEndpoint() 函数

语法格式	voice.speechEndpoint(unit8_t speech_endpoint)	
功能	调整语音端点检测	
参数	speech_endpoint	默认值 16，选择范围为 0 ~ 80，建议值为 10 ~ 40
返回值	无	

表4.41中，该参数为0则所有的语音数据都会被用来执行语音识别的搜索运算；该参数大于0则所有的语音数据都会先经过“语音段”或“静噪音段”的检测，只有“语音段”被用来执行语音识别的搜索运算。选择的原则是语音环境信噪比越大，可以采用的数值越大，调整该参数也会对识别距离产生影响，即数值越小，越灵敏，识别距离越远。

9. speechStartTime()

speechStartTime()函数用来调整语音端点起始时间，具体描述如表4.42所示。

表 4.42 speechStartTime() 函数

语法格式	voice.speechStartTime(unit8_t speech_start_time)	
功能	调整语音端点起始时间	
参数	speech_start_time	默认值为 15，即 150 ms
返回值	无	

表4.42中，参数speech_start_time表示调整语音端点起始时间，即语音的连续时长，该时长用来判定语音是否开始。

10. speechEndTime()

speechEndTime()函数用来调整语音端点结束时间，具体描述如表4.43所示。

表 4.43 speechEndTime() 函数

语法格式	voice.speechEndTime(unit8_t speech_end_time)	
功能	调整语音端点结束时间	
参数	speech_start_time	默认值为 60，即 600 ms
返回值	无	

表4.43中，参数speech_end_time表示当检测到语音数据段之后的语音间隔时间，当间隔时间达到一定时间后，确定为真正的语音结束。

11. voiceMaxLength()

voiceMaxLength()函数用来设定最长语音段时间，具体描述如表4.44所示。

表 4.44 voiceMaxLength() 函数

语法格式	voice.voiceMaxLength(unit8_t voice_max_length)	
功能	设置最长语音段时间，在检测到语音数据段后，允许的语音识别最长时间	
参数	voice_max_length	5 ~ 200，单位为 100 ms
返回值	无	

12. noiseTime()

noiseTime()函数表示上电噪音略过时间，具体描述如表4.45所示。

表 4. 45　voice.noiseTime() 函数

语法格式	voice.noiseTime(unit8_t noise_time)	
功能	上电噪音略过时间，表示略过刚开始录音时的时间，避免引入一些噪音	
参数	noise_time	0 ~ 200，单位为 20 ms
返回值	无	

4.6.3　引导实践——智能语音控制灯

智能语音控制灯（见图4.30）：在智能家居中，语音控制设备非常普遍，通过语音控制室内灯光，实现开关灯操作。

1. 案例分析

LD3320可以采用并行或串行的方式与Arduino进行连接，这里通过SPI协议采用串行接口的方式将LD3320与Arduino进行连接，从而简化引脚连接。程序设计需要添加语音操作指令，再通过指令判断执行对应的操作。

2. 电路连接设计

LD3320与Arduino开发板进行连接，需要使用6个引脚，分别为片选（SCS）、时钟（SDCK）、输入（SDI）、输出（SDO）、复位（RSTB）以及中断（INTB），具体连接如图4.31所示。

图 4.30　声控 LED 台灯

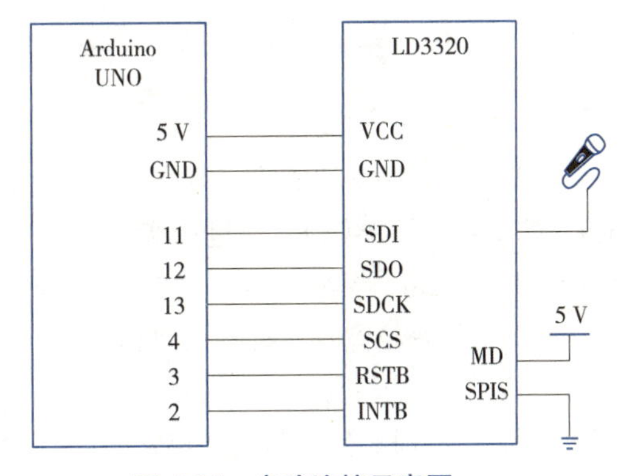

图 4.31　电路连接示意图

3. 程序设计

设计程序实现语音“开灯”、“关灯”控制，具体如例4.8所示（在使用第三方库函数之前，需要为Arduino IDE移植库文件）。

例 4.8　智能语音控制灯。

```
1  #include <ld3320.h>
2
3  VoiceRecognition Voice;
4  int ledPin = 8;
```

```
5
6 void setup() {
7 pinMode(ledPin, OUTPUT);
8 digitalWrite(ledPin, LOW);
9
10  Voice.init();
11  Voice.addCommand("kai deng", 0);
12  Voice.addCommand("guan deng", 1);
13  Voice.start();
14 }
15
16  void loop() {
17  switch(Voice.read()){
18    case 0:
19      digitalWrite(ledPin, HIGH);
20      break;
21    case 1:
22      digitalWrite(ledPin, LOW);
23      break;
24    default:
25      break;
26  }
27 }
```

分析：

第1行：LD3320模块支持的第三方类库头文件。

第3行：定义1个Voice实例，通过该实例访问类库函数。

第10行：初始化启动模块。

第11～12行：添加语音识别的开关灯指令。

第13行：执行开始识别。

第17～26行：通过语音编号执行具体的开关灯操作。

任务 4.7 Arduino 与手势识别模块

4.7.1 预备知识——手势识别模块概述

人机交互技术逐步从以计算机为中心转移到以人为中心，其中手势识别技术已广泛应用于计算机、手机等电子设备，即通过运用计算机某种手段分析出每个手势的具体含义，进而获知手势发起者的整个表达，以达到实现人机交互的目的。

手势识别按照其复杂程度可以分为3个等级，分别为静态二维手势识别、动态二维手势识别、三维手势识别。

静态二维手势识别也可称为是静态手势识别，是识别手势中最简单的一类，其重要的技术特征是只能识别手势的“状态”，不能感知手势的“持续变化”。

动态二维手势识别拥有了动态的特征，可以追踪手势的运动，进而识别将手势和手部运动结合在一起的复杂动作，真正将手势识别的范围拓展到二维平面。

三维手势识别需要输入的是包含有深度（z坐标）的信息，可以识别各种手势和动作。

APDS9960是一个体积很小的传感器，其集成了非接触手势检测、接近检测、数字环境亮度检测、色彩检测等功能。手势检测利用4个方向的光电二极管检测反射的IR能量（由集成LED产生），将物理运动信息（即速度、方向、距离）转换为数字信息，可以准确地检测简单的上、下、左、右手势或更加复杂的手势。接近检测功能通过光电二极管检测反射的IR能量提供距离测量，检测与释放时间通过中断实现，且每当接近结果跨越上限或下限阈值设置时产生。数字环境亮度与色彩检测功能可提供红色、绿色、蓝色光强度数据。

APDS9960传感器模块，添加了部分外部工作电路，同时将管脚引出，以便于接线使用，如图4.32所示。

图 4.32　APDS9960 传感器模块

该传感器模块的引脚说明如表4.46所示。

表 4.46　传感器模块引脚说明

引　　脚	说　　明
VL	如果 PS 跳线已经连接，则 VL 引脚无须连接 3.3 V 电源；如果 PS 跳线断开，则需要给 VL 引脚连接外接电源
GND	接地
VCC	供电电源 2.4 ~ 3.6 V
SDA	IIC 数据线
SCL	IIC 时钟线
INT	外部中断引脚，低电平有效

4.7.2　深入学习——APDS9960 模块类库函数

Arduino IDE提供了手势模块APDS9960的类库Arduino_APDS9960，类库函数的头文件为Arduino_APDS9960，函数说明具体如下：

1. APDS9960()

APDS9960()函数用来构建1个实例，具体描述如表4.47所示。

表 4.47　APDS9960() 函数

语法格式	APDS9960 apds(TwoWire& Wire，int intPin)
功能	构建 1 个 apds 实例，通过该实例调用类库函数
参数	–
返回值	无

在Arduino_APDS9960类库中，将实例重新声明为APDS，因此在程序设计时可省略APDS9960()构建函数的操作，直接使用实例APDS即可。

2. begin()

begin()函数用来初始化APDS9960手势传感器，具体描述如表4.48所示。

表 4.48 begin() 函数

语法格式	APDS.begin()
功能	初始化 APDS9960 手势传感器
参数	无
返回值	1（success）或 0（failure）

3. end()

end()函数用来停用APDS9960手势传感器，具体描述如表4.49所示。

表 4.49 end() 函数

语法格式	APDS.end()
功能	停用 APDS9960 手势传感器
参数	无
返回值	无

4. gestureAvailable()

gestureAvailable()函数用来检测传感器是否检测到手势，具体描述如表4.50所示。

表 4.50 gestureAvailable() 函数

语法格式	APDS.gestureAvailable()
功能	检测传感器是否检测到手势，如果检测到手势，则可以调用读取检测的函数执行读取，在第 1 次调用该函数时表示启动手势传感器
参数	无
返回值	1（检测到手势）或 0

5. readGesture()

readGesture()函数用来读取从传感器检测到的手势，具体描述如表4.51所示。

表 4.51 readGesture() 函数

语法格式	APDS.readGesture()
功能	读取从传感器检测到的手势
参数	无
返回值	GESTURE_UP，“向上”手势
	GESTURE_DOWN，“向下”手势
	GESTURE_LEFT，“向左”手势
	GESTURE_RIGHT，“向右”手势
	GESTURE_NONE，手势不匹配

6. colorAvailable()

colorAvailable()函数用来检测传感器是否提供颜色读数，具体描述如表4.52所示。

表 4.52 colorAvailable() 函数

语法格式	APDS.colorAvailable()
功能	检测传感器是否提供颜色读数，如果提供，可以调用读取函数检索颜色读数，在第 1 次调用该函数时表示启用颜色传感器
参数	无
返回值	1（读取到颜色读数）或 0

7. readColor()

readColor()函数用来检索从传感器读取的颜色，具体描述如表4.53所示。

表 4.53 readColor() 函数

语法格式	APDS.readColor(int r，int g，int b) APDS.readColor(int r，int g，int b，int a)	
功能	检索从传感器读取的颜色	
参数	r	保存读取颜色的红色分量
	g	保存读取颜色的绿色分量
	b	保存读取颜色的蓝色分量
	a	环境光强度
返回值	无	

8. proximityAvailable()

proximityAvailable()函数用来检测传感器是否提供接近读数，具体描述如表4.54所示。

表 4.54 proximityAvailable() 函数

语法格式	APDS.proximityAvailable()
功能	检测传感器是否提供接近读数，如果提供，可以调用读取函数检索接近读数，在第 1 次调用该函数时表示启用接近传感器
参数	无
返回值	1（读取到接近读数）或 0

9. readProximity()

readProximity()函数用来从传感器获取接近度读数，具体描述如表4.55所示。

表 4.55 readProximity() 函数

语法格式	APDS.readProximity()
功能	从传感器获取接近度读数
参数	无
返回值	0 ~ 255 或 −1，0 表示最近，255 表示最远，−1 表示失败

10. setGestureSensitivity()

setGestureSensitivity()函数用来设置APDS9960手势传感器灵敏度，具体描述如表4.56所示。

表 4.56 setGestureSensitivity() 函数

语法格式	APDS.setGestureSensitivity(unit8_t sensitivity)	
功能	设置 APDS9960 手势传感器灵敏度	
参数	sensitivity	1 ~ 100，值越大，手势识别越灵敏，精确度越低，默认值为 80
返回值	无	

11. setInterruptPin()

setInterruptPin()函数用来设置APDS9960芯片中断引脚，具体描述如表4.57所示。

表 4.57 setInterruptPin() 函数

语法格式	APDS.setInterruptPin(int pin)	
功能	设置 APDS9960 芯片连接的中断引脚，如果未设置或未自动找到中断引脚，也会读取传感器，手动设置中断引脚（如果未自动找到）可提高性能	
参数	pin	连接芯片的 Arduino 开发板引脚编号，如果未连接，该值为 -1
返回值	无	

12. setLEDBoost()

setLEDBoost()函数用来设置APDS LED升压，增加传感器红外LED发射器的功率，具体描述如表4.58所示。

表 4.58 setLEDBoost() 函数

语法格式	APDS.setLEDBoost(unit8_t boost)	
功能	增加传感器红外 LED 发射器的功率，最多可设置标称功率的 3 倍	
参数	boost	0 ~ 3，0 表示默认，1 表示提升至 150%，2 表示提升至 200%，3 表示提升至 300%
返回值	1（success）或 0（failure）	

4.7.3 引导实践——手势控制器

手势控制器：检测手势变化，并通过LCD屏幕显示手势动作，可将该控制器与其他模块结合实现特定应用场合的设备，如结合舵机模块可实现手势控制舵机，结合蓝牙模块可实现手势控制音视频播放，无线手势识别器如图4.33所示。

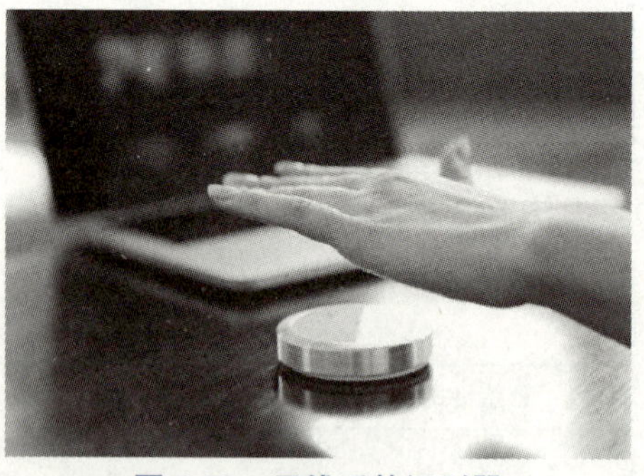

图 4.33 无线手势识别器

1. 案例分析

Arduino UNO与手势识别模块采用IIC通信连接，手势识别模块完成手势识别，即向左、向右、向下、向上。LCD1602模块可采用直接或间接的方式与Arduino UNO进行连接，通过LCD屏显示每次手势动作。

2. 电路连接设计

LCD1602模块与Arduino UNO采用直接连接（四线）的方式进行连接。将R/W接地，只需写入数据，不用读取LCD状态。VEE信号通过一个电位器接入，用来调节液晶显示的对比度。RS引脚与E引脚分别连接数字引脚8、9。采用4位数据线连接方式，数据线D4、D5、D6、D7分别连接数字引脚4、5、6、7，电路连接示意图如图4.34所示。

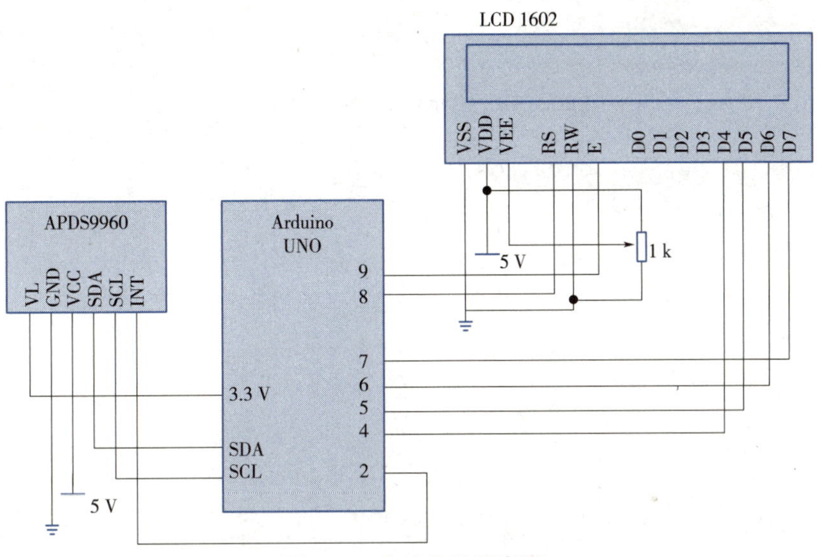

图 4.34 电路连接示意图

APDS9960手势识别模块与Arduino UNO采用IIC通信协议进行通信，其消耗1 μA电流并由3.3 V供电（特别注意），同时VL引脚连接3.3 V电源（PS跳线为断开状态，反之该引脚无须连接），INT引脚连接Arduino UNO中断引脚，用于驱动IIC通信。

3. 程序设计

设计程序如例4.9所示。

例 4.9 手势控制器。

```
1  #include <LiquidCrystal.h>
2  #include <Arduino_APDS9960.h>
3  #include <Wire.h>
4
5  const int rs = 8, en = 9, d4 = 4, d5 = 5, d6 = 6, d7 = 7;
6  LiquidCrystal lcd(rs, en, d4, d5, d6, d7);
7  char str[] = "APDS9960";
8
9  void setup() {
10  lcd.begin(16, 2);
11  APDS.begin();
12  APDS.setGestureSensitivity(85);
13  APDS.setInterruptPin(2);
14 }
15
16  void loop() {
17  lcd.setCursor(0, 0);
18  lcd.print(str);
19
```

```
20 lcd.setCursor(0, 1);
21 if(APDS.gestureAvailable()){
22   uint8_t gesture = APDS.readGesture();
23   switch(gesture){
24     case GESTURE_UP:
25       lcd.print("up");
26       break;
27     case GESTURE_DOWN:
28       lcd.print("down");
29       break;
30     case GESTURE_LEFT:
31       lcd.print("left");
32       break;
33     case GESTURE_RIGHT:
34       lcd.print("right");
35       break;
36     default:
37       break;
38   }
39 }
40 }
```

分析：

第1～3行：声明LCD1602、APDS9960以及IIC总线使用的类库对应的头文件。

第5～6行：定义LCD1602连接的引脚，并通过构造函数创建1个实例。

第10行：初始化LCD，设置显示模式，如行数与列数。

第11行：初始化APDS9960手势模块。

第12行：设置APDS9960手势传感器灵敏度。

第13行：设置APDS9960手势模块连接Arduino的中断引脚编号。

第17行：设置LCD屏幕开始显示的位置。

第21行：判断传感器是否检测到手势。

第22行：如果检测到手势，则读取检测到的手势。

第23～38行：根据读取的手势，执行LCD屏幕显示。

任务 4.8　上机实践——“表情包”机器人

4.8.1　实验介绍

1. 实验目的

通过Arduino开发板实现机器人的表情互动功能：手势控制可以实现对机器人表情的切换，LED灯点阵模块完成表情的显示，LCD屏幕完成对应表情的信息输出。

2. 需求分析

通过手势控制模块实现手势感应，手势分为向上、向下、向左以及向右。执行向上手势开启表情显示，向左与向右表示切换到上一个表情或下一个表情，向下则关闭表情显示。每显示一个表情，LCD都将输出对应的表情信息，如图4.35所示。

图 4.35 机器人表情显示

3. 实验器件

- Arduino UNO开发板：1个。
- APDS9960手势识别模块：1个。
- 8 × 8LED灯点阵模块：1个。
- LCD1602模块：1个。
- 74HC595位移寄存器：2个。
- 面包板：1个。
- 杜邦线：若干。
- 220欧限流电阻：若干。

4.8.2 实验引导

本实验显示部分由2个重要模块组成，分别为LED灯点阵模块与LCD1602模块，二者的显示控制都由手势控制模块完成。LED点阵模块采用直接连接的方式与Arduino UNO开发板连接。LCD1602模块采用串行控制的方式与Arduino UNO进行连接，需要使用2个74HC595移位寄存器，实现对LED点阵模块显示“行”与“列”的控制。APDS9960手势模块通过IIC总线与Arduino UNO进行通信。使用Protues搭建仿真电路，电路设计如图4.36所示。

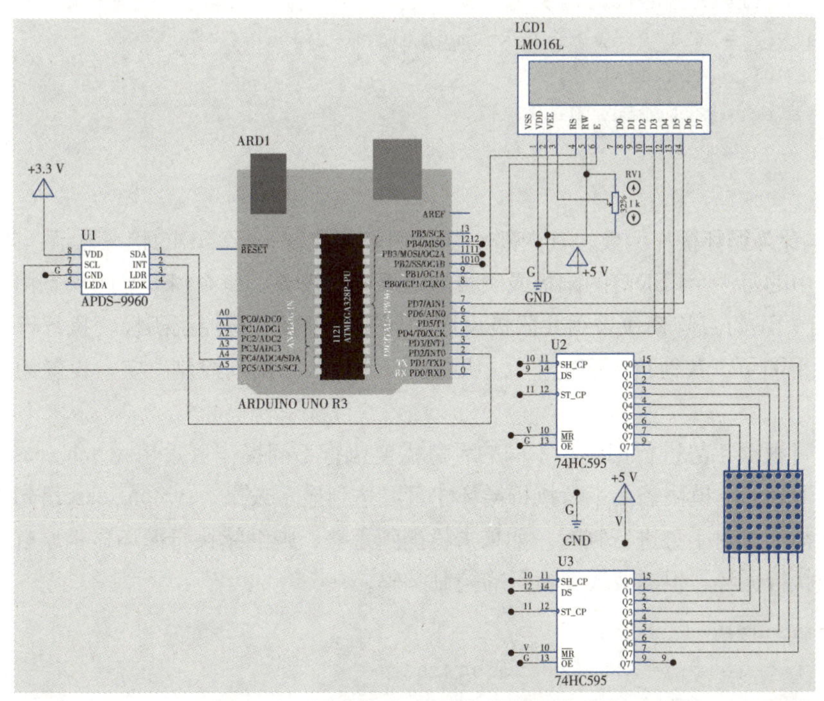

图 4.36 “表情包”机器人仿真电路设计

4.8.3 软件分析

程序设计的核心为实现LED点阵模块与LCD1602模块的显示。由于LED点阵模块显示采用了串行控制技术，每次显示只能显示点阵模块的一行，为了达到整个表情的显示，需要采用循环的方式，不断输出每一行LED灯状态。因此，需要将LED灯点阵模块的显示操作设计到循环中，如下所示：

```
void loop() {
  int i;
  for(i = 0; i < 8; i++){
    digitalWrite(RCK_Pin, 0);   //设置输出锁存信号为低电平

    shiftOut(...列控制编码...);   //列控制
    shiftOut(...行控制编码...);   //行控制

    digitalWrite(RCK_Pin, 1);   //设置输出锁存信号为高电平
    delay(5);
  }
}
void shiftOut(byte myData){
  int i = 0;
  digitalWrite(SDI_Pin, 0);
  digitalWrite(SCK_Pin, 0);

  for(i = 7; i >= 0;  i--){
    digitalWrite(SCK_Pin, 0);
    digitalWrite(SDI_Pin, bitRead(myData, 7-i));
    digitalWrite(SCK_Pin, 1);
    digitalWrite(SDI_Pin, 0);
  }
}
```

loop()函数本身为循环操作函数，其内部for循环用来实现每一行LED的状态显示，共8行。shiftOut()函数用来对一行中的每一个LED灯的阳极或阴极的电平进行设置（每个LED灯的状态由阳极与阴极电平共同确定）。由于LED灯点阵模块采用共阴极设计，列控制阳极，行控制阴极，执行行控制只需将一行全部设置为低电平即可（其他行为高电平），从而使LED灯状态由列控制决定，设置为高则灯亮，反之灯灭。

机器人表情可根据手势进行切换，不同的手势需要执行不同操作（采用switch...case语句），结合上文分析可知，LED灯点阵模块需要不断执行循环才可以达到显示效果，switch...case语句需要添加在循环操作中，每一次循环都对手势进行判断。如果未检测到手势，则继续执行循环显示原有内容，如果检测到手势同样继续执行循环，但需要改变执行的控制编码。

```
if(APDS.gestureAvailable()){
    uint8_t gesture = APDS.readGesture();
    switch(gesture){
```

```
        case GESTURE_UP:
          break;
        case GESTURE_DOWN:
          ...改变控制编码...;
            ...输出lcd信息...;
          break;
        case GESTURE_LEFT:
          ...改变控制编码...;
            ...输出lcd信息...;
          break;
        case GESTURE_RIGHT:
          ...改变控制编码...;
            ...输出lcd信息...;
          break;
        default:
          break;
      }
    }
```

上述操作同样需要添加到循环中，通过对手势判断改变控制编码，同时在分支操作中，添加LCD信息输出。无论是实现LED灯点阵模块显示或是手势控制，都需要控制编码，控制编码封装为二维数组，如下所示：

```
int expression[6][8] = {{B11111111,B10000001,B10100101,B11011011,  //微笑
                          B10100101,B10011001,B10000001,B11111111},
                         {B11111111,B10000001,B10100101,B11011011,  //伤心
                          B10011001,B10100101,B10000001,B11111111},
                         {B11111111,B10000001,B10100101,B11011011,  //平静
                         B10000001,B10111101,B10000001,B11111111},
                         {B11111111,B10000001,B11000011,B11100111,  //生气
                          B10011001,B10100101,B10000001,B11111111},
                         {B11111111,B10000001,B10100101,B11011011,  //睡觉
                          B10011001,B10100101,B10000001,B11111111},
                         {B00000000,B00000000,B00000000,B00000000,  //无表情
                          B00000000,B00000000,B00000000,B00000000},
                         };
```

如需更多的表情，只需在上述数组添加控制码即可。

4.8.4 程序设计

结合上文中的软件分析，设计程序如例4.10所示。

例 4.10 “表情包”机器人。

```
1  #include <LiquidCrystal.h>
2  #include <Arduino_APDS9960.h>
```

```
3  #include <Wire.h>
4
5  int SCK_Pin = 10;
6  int RCK_Pin = 11;
7  int SDI_Pin = 12;
8
9  int expr = 0;
10  int expression[6][8] = {{B11111111,B10000001,B10100101,B11011011,  //Smile
11                         B10100101,B10011001,B10000001,B11111111},
12                         {B11111111,B10000001,B10100101,B11011011,  //Sad
13                         B10011001,B10100101,B10000001,B11111111},
14                         {B11111111,B10000001,B10100101,B11011011,  //Calm
15                         B10000001,B10111101,B10000001,B11111111},
16                         {B11111111,B10000001,B11000011,B11100111,  //Angry
17                         B10011001,B10100101,B10000001,B11111111},
18                         {B11111111,B10000001,B10100101,B11011011,  //Sleep
19                         B10011001,B10100101,B10000001,B11111111},
20                         {B00000000,B00000000,B00000000,B00000000,  //close
21                         B00000000,B00000000,B00000000,B00000000},
22                         };
23  const int rs = 8, en = 9, d4 = 4, d5 = 5, d6 = 6, d7 = 7;
24  LiquidCrystal lcd(rs, en, d4, d5, d6, d7);
25  char str[] = "APDS9960";
26
27  void setup() {
28  /*LED灯矩阵 设置连接74HC595移位寄存器的引脚模式*/
29  pinMode(SCK_Pin, OUTPUT);
30  pinMode(RCK_Pin, OUTPUT);
31  pinMode(SDI_Pin, OUTPUT);
32  /*LCD1602*/
33  lcd.begin(16, 2);
34  /*手势模块*/
35  APDS.begin();
36  APDS.setGestureSensitivity(85);
37  APDS.setInterruptPin(2);
38
39  while(APDS.gestureAvailable()){
40  uint8_t gesture = APDS.readGesture();
41  if(gesture == GESTURE_UP){
42    lcd.setCursor(0, 0);
43    lcd.print(str);
44    break;
45  }
```

```
46  }
47
48 }
49  void loop() {
50  int col = 0x1;
51  int i;
52  for(i = 0; i < 8; i++){
53    digitalWrite(RCK_Pin, 0);  //设置输出锁存信号为低电平
54
55    shiftOut(expression[expr][i]);  //列控制
56    shiftOut(~(col << (7-i)));  //行控制
57
58    digitalWrite(RCK_Pin, 1);  //设置输出锁存信号为高电平
59    delay(5);
60  }
61
62  if(APDS.gestureAvailable()){
63    uint8_t gesture = APDS.readGesture();
64    switch(gesture){
65      case GESTURE_UP:
66        break;
67      case GESTURE_DOWN:
68        expr = 5;
69    Show(expr);
70        break;
71      case GESTURE_LEFT:
72        expr -= 1;
73    if(expr < 0){
74      expr = 4;
75    }
76    Show(expr);
77        break;
78      case GESTURE_RIGHT:
79        expr += 1;
80    if(expr == 5){
81      expr = 0;
82    }
83    Show(expr);
84        break;
85      default:
86        break;
87    }
88  }
```

```
89}
90  void Show(int arg){
91  lcd.setCursor(0, 1);
92  if(arg == 0){
93    lcd.print("Smile");
94  }
95  else if(arg == 1){
96    lcd.print("Sad");
97  }
98  else if(arg == 2){
99    lcd.print("Calm");
100  }
101  else if(arg == 3){
102    lcd.print("Angry");
103  }
104  else if(arg == 4){
105    lcd.print("Sleep");
106  }
107 }
108  void shiftOut(byte myData){
109  int i = 0;
110  digitalWrite(SDI_Pin, 0);
111  digitalWrite(SCK_Pin, 0);
112
113  for(i = 7; i >= 0;  i--){
114    digitalWrite(SCK_Pin, 0);
115    digitalWrite(SDI_Pin, bitRead(myData, 7-i));
116    digitalWrite(SCK_Pin, 1);
117    digitalWrite(SDI_Pin, 0);
118  }
119 }
```

分析：

第5～7行：设置输入时钟、输出锁存时钟、串行输入数据3个接口连接的数字引脚。

第10～22行：定义LED点阵模块的控制编码，分别为微笑、伤心、平静、生气、睡觉以及不显示表情。

第23～24行：定义LCD1602的连接引脚，通过构造函数创建实例。

第29～31行：设置连接74HC595移位寄存器的引脚的工作模式。

第35～37行：初始化APDS9960手势模块，设置手势模块的灵敏度，设置连接的中断引脚编号。

第39～46行：第一次执行手势识别，只有执行向上手势时，程序才能执行显示，表示打开表情。

第49～89行：执行循环，通过LED点阵模块显示表情，如果检测到手势，改变控制编码，LCD屏显示通过Show()函数实现。

第90～107行：根据不同的手势，输出对应的LCD信息。

第108～118行：串行输出LED点阵模块每一行LED灯阳极或阴极的电平。

4.8.5　总结分析

本次上机实践设计的“表情包”机器人，模拟实现了市面上商用机器人的部分功能，通过用户手势与机器人建立联系，进而控制机器人得到表情反馈。该产品的一些其他功能有待开发，如语音识别互动、红外遥控机器人完成指令动作，也可以加入闹钟计时功能。在目前掌握的技术情况下，仍然无法实现机器人更多的动态互动，读者可以在掌握更多接口技术以及模块的情况下，对该产品进行二次开发，使其更加具有现实功能。

单元小结

本单元主要结合Arduino开发板介绍了各种常见的人机交互模块的使用，包括数码管、LED灯点阵模块、LCD1602液晶显示模块、红外遥控器模块、红外人体感应模块、语音与手势识别模块。针对这些模块，本单元主要对其原理以及函数操作进行了详细的介绍，并通过实际项目案例展示帮助读者快速掌握模块的使用。读者需要在掌握模块工作原理的情况下，熟练函数接口的使用，结合已有的项目案例，实现二次开发或设计更多的产品进行练习。

习　题

1. 填空题

（1）按照发光二极管的连接方式的不同，可以将数码管分为______与______。

（2）数码管静态驱动指的是采用______驱动的方式，每个数码管的每一个字段都由一个单独的______进行驱动。

（3）LCD1602 类库函数中，构造函数为______。

（4）红外遥控器的编码格式通常由______、______、______和______组成，编码共占 32 位。

2. 选择题

（1）以下哪个 LCD1602 类库函数用来设置显示光标的位置（　　）。

A. begin()　　B. home()

C. setCursor()　　D. print()

（2）以下哪个红外遥控类库函数为构造函数（　　）。

A. IRrecv()　　B. decode()

C. enableRIn()　　D. resume()

（3）以下不属于红外人体感应模块 HC-SR505 特性的是（　　）。

A. 全自动感应　　B. 可重复触发方式

C. 微功耗　　D. 输出低电平信号

（4）LED 点阵模块采用行共阳极、列共阴极的接法，如果为列输出控制则需要使行线输出（　　）电平，列线输出（　　）电平灯亮，输出（　　）电平灯灭。

A. 高、高、低　　B. 高、低、高

C. 低、高、低　　D. 低、低、高

（5）以下哪个 APDS9960 类库函数用来检测传感器检测到手势运动（　　）。

A. gestureAvailable()　　B. colorAvailable()

C. proximityAvailable()　　D. setGestureSensitivity()

3. 思考题

（1）简述数码管的工作原理。

（2）简述数码管的静态与动态驱动方式。

（3）简述移位寄存器 74HC595 的工作原理。

（4）简述自动语音识别的分类。

4. 编程题

编写 Arduino 程序通过数码管实现计时秒表的功能（秒表计时最大为 1min），当按键 1 按下时启动计时功能，当按键 1 再次按下时继续计时功能，当按键 2 按下时计时清零（自行构建硬件环境）。

第 5 单元

Arduino 与电机模块

学习目标

◎了解电机模块的工作原理

◎熟悉模块相关的类库函数

◎熟练掌握模块应用案例

◎掌握上机实践案例

电机模块主要分为3种，分别为直流电机、步进电机以及舵机。这3种电机根据其各自的特点可应用在不同的场合，如直流电机可作为驱动单元驱动风扇、小车等。Arduino IDE为电机模块提供了各种类库，通过这些类库函数即可实现电机的控制。本单元将主要介绍电机模块的驱动原理以及类库的使用，并设计对应的案例实现电机模块的应用。

任务 5.1　Arduino 与直流电机

5.1.1　预备知识——直流电机的工作原理

直流电机（见图5.1）指的是将直流电能转换为机械能（直流电动机）或将机械能转换为直流电能（直流发电机）的旋转电机。本节介绍的是直流电动机，即将电能转换为机械能。

图 5.1　小型直流电机

直流电机的结构由定子与转子组成，直流电机运行时，静止不动的部分为定子，定子的主要作用是产生磁场，由机座、主磁极、换向极、端盖、电刷装置等组成；转动的部分称为转子，其主要作用是产生电磁转矩和感应电动势，是直流电机进行能量转换的枢纽，因此又称为电枢，由转轴、电枢铁芯、电枢绕组、换向器和风扇等组成。

直流电机根据通电流的导体在磁场中会受力的原理进行工作。电动机的转子上绕有线圈，通入电流，定子作为磁场线圈也通入电流，产生定子磁场，通电流的转子线圈（转子电流通过整流子上的碳刷连接到直流电源）在定子磁场中产生点动力，推动转子旋转。直流电动机按励磁方式分为永磁、他励以及自励3类，其中自励又分为并励、串励和复励3种。

直流电机调速可以有3种方式，分别为改变电机两端电压、串联调节电阻（电位器）以及改变磁通量，通常情况下，采用前两种方式便于调试和使用。电压调速可采用Arduino的模拟I/O引脚（即PWM）控制直流电机的输入电压，输入不同占空比的方波，改变直流电机电枢两端的电压，即可改变直流电机的转速。串联调节电阻即采用电位器与直流电机进行连接，当电位器的两个固定端点之间外加1个电压时，通过转动或滑动系统，改变触点在电阻体上的位置，在触点与固定端点之间，便可得到1个与触点位置成一定关系的电压，因此通过调节电位器即可实现直流电动机调速。

5.1.2 深入学习——霍尔传感器

霍尔效应是电磁效应的一种，由美国物理学家霍尔于1879年在研究金属的导电机制时发现，具体指的是当电流垂直于外磁场通过半导体时，载流子发生偏转，垂直于电流和磁场的方向会产生一附加电场，从而在半导体的两端产生电势差。

图 5.2 霍尔开关器件

霍尔传感器是根据霍尔效应制作的一种磁场传感器，可分为线型霍尔传感器和开关型霍尔传感器。开关型霍尔传感器由稳压器、霍尔元件、差分放大器、斯密特触发器和输出级组成，其输出数字量。线型霍尔传感器由霍尔元件、线性放大器和射极跟随器组成，其输出模拟量。霍尔线性器件具有精度高、线性度好的特点，霍尔开关器件（见图5.2）具有无触点、无磨损、输出波形清晰、无抖动、无回跳、位置重复精度高（可达μm级）的特点。霍尔开关器件多数采用3个引脚，分别为电源、地、输出引脚。

霍尔传感器的应用可分为直接应用和间接应用，前者指的是直接检测出受检测对象本身的磁场或磁特性，后者指的是检测受检测对象上人为设置的磁场。通过将这个磁场作为被检测的信息载体，可以把许多非电、非磁的物理量（如力矩、压力、速度、加速度、转速等）转变为电量进行检测和控制。例如，将开关型霍尔传感器按预定位置规律地布置到轨道上，当装有永磁体的物体经过传感器时，可以从测量电路上得到一个脉冲信号，根据脉冲信号的分布可以测出物体的运动速度。

5.1.3 引导实践——Mini 风扇

Mini风扇（见图5.3）：通过将直流电机实现Mini风扇，并且可以手动调节风扇转速，同时可记录风扇当前的转速。

图 5.3 Mini 电风扇

1. 案例分析

将1个风扇叶固定到直流电机的转轴上，在风扇叶上放置1块磁铁，随着电机的转动，当霍尔开关传感器检测到磁铁时，其输出引脚产生1个脉冲信号，通过软件对脉冲进行计数，即可测得电机的转速。同时将电位器与Arduino开发板进行连接，Arduino读取电位器的模拟输入电压值，并将该值转换为PWM值输出到电机控制端，即可实现调速功能。

2. 电路连接设计

一般情况下，单片机的引脚输出电流较低，无法直接驱动电机、继电器或电磁阀，否则可能造成器件烧坏。因此，Arduino需要通过一些驱动芯片与直流电机进行连接，常用的驱动芯片或模块有三极管、L9110、L298N等，这里选择ULN2003作为驱动芯片。

ULN2003芯片是高耐压、大电流复合晶体管阵列，由7个硅NPN复合晶体管（达林顿管）组成，其内部结构与引脚如图5.4所示。

引脚1～7表示脉冲输入端；引脚10～16表示输出端，且分别与输入端对应（如引脚10对应输入端引脚7）；引脚9为内部7个续流二极管负极的公共端，各二极管的正极分别接各达林顿管的集电极，当用于感性负载（如变压器、电动机等）时，该引脚接负载电源正极，实现续流作用。ULN2003内部的7个硅NPN复合晶体管电路如图5.5所示。

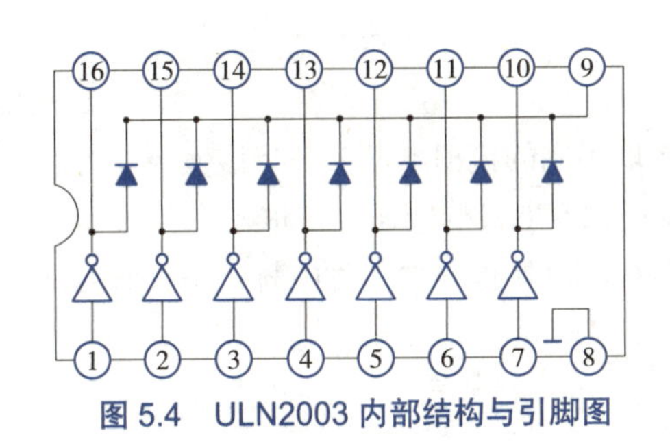

图 5.4 ULN2003 内部结构与引脚图

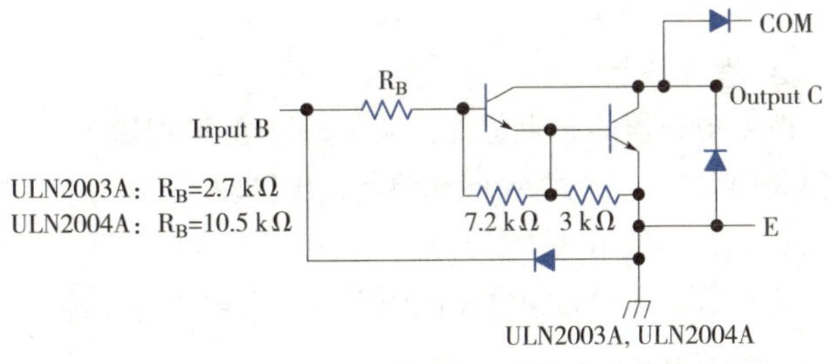

图 5.5 复合晶体管电路

ULN2003的主要功能为放大电流，增加驱动能力。同时ULN2003也是1个7路反向器电路，即当输入端为高电平时，输出端为低电平；当输入端为低电平时，输出端为高电平。

综上所述，将驱动电机与连接直流电源另一端连接ULN2003输出端，将ULN2003输入端与Arduino的PWM输出引脚相连，同时将电位器与Arduino模拟输入引脚相连，其仿真电路如图5.6所示。

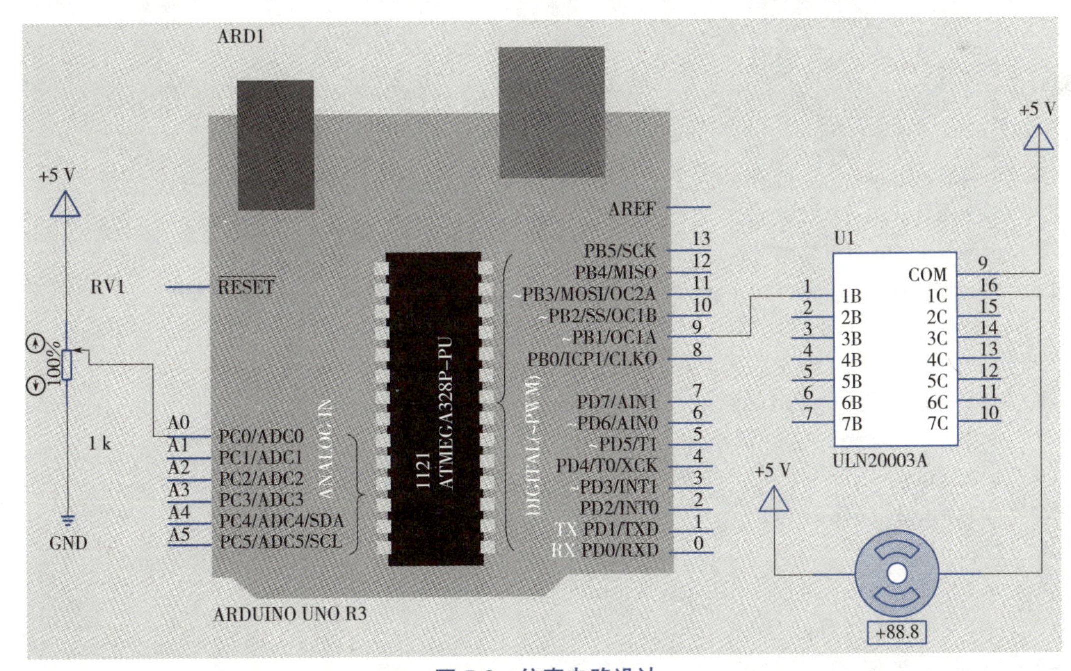

图 5.6 仿真电路设计

如需要计算电机转速，需要加入霍尔开关，其电路连接如图5.7所示。

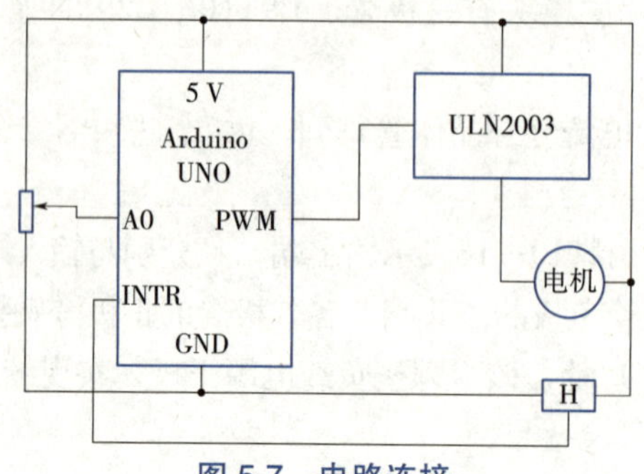

图 5.7 电路连接

3. 程序设计

改变电位器的触点位置，从Arduino的模拟输入引脚A0读取不同的模拟电压值，将该值经过变换后转换为PWM值，通过Arduino将其输出到驱动芯片输入端，从而改变电机的转速。霍尔开关连接Arduino中断引脚，当获取一次脉冲后，触发一次中断并计数。程序每隔2 s执行一次定时中断，并获取电机转数。将转数转换为转速并输出到串口，实现实时监控。

例 5.1 Mini风扇。

```
1  #include <MsTimer2.h>
2
3  int count1 = 0;
4  const int analogInPin = A0;
5  const int analogOutPin = 9;
6
7  int sensorValue = 0;
8  int outputValue = 0;
9
10 void setup() {
11 Serial.begin(9600);
12 pinMode(9, OUTPUT);
13 Serial.println("DC motor Speed: ");
14
15 noInterrupts();  //关中断
16 attachInterrupt(digitalPinToInterrupt(2), Show, RISING);
17 MsTimer2::set(2000, flash);
18 interrupts();    //开中断
19 MsTimer2::start();
20 }
21 void flash(){
22 noInterrupts();
23 count1 = count1*30;
24 Serial.println(count1);
```

```
25  count1 = 0;
26  interrupts();
27 }
28  void Show(){
29  noInterrupts();
30  count1 += 1;
31  interrupts();
32 }
33  void loop() {
34  sensorValue = analogRead(analogInPin);
35  outputValue = map(sensorValue, 0, 1023, 0, 255);
36  analogWrite(analogOutPin, outputValue);
37
38  delay(2);
39 }
```

分析：

第4～5行：设置电位器连接的Arduino模拟输入引脚以及连接驱动芯片的模拟输出引脚。

第15～19行：设置外部中断，响应霍尔开关刷出的脉冲；设置定时中断，每隔2 s获取一次电机转速。

第21～27行：定时中断执行函数，将电机的2 s内转数转换为1 min的转速。

第28～32行：外部中断执行函数，每当霍尔开关输出一次脉冲后，计数值加1。

第34～36行：读取Arduino模拟输入引脚的值（0～1 023），将其转换为PWM值（0～255），并通过PWM引脚输出到驱动芯片。

任务 5.2　Arduino 与步进电机

5.2.1　预备知识——步进电机工作原理

步进电机是一种将电脉冲信号转换成相应角位移或线位移的电动机，每对其输入一个脉冲信号，转子就转动一个角度。通过控制脉冲个数可以控制角位移量，达到准确定位的目的，也可以通过控制脉冲频率控制电机转动的速度和加速度，达到调速的目的。步进电机也称为脉冲电动机，永磁式减速步进电机28BYJ-48如图5.8所示。

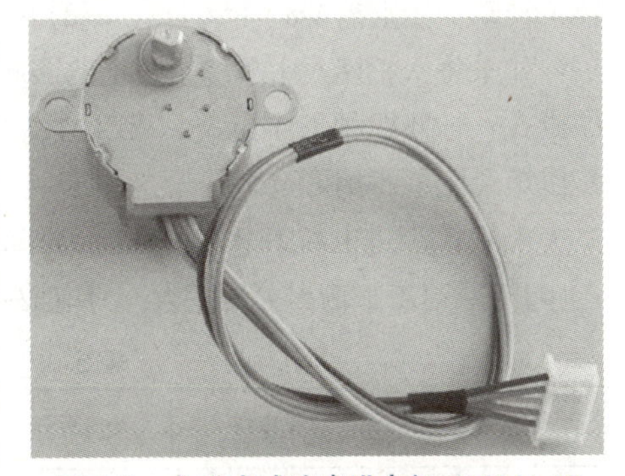

图 5.8　永磁式减速步进电机 28BYJ-48

步进电机按照励磁方式可以分为磁阻式、永磁式和混磁式3种；按照相数又分为单相、两相、三相和多相等形式。以永磁式减速步进电机28BYJ-48为例，具体分析如下：

按照28BYJ-48步进电机的命名形式，其中28表示步进电机的有效最大外径是28 mm，B表示步进电机，Y表示永磁式，J表示减速型（减速比1∶64），48表示四相八拍。

如图5.9所示，28BYJ-48步进电机内部中间为转子，其有6个齿，分别标注为0～5，每一个齿上都带有永久的磁性；外圈为定子，与电机外壳固定，共有8个齿且每个齿上都缠有1个线圈绕组，相对的绕组串联在一起，即正对的2个绕组总是同时导电或断电（分别标注为A、B、C、D），如此形成了“四相”。因此，相数指的是产生不同对N、S磁场的激磁线圈对数。

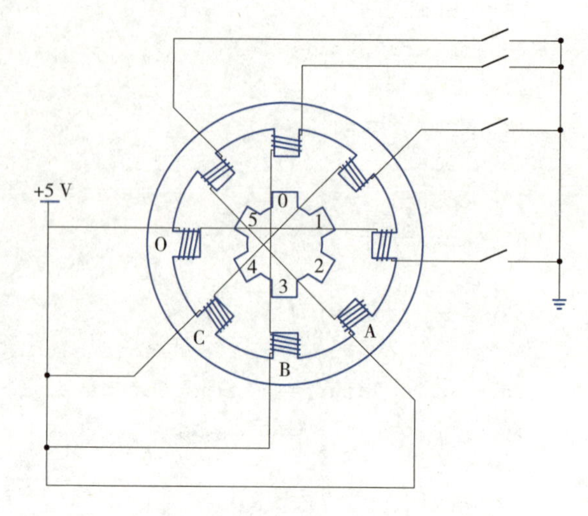

图 5.9　28BYJ-48 步进电机结构

假设步进电机的起始状态如图5.9所示，逆时针转动，起始时B相绕组开关闭合（绕组导通），其上下定子齿上产生磁性，从而对转子上的0和3号齿产生吸引力（转子0号齿在正上，3号齿在正下）。此时转子1号齿与C相绕组（右上）呈现一个夹角，2号齿与D相绕组（正右）呈现一个更大的夹角，该夹角是1号齿与C相绕组夹角的2倍。

断开B相绕组，C相绕组导通，C相绕组定子齿对转子1、4号齿产生吸引力，使转子1、4号齿与C相绕组定子齿对齐，转子转过起始状态时1号齿与C相绕组的夹角。断开C相绕组，导通D相绕组，过程与上述一致，最终使得转子2、5号齿与D相绕组对齐。

综上所述，当A相绕组导通时，完成B-C-D-A四节拍（转子转过1个齿距角所需的脉冲数）操作，转子0、3号齿将由原来的对齐到上下定子齿（B相绕组）变为对齐到左上和右下的两个定子齿（A相绕组），即转子转过1个定子齿的角度。依此类推，8个四节拍后转子将转过完整的一周，单个节拍使转子转过的角度为360º/（8×4）=11.25º。以上这种工作模式称为步进电机的单四拍模式。

如果在单四拍模式的两个节拍之间再插入1个双绕组导通的中间节拍，则可以组成八拍模式。例如，在B相导通到C相导通的过程中，产生一个B相和C相同时导通的节拍，由于B、C绕组的定子齿同时对转子齿（0号与1号）产生相同的吸引力，导致两个转子齿的中心线对比到B、C绕组的中心线上，由此可知，新插入的节拍使得转子转过单四拍模式中单个节拍转子转过角度的一半，即5.625°。八拍模式下，转子转动一圈则需要8×8=64拍，同时转动的精度增加了一倍。

如果将八拍模式中单绕组通电的四拍去掉，只保留两个绕组同时通电的四拍，则组成了一种新的工作模式——双四拍工作模式。双四拍模式与单四拍模式的步进角度一致，但由于是两个绕组同时导通，其扭矩会比单四拍更大。

永磁式步进电机28BYJ-48的参数如表5.1所示，该步进电机空载电流在50 mA以下，带减速比为1：64的减速器，输出力矩较大，可以驱动重负载。

表 5.1　永磁式步进电机 28BYJ-48 的参数

极性	供电电压	相数 / 线数	拍数 / 齿数	步进角度	减速比	直径
单极性	5 V	4 相 /5 线	8 拍 /8 齿	5.625/64	1:64	28 mm

永磁式步进电机28BYJ-48采用四相五线的形式，五线表示A、B、C、D四相具有公共端COM。因

此，采用ULN2003驱动芯片驱动步进电机，连接方式如图5.10所示。

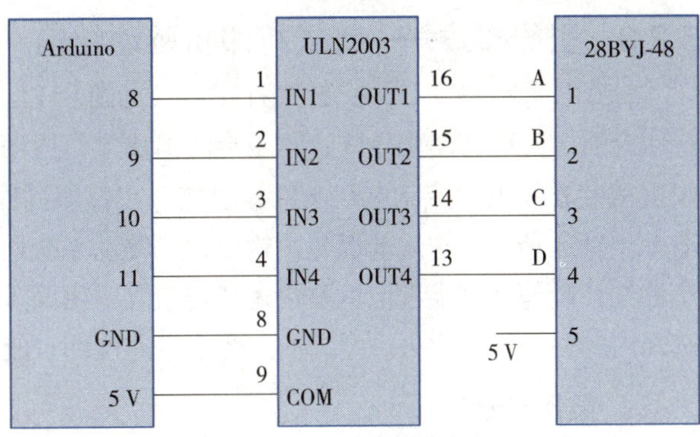

图 5.10　驱动步进电机

28BYJ-48步进电机的步距角（产生1个脉冲信号，转子转过的角位移，用θ表示）为5.625°，步进电机转动一圈，电机的总步数为360/5.625/64=4096步（8拍）。步进电机每接收到1个脉冲，转动大小为1个步距角的角度，脉冲的间隔时间决定了转动的速度，时间长转动慢，反之转动快。步进电机有最快速度限制，速度过快可能会丢步，一般间隔时间最小在3 ms左右。

5.2.2　深入学习——步进电机类库函数

Arduino IDE提供了步进电机封装类库Stepper，函数说明如下：

1. Stepper()

Stepper()为构造函数，用来创建1个Stepper实例，具体描述如表5.2所示。

表 5.2　Stepper() 函数

语法格式	Stepper myStepper(steps,pin1，pin2) Stepper myStepper(steps，pin1，pin2，pin3，pin4)	
功能	设置步数和控制引脚	
参数	steps	电机转动一圈的步数
	pin1 ～ pin4	连接到电机的控制引脚编号
返回值	无	

2. setSpeed()

setSpeed()函数用来设置电机转速，具体描述如表5.3所示。

表 5.3　setSpeed() 函数

语法格式	mySteppersetSpeed(rpms)	
功能	设置电机旋转速度	
参数	rpms	转数 / 分钟，long 类型
返回值	无	

3. step()

step()函数用来设置步进电机按setSpeed()设置的速度转动的步数，具体描述如表5.4所示。

表 5.4　step() 函数

语法格式	myStepper.step(steps)	
功能	设置步进电机旋转相应的步数，旋转速度由 setSpeed() 函数决定 参数为正，表示正向旋转，负数则反向旋转	
参数	steps	设置旋转的步数
返回值	无	

5.2.3 引导实践——针式打印机驱动结构

针式打印机驱动结构：针式打印机（见图5.11）是利用机械和电路驱动原理，使打印针撞击色带和打印介质，进而打印出点阵，再由点阵组成字符或图形实现打印效果。从结构角度看，针式打印机由打印机械装置和驱动控制电路两部分组成，在打印过程中共有3种机械运动：打印横向运动、打印纵向运动、击针运动，这些运动都是由软件控制驱动系统通过一些机密机械来执行，其中打印头驱动结构（字车机构）就是利用步进电机及齿轮减速装置，由同步齿形带驱动字车横向运动，其步进速度由一个单元时间内的驱动脉冲数来决定，而改变步进速度即可改变打印字距。

1. 案例分析

控制步进电机的旋转速度即可实现控制打印字距，本案例主要通过步进电机以及电位器模拟该驱动操作，即通过定位器控制步进电机转速。对于4相步进电机而言，只需将每一相的线圈连接线与Arduino数字引脚进行连接（或通过ULN2003驱动芯片连接），通过给线圈通电、断电即可实现电机的转动。

图 5.11 针式打印机

2. 仿真电路设计

案例选取6线步进电机，并通过电位器控制步进电机的转速，模拟控制步进电机旋转速度的操作，仿真电路设计如图5.12所示。

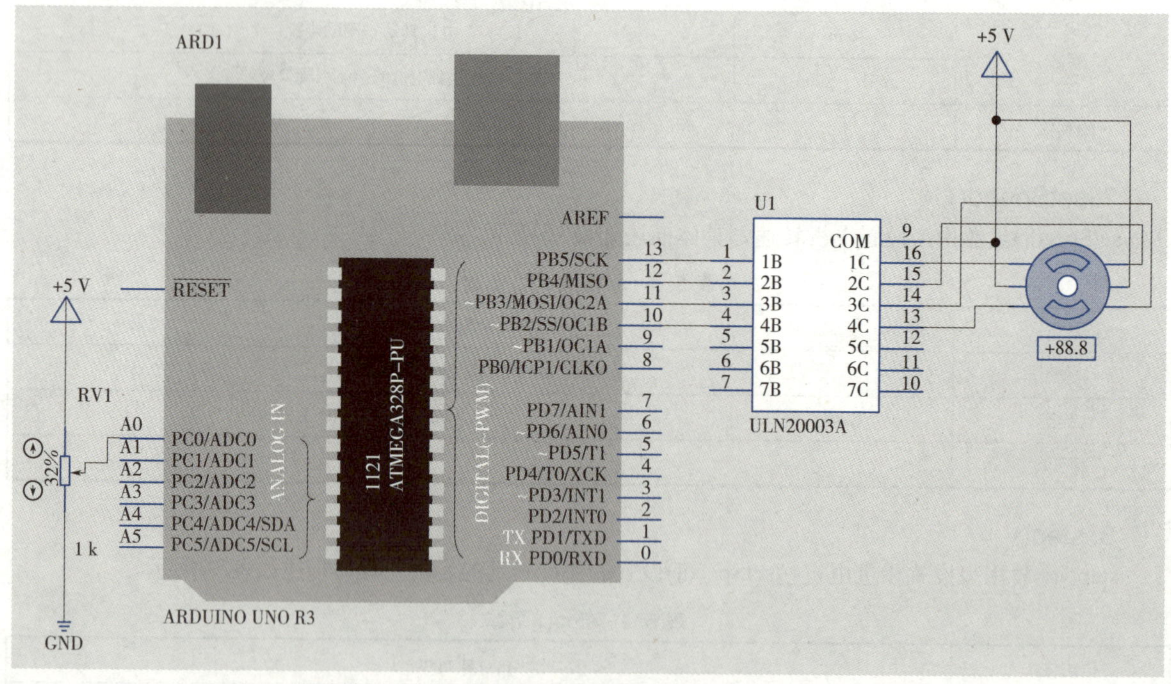

图 5.12 仿真电路设计

3. 程序设计

模拟控制步进电机旋转速度，具体程序如例5.2所示。

例 5.2 步进电机转速控制。

```
1  #include <Stepper.h>
2
3  #define STEPS 100
4  Stepper myStepper(STEPS, 10, 11, 12, 13);
5  int state = 0;
6  void setup() {
7}
8  void loop() {
9  int val = analogRead(A0);
10  int motorSpeed = map(val, 0, 1023, 0, 100);
11  myStepper.setSpeed(motorSpeed);
12  myStepper.step(STEPS);
13 }
```

分析：

第1行：声明步进电机类库函数所需的头文件。

第4行：创建1个Stepper类的对象myStepper，设置电机旋转一圈的步数，连接到电机的控制引脚编号。

第9行：获取模拟电压输入值，调整电位器，可获取实时的模拟值。

第10行：将模拟值进行映射，转换为0～100之间的数值。

第11行：设置电机旋转的速度，即每分钟旋转的圈数。

第12行：设置电机旋转的步数。

任务 5.3 Arduino 与舵机

5.3.1 预备知识——舵机概述

舵机（见图5.13）是一种位置（角度）伺服的驱动器。其中，伺服表示一种电动机，它主要用于比较精准的位置、速度以及力矩输出，准确地说，伺服电机是一个电机系统，其包含电机、传感器和控制器。舵机是一种较为常见且简单的伺服电机系统，其适用于角度需要不断变化并可以保持的控制场合，如遥控玩具、遥控机器人等。

图 5.13 舵机

舵机一般由直流电机、控制电路、电位器和变速齿轮组等组成。其中直流电机提供动力，变速齿轮组进行减速以提供足够力矩，控制电路和电位器等监控舵机输出轴的角度以控制方向。舵机的工作原理是控制电路板接收来自信号线的控制信号，并控制电机转动，电机带动齿轮组，减速后将动力输出到舵盘。舵机输出轴与位置反馈电位计相连，舵盘转动的同时，带动位置反馈电位计，电位计输出电压反馈信号到控制电路板，控制电路板根据其所在位置决定电机的转动方向和速度。

舵机通过3条引出线进行连接，分别为电源线、地线、控制线，如图5.14所示。电源线与地线提供给舵机内部的直流电机和控制线路，控制线连接的信号为PWM信号，即宽度可调的周期性方波脉冲信号，方波脉冲信号的周期为20 ms（频率为50 Hz）。当方波的脉冲宽度（占空比）改变时，舵机转轴的角度发生改变，角度变化与脉冲宽度变化成正比。

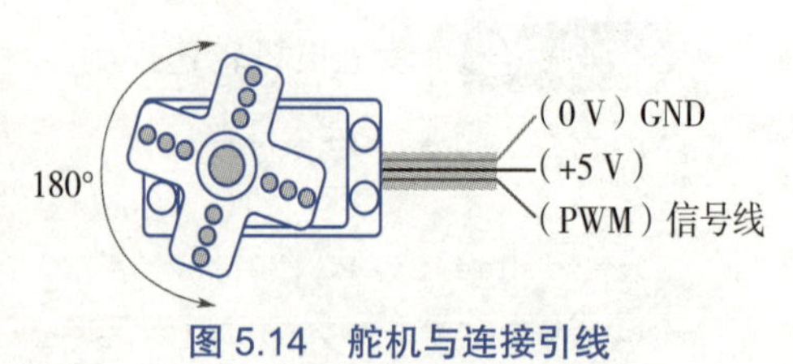

图 5.14　舵机与连接引线

5.3.2　深入学习——舵机的类库函数

Arduino IDE提供了舵机的类库Servo，其类库函数用来实现对舵机的控制，具体分析如下：

1. attach()

attach()函数用来为舵机指定1个引脚，具体描述如表5.5所示。

表 5.5　attach() 函数

语法格式	servo.attach(pin) servo.attach(pin，min，max)	
功能	为舵机指定控制线的连接引脚	
参数	pin	连接控制线的 Arduino 引脚编号
	min	脉冲宽度，单位为 μs，默认最小为 544，对应角度为 0°
	max	脉冲宽度，单位为 μs，默认最小为 2 400，对应角度为 180°
返回值	无	

2. write()

write()函数用来设置舵机的角度值，具体描述如表5.6所示。

表 5.6　write() 函数

语法格式	servo.write(angle)	
功能	设置舵机的角度值	
参数	angle	设定的角度值
返回值	无	

3. writeMicroseconds()

writeMicroseconds()函数用来设定舵机的脉冲宽度，具体描述如表5.7所示。

表 5.7　writeMicroseconds() 函数

语法格式	servo.writeMicroseconds(μs)	
功能	设置舵机的脉冲宽度	
参数	μs	设定的脉宽值
返回值	无	

4. read()

read()函数用来读取舵机的角度值，具体描述如表5.8所示。

表 5.8 read() 函数

语法格式	servo.read()
功能	读取舵机的角度值
参数	无
返回值	舵机的角度值，int 类型，范围 0° ~ 180°

5. attached()

attached()函数用来检测舵机是否指定了引脚，具体描述如表5.9所示。

表 5.9 attached() 函数

语法格式	servo.attached()
功能	检测舵机是否连接引脚
参数	无
返回值	true 或 false

6. detach()

detach()函数用来将舵机与指定引脚分离，具体描述如表5.10所示。

表 5.10 detach() 函数

语法格式	servo.detach()
功能	将舵机与指定引脚分离
参数	无
返回值	无

5.3.3 引导实践——机器人机械抓取臂

机器人分拣在物流管理系统中应用十分广泛，其目的是在无序摆放的快递物品中，取出或移动目标物品。而机器人抓取的核心组件之一就是机械臂（见图5.15），机械臂通过左、右、前、后移动锁定目标物品。由于舵机可以实现指定角度旋转并且保持，可以很好地应用在控制机械臂中。

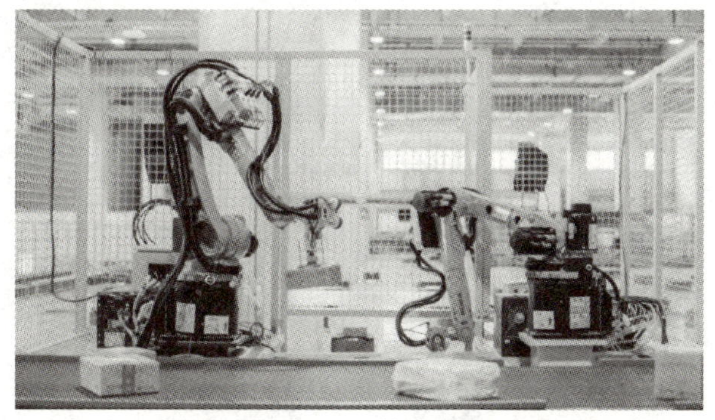

图 5.15 机械臂抓取

1. 案例分析

以9g舵机为例，通过该舵机可以实现小型机器人抓取臂的控制。由于舵机只能实现单方向的角度控制，抓取臂的自由控制需要多个舵机配合。本案例只模拟实现单个舵机的角度，将舵机与电位器结合，当改变电位器旋钮位置时，舵机的转动角度也进行相应改变。

2. 仿真电路设计

将舵机的控制线与Arduino的PWM输出引脚连接，电源线连接5 V电压，仿真电路如图5.16所示。

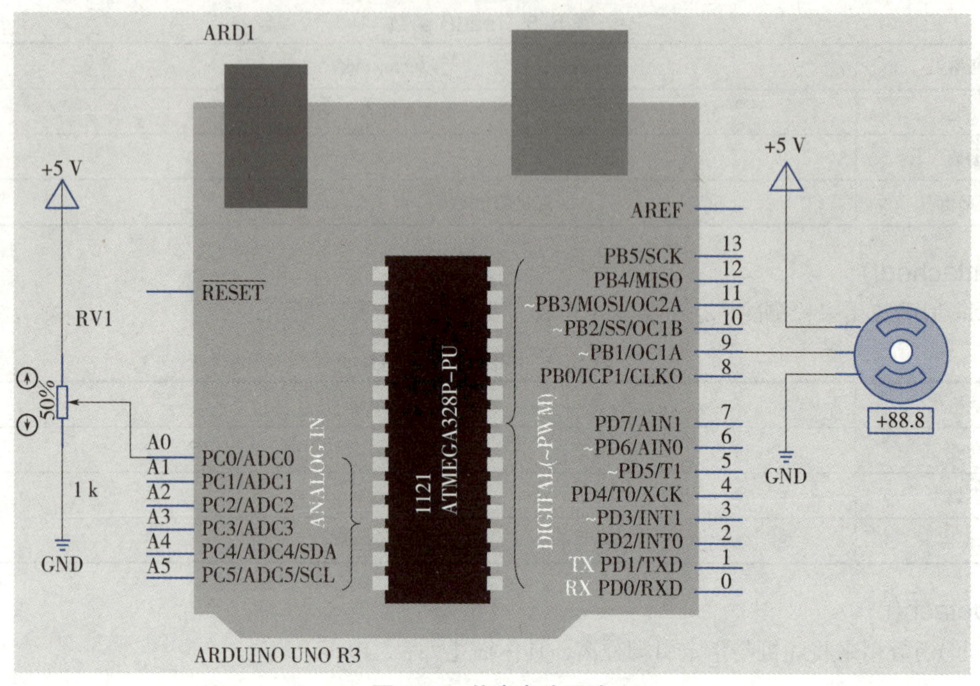

图 5.16　仿真电路设计

3. 程序设计

通过电位器实现对舵机的转动角度控制，具体程序设计如例5.3所示。

例 5.3　舵机控制。

```
1  #include <Servo.h>
2
3  Servo myservo;
4  int analogPin = A0;
5  int val;
6
7  void setup() {
8  myservo.attach(9);
9 }
10
11  void loop() {
12  val = analogRead(analogPin);
13  val = map(val, 0, 1023, 0, 180);
14  myservo.write(val);
15  delay(15);
16 }
```

分析：

第1行：声明舵机类库函数所需的头文件。

第3行：定义1个Servo类对象。

第8行：指定Arduino引脚编号9与舵机控制线相连。

第12～13行：获取模拟输入引脚的模拟值，并将其映射为角度范围值。

第14行：设置舵机旋转的角度值。

第15行：等待舵机到位，防止舵机抖动。

任务 5.4　上机实践——遥控探测车

5.4.1　实验介绍

1. 实验目的

通过将Arduino与直流电机、舵机结合，实现遥控探测车（见图5.17）的基础功能，具体包括控制车前进、停止、转向、加速、减速。遥控部分通过红外遥控器实现。

2. 需求分析

遥控探测车的所有基础功能都由红外遥控进行控制。其中，前进、停止操作通过直流电机进行驱动，布置1个直流电机，驱动直流电机则前进，不驱动则停止；通过对直流电机的输出电压进行控制实现车辆的加、减速；车辆转向有2种实现方式，一种是控制左右轮的速度差，另一种是通过舵机控制连杆。本实验中采用舵机控制转向的方式，其转向结构原理如图5.18所示。

图 5.17　遥控小车

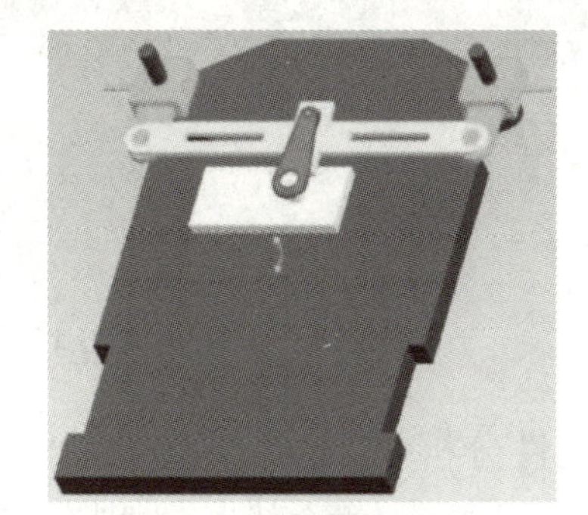

图 5.18　转向结构原理

转向结构的工作原理是控制小型舵机主轴转动相应的角度，使得舵机臂摆动，从而带动横向的连杆左右摆动实现轮子的转动，同时可以在连杆处安装回正弹簧，一旦舵机没有信号，车轮将会被自动弹回到直行状态。

3. 实验器件

■ Arduino UNO开发板：1个。

■ 红外接收头模块：1个。

■ 红外遥控器：1个。

■ ULN2003驱动芯片：1个。

■ 直流电机：1个。

■ 9g舵机：1个。

■ 杜邦线：若干。

■ 220欧限流电阻：若干。

5.4.2 实验引导

本实验主要分为两个功能模块，分别为遥控模块与驱动控制模块。在遥控模块中，将红外接收头与Arduino进行连接即可；在驱动控制模块中，直流电机通过ULN2003驱动芯片与Arduino相连，舵机直接连接Arduino的PWM输出引脚。驱动控制模块的仿真电路设计如图5.19所示。

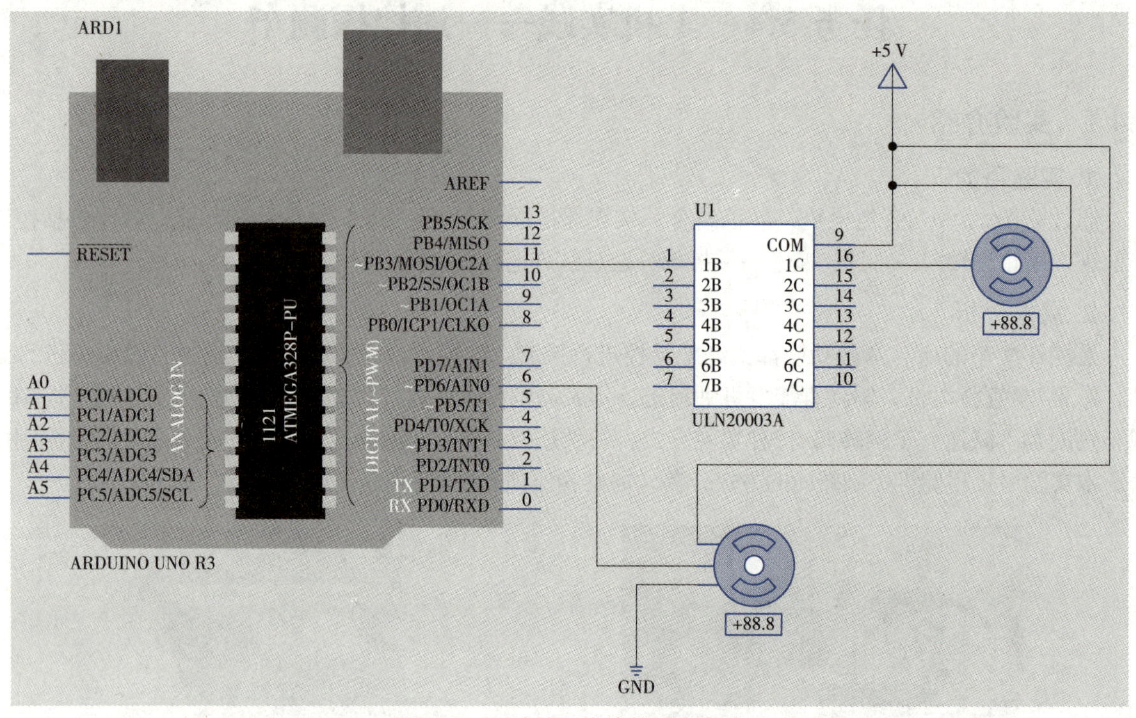

图 5.19 驱动控制模块的仿真电路

5.4.3 软件分析

程序设计主要分为两个部分，分别为红外遥控接收与设备控制。红外接收部分代码如下所示：

```
#include <IRremote.h>

const int irReceiverPin = 8;
IRrecv irrecv(irReceiverPin);
decode_results results;

void setup() {
  irrecv.enableIRIn();
}
void loop() {
```

```
    if(irrecv.decode(&results)){
        /*根据红外遥控解码后的编码执行设备控制*/
      irrecv.resume();
    }
    delay(500);
}
```

如上述代码，红外遥控部分的核心内容为使能红外接收，并采用循环的方式解码。在上述代码框架下，采用分支语句，根据不同的解码编码可以对设备进行相应的控制，具体代码如下：

```
switch(results.value){
      case 0xff18e7:
        /*控制直流电机，前进*/
        break;
      case 0xff4AB5:
        /*控制直流电机，停止*/
        break;
      case 0xff10ef:
        /*控制舵机，左转固定角度*/
        break;
      case 0xff5aa5:
        /*控制舵机，右转固定角度*/
        break;
      case 0xffe01f:
        /*控制直流电机减速*/
        break;
      case 0xffa857:
        /*控制直流电机加速*/
        break;
      default:
        break;
    }
```

5.4.4 程序设计

结合上文软件分析以及仿真电路图设计，设计程序如例5.4所示。

例 5.4 遥控探测车。

```
1  #include <IRremote.h>
2  #include <MsTimer2.h>
3  #include <Servo.h>
4
5  const int irReceiverPin = 8;
6  const int analogOutPin = 5;
7  const int attachPin = 6;
```

```
8  IRrecv irrecv(irReceiverPin);
9  decode_results results;
10  Servo myservo;
11  int val = 90;
12  int analogOutPinMax = 255;
13  int analogOutPinMin = 0;
14
15  void setup() {
16  Serial.begin(9600);
17  irrecv.enableIRIn();
18  pinMode(analogOutPin, OUTPUT);
19  analogWrite(analogOutPin, analogOutPinMin);
20  myservo.attach(attachPin);
21  myservo.write(val);
22 }
23
24  void loop() {
25  if(irrecv.decode(&results)){
26    Serial.println(results.value, HEX);
27    switch(results.value){
28      case 0xff18e7:
29        analogWrite(analogOutPin, analogOutPinMax);
30        break;
31      case 0xff4AB5:
32        analogWrite(analogOutPin, analogOutPinMin);
33        break;
34      case 0xff10ef:
35        myservo.write(val - 30);
36        break;
37      case 0xff5aa5:
38        myservo.write(val + 30);
39        break;
40      case 0xffe01f:
41        analogOutPinMax  -= 30;
42        if(analogOutPinMax < 0){
43          analogOutPinMax = 0;
44        }
45        analogWrite(analogOutPin, analogOutPinMax);
46        break;
47      case 0xffa857:
48        analogOutPinMax  += 30;
49        if(analogOutPinMax > 255){
50          analogOutPinMax = 255;
```

```
51          }
52          analogWrite(analogOutPin, analogOutPinMax);
53          break;
54        default:
55          break;
56      }
57      irrecv.resume();
58    }
59    delay(100);
60  }
```

分析：

第1～3行：声明红外遥控、直流电机、舵机类库函数对应的头文件。

第5～7行：定义红外接收头连接的引脚编号，定义直流电机间接连接的引脚编号，定义舵机控制线连接的引脚编号。

第8～9行：创建1个红外传感实例，声明IDE提供的存放解码结果的decode_results类。

第10行：创建1个舵机实例。

第12～13行：定义直流电机连接引脚模拟输出最大值与最小值。

第16～21行：执行初始设置，如使能红外遥控、设置舵机连接引脚等。

第25行：红外解码。

第27～56行：根据红外解码后的编码执行对应的设备操作，其中，第29行表示输出模拟最大值（经过ULN2003后输出为低电平），驱动直流电机；第32行表示输出模拟最小值（经过ULN2003后输出为高电平），停止直流电机；第35、38行表示调整舵机角度；第45行输出减小后的模拟值，直流电机速度变慢；第52行输出增加后的模拟值，直流电机速度加快。

5.4.5　成果展示

编译程序代码，需要注意的是，Arduino IDE编译前需要选择对应的Arduino开发板，编译后下载到开发板中即可。

通过红外遥控控制设备，同时可通过Arduino IDE串口监视器监测红外指令是否接收。按下遥控按键，监视器显示如图5.20所示。

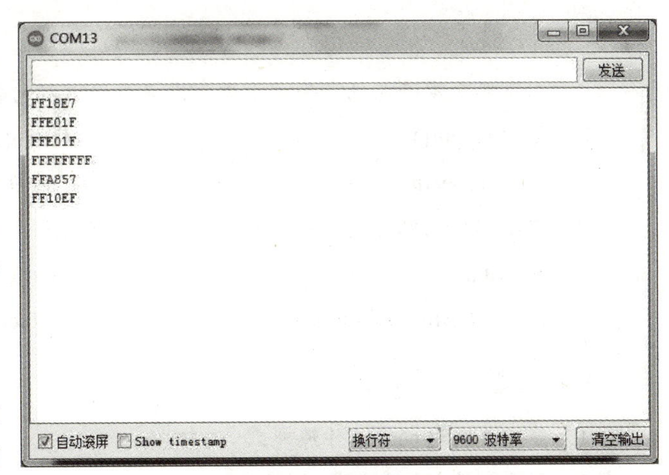

图 5.20　监视器显示

5.4.6　总结分析

本次上机实践设计的遥控探测车，通过红外遥控与电机结合的方式，实现了基本的遥控功能，如前进、停止、转向等功能。在此基础上结合一些其他模块，可以实现更加具体化的功能，如增加摄像头模块，实现视频图像采集功能。本次上机实践案例程序设计存在一定的不稳定因素，即红外接收存在解码失败的情况，这将导致红外器按键不是每次按下都会产生控制效果，读者可以根据实际情况，对程序进行优化，使硬件控制更加精准。

单元小结

本单元主要结合Arduino开发板介绍了常见的3种电机的使用，包括直流电机、步进电机、舵机（伺服电机）。针对每一种电机，分别介绍了电机的工作原理以及类库函数的使用，并通过实际的项目案例进行展示。读者需要在掌握电机工作原理的情况下，熟练函数接口的使用，结合已有的项目案例，设计出更加丰富的产品。

习　题

1. 填空题

（1）直流电机的结构由______与______组成。

（2）直流电机调速可以有 3 种方式，分别为______，______，______。

（3）ULN2003 的主要功能为______，______。

（4）ULN2003 是 1 个 7 路反向器电路，即当输入端为高电平时，输出端为______电平；当输入端为低电平时，输出端为______电平。

（5）步进电机是一种将电脉冲信号转换成相应______或______的电动机。

（6）步进电机接收 1 个脉冲信号，电机转子转过角位移称为______。

（7）步进电机接收脉冲的间隔时间越小，电机转动的速度越______。

（8）当方波的______改变时，舵机转轴的角度发生改变。

2. 选择题

（1）以下哪个步进电机类库函数用来设置步进电机的转速（　　）。

A. Stepper()　　B. Step()

C. setSpeed()　　D. step()

（2）以下哪个舵机类库函数用来设定舵机的角度值（　　）。

A. attach()　　B. write()

C. writeMicroseconds()　　D. attached()

3. 思考题

（1）简述直流电机的工作原理。

（2）简述步进电机与舵机的区别。

4. 编程题

编写 Arduino 程序模拟实现家用电风扇，实现按键控制电风扇启停，以及控制电风扇轴往复转动。

第 6 单元

Arduino 与环境传感器模块

学习目标

◎了解环境传感器模块的工作原理

◎熟悉模块相关的类库函数

◎熟练掌握模块应用案例

◎掌握上机实践案例

环境传感器模块集成了各种用于采集环境信息的传感器并进行了封装，结合Arduino IDE提供的类库函数，可快速实现指定的环境采集工作。本单元将主要介绍模块的工作原理以及相关类库函数，结合其他的硬件模块，设计实际案例展示环境传感器模块的应用。

任务 6.1　Arduino 与温湿度传感器模块

6.1.1　预备知识——温湿度传感器 DHT11

温湿度传感器DHT11（见图6.1）是一款含有已校准数字信号输出的温湿度复合传感器，其主要包括1个电阻式感湿元件和1个NTC测温元件，并与1个高性能8位单片机相连，具有响应快、抗干扰能力强、性价比高等特点。

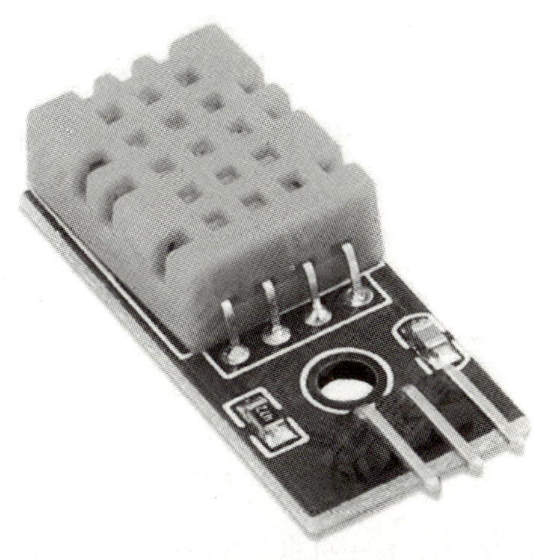

图 6.1　温湿度传感器 DHT11

温湿度传感器DHT11的供电电压为3.0～5.5 V，传感器上电后，需要等待1 s越过不稳定状态，在此期间无须发送任何指令。DHT11引脚说明如表6.1所示。

表 6.1 DHT11 引脚说明

Pin	名称	注释
1	VDD	供电 3.0 ～ 5.5 V
2	DATA	串行数据，单总线
3	NC	空脚，悬空
4	GND	接地，电源负极

DHT11的DATA端采用串行接口（单线双向）与微控制器进行同步与通信，即传感器将处理后的温湿度的数字信号通过单总线输出。采用单总线数据格式，一次通信时间约为4 ms。一次完整的数据传输为40 bit，数据分为小数部分与整数部分，高位先出，具体格式为8 bit湿度整数数据+8 bit湿度小数数据+8 bit温度整数数据+8bit温度小数数据+8 bit校验和。数据传送正确时校验和数据等于“8 bit湿度整数数据+8 bit湿度小数数据+8 bit温度整数数据+8 bit温度小数数据”所得结果的末8位。

微控制器（MCU）发送一次开始信号后，DHT11从低功耗模式转换到高速模式，等待主机开始信号结束后，DHT11发送响应信号，发送40 bit的数据，并触发一次信号采集，用户可选择读取部分数据。在从模式下，DHT11接收到开始信号触发一次温湿度采集，如果没有接收到主机发送开始信号，DHT11不会主动进行温湿度采集，采集数据后转换到低速模式。数据采集过程的总线时序如图6.2所示。

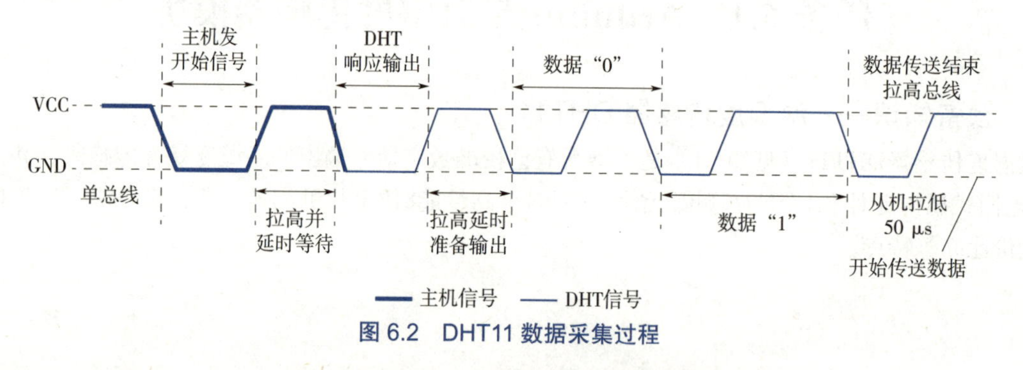

图 6.2 DHT11 数据采集过程

图6.2中，主机发送开始信号后，将会等待DHT11响应，具体时序如图6.3所示。

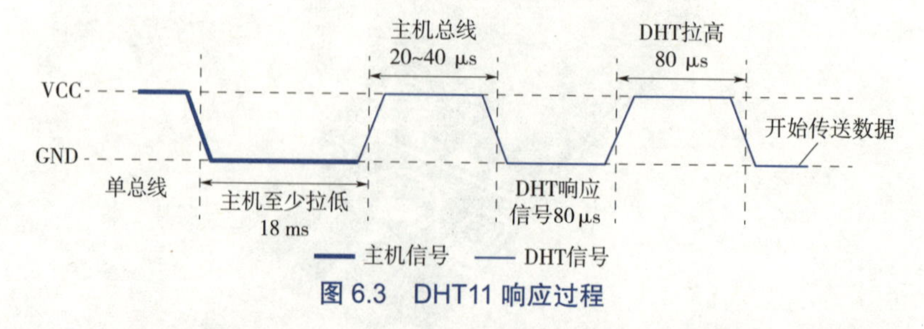

图 6.3 DHT11 响应过程

如图6.3所示，总线空闲状态为高电平，主机将总线拉成低电平后等待DHT11响应，拉成低电平的时间必须大于18 ms，以保证DHT11能检测到起始信号。主机拉高总线20～40 μs后，读取DHT11的响应信号，DHT11先拉低后拉高总线各80 μs，以此作为响应信号。

DHT11发送给主机的每一位数据都以50 μs的低电平开始，高电平的长短决定数据位是0或1，如图6.4与图6.5所示，26～28 μs高电平作为二进制信号0，70 μs高电平作为二进制信号1。

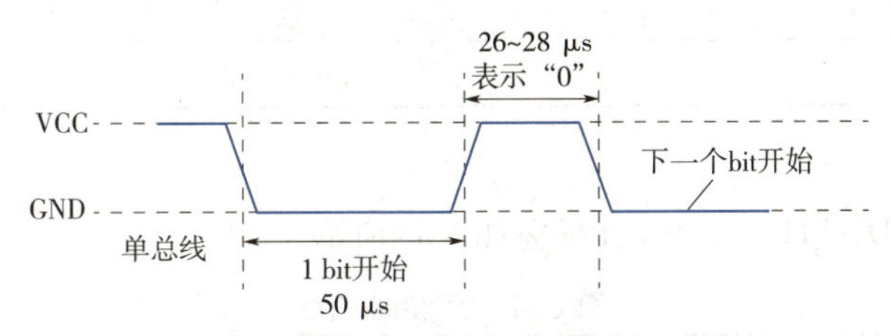

图 6.4　DHT 信号格式（数字 0）

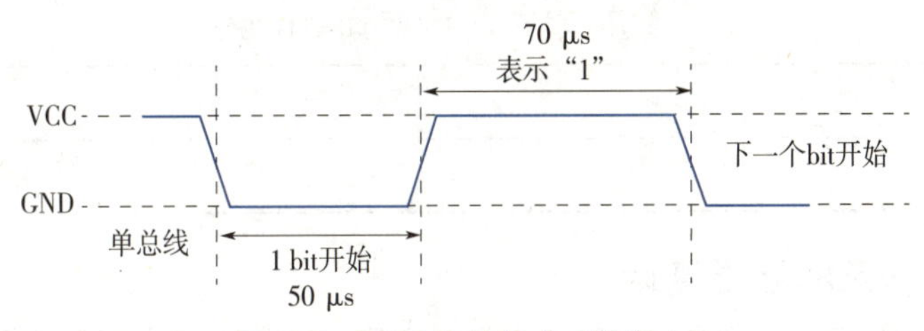

图 6.5　DHT 信号格式（数字 1）

当最后一位数据发送完毕后，DHT11拉低总线50 μs，随后总线由上拉电阻器拉高，进入空闲状态。DHT11与微控制器的连接如图6.6所示，建议连接线长度短于20 m时使用5 kΩ上拉电阻，大于20 m时根据实际情况使用合适的上拉电阻。

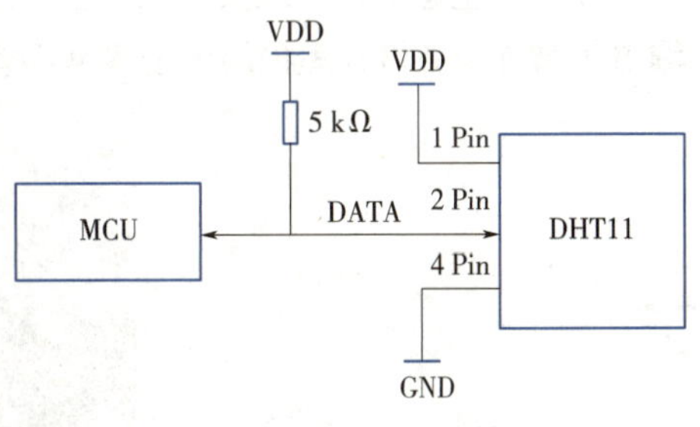

图 6.6　DHT11 连接

6.1.2　深入学习——DHT11 类库函数

Arduino IDE提供了DHT11的封装类库DHT，具体分析如下：

1. DHT()

DHT()函数为构造函数，用来创建1个DHT实例，具体描述如表6.2所示。

表 6.2　DHT() 函数

语法格式	DHT(pin，type)	
功能	指定 DHT11 连接引脚以及类型	
参数	pin	DHT11 连接引脚的编号
	type	类型
返回值	无	

2. readTemperature()/readHumidity()

readTemperature()/readHumidity()函数用来获取读取温湿度数值，具体描述如表6.3所示。

表 6.3 readTemperature()/readHumidity() 函数

语法格式	DHT.readTemperature() DHT.readHumidity()
功能	获取读取温湿度数值
参数	无
返回值	读取的温湿度值

3. begin()

begin()函数用来启动DHT11工作，具体描述如表6.4所示。

表 6.4 begin() 函数

语法格式	DHT.begin()
功能	启动 DHT11 工作
参数	无
返回值	无

6.1.3 引导实践——家庭温湿度计

室内温湿度计（见图6.7）在智能家居领域中十分常见，医学研究表明最适合人体健康发热温度为22 ℃，湿度为60%RH左右，无论是温度过高或湿度不适合都会造成人体不适感。通过将室内温度计加入智能家居生态链，可以实时获取室内温湿度。控制器根据获取的实时数据可以决定是否启动空调、加湿器等智能设备调控室内温湿度，从而营造更加智能舒适的室内环境。

图 6.7 室内温度计

1. 案例分析

本案例采用温湿度传感器DHT11与Arduino实现温湿度实时监控，将获取的温湿度信息通过串口监视器进行显示，模拟温湿度计显示屏显示。

2. 仿真电路设计

温湿度传感器DHT11与Arduino引脚连接关系如图6.8所示。

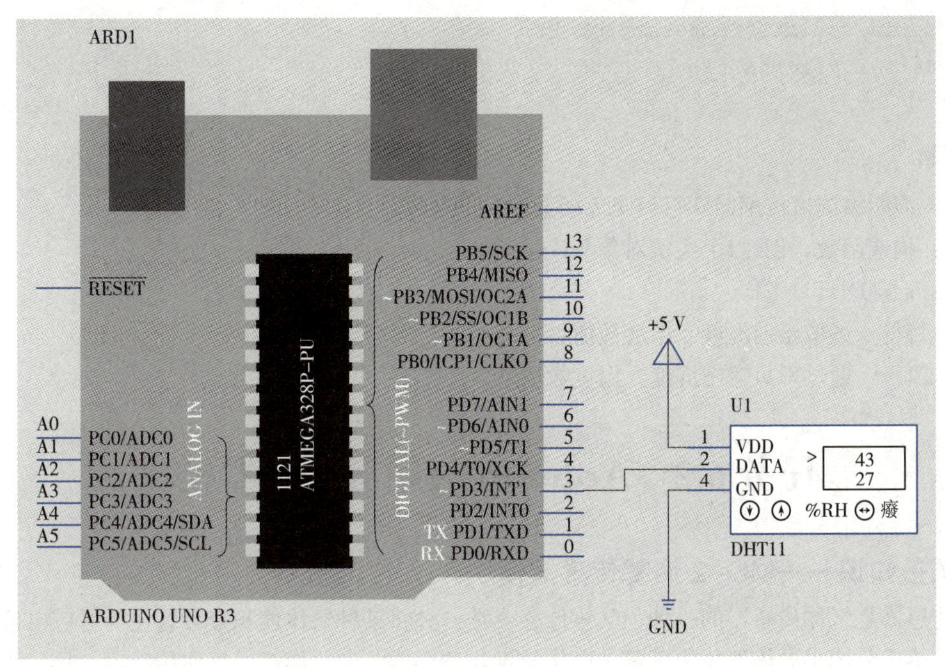

图 6.8　仿真电路设计

3. 程序设计

设计程序实现实时读取室内温湿度数值，具体如例6.1所示。

例 6.1　家庭温湿度计。

```
1  #include "DHT.h"
2
3  #define DHTTYPE DHT11
4  #define DHT11PIN 3
5  DHT dht11(DHT11PIN, DHTTYPE);
6
7  void setup() {
8  Serial.begin(9600);
9  dht11.begin();
10 }
11
12  void loop() {
13  delay(2000);
14  float h = dht11.readHumidity();
15  float t = dht11.readTemperature();
16
17  Serial.print("Humidity: ");
18  Serial.println(h);
19
```

```
20   Serial.print("Temperature: ");
21   Serial.println(t);
22 }
```

分析:

第1行：声明温湿度传感器DHT11类库函数对应的头文件。

第5行：构造函数，创建1个实例对象dht11。

第9行：启动DHT11工作。

第14～15行：读取当前湿度、温度数值。

第17～21行：通过串口输出湿度、温度数值。

任务 6.2　Arduino 与烟雾传感器模块

6.2.1　预备知识——MQ-2 烟雾传感器模块

烟雾传感器是气体传感器的一种，气体传感器是一种将某种气体体积分数转化为对应电信号的转换器。气体传感器分为半导体气体传感器、电化学气体传感器、催化燃烧式气体传感器、热导式气体传感器、红外线气体传感器等。

其中，半导体气体传感器的功能由探头决定，具体参数如表6.5所示。

表 6.5　MQ 系列传感器

型号	探测气体	探测浓度范围
MQ-2	可燃气体、烟雾	300 ～ 10 000 ppm
MQ-4	天然气、甲烷	300 ～ 10 000 ppm
MQ-5	液化气、甲烷、煤制气	300 ～ 5 000 ppm
MQ-6	液化气、异丁烷、丙烷	100 ～ 10 000 ppm
MQ-7	一氧化碳	10 ～ 1 000 ppm
MQ-8	氢气、煤制气	50 ～ 10 000 ppm
MQ-9	一氧化碳、可燃气体	10 ～ 1 000 ppm

MQ-2烟雾传感器是常用于家庭和工厂的气体泄漏检测装置，适用于液化气、苯、烷、酒精、氢气、烟雾等探测。因此，MQ-2烟雾传感器是一种多种气体探测器，如图6.9所示。

MQ-2烟雾传感器属于二氧化锡半导体气敏材料，属于表面离子式N型半导体。处于200～300摄氏度时，二氧化锡吸附空气中的氧，形成氧的负离子吸附，使半导体中的电子密度减少，从而使其电阻值增加。当与烟雾接触时，如果晶粒间界处的势垒收到烟雾的调至面变化，就会引起表面导电率的变化。

图 6.9　MQ-2 烟雾传感器

因此，获取烟雾信息时，烟雾的浓度越大，导电率越大，输出电阻越低，则输出的模拟信号越大。

MQ-2烟雾传感器模块的引脚说明如表6.6所示。

表 6.6　MQ-2 烟雾传感器模块引脚说明

引脚	说明
VCC	电源正极
DOUT	TTL 高低电平输出端
AOUT	模拟电压输出端
GND	电源负极

6.2.2　深入学习——MQ-2 烟雾传感器应用电路

MQ-2常用的应用电路有两种，一种为使用比较器电路监控，另一种为ADC电路检测。

1. 比较器电路

如图6.10所示，MQ-2的4号引脚输出随烟雾浓度变化的直流信号，该信号被加到比较器U1A的2号引脚，Rp构成比较器的门槛电压。当烟雾浓度较高，输出电压高于门槛电压时，比较器输出低电平，此时LED灯报警；当烟雾浓度降低，传感器电压输出电压低于门槛电压时，比较器翻转输出高电平，LED灯熄灭。调节Rp，可以调节比较器的门槛电压，从而调节报警输出的灵敏度。

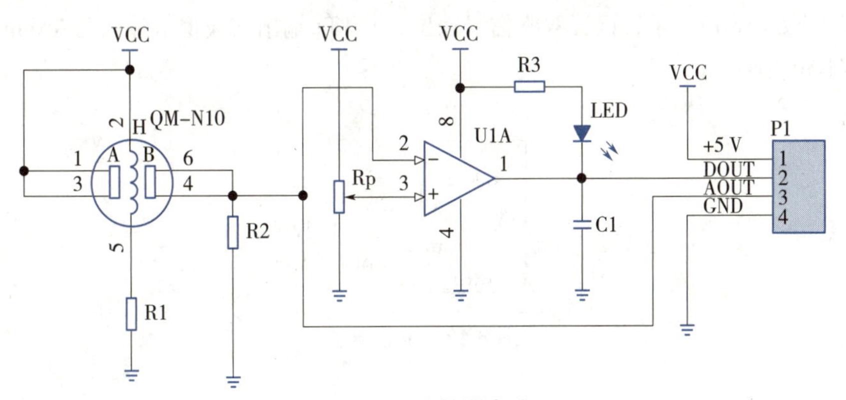

图 6.10　比较器电路

因为比较器电路处理的检测信号只有高、低两种状态，当浓度低于阈值时，信号为高电平；浓度高于阈值时，信号为低电平。因此Arduino只需将引脚配置为输入模式，并监控该信号即可。

2. ADC 转换电路

MQ-2传感器另外一个采集方式为AD信号采集，即将电压信号转换为数字信号，进而转换为精确的烟雾浓度值。

如图6.11所示，MQ-2传感器4号、6号引脚的电压为输出信号，RL3为传感器的本体电阻。如果气体浓度上升，则Rs阻值减小，从而导致4号、6号引脚对地输出的电压增大。因此气体浓度越大，其输出的电压越大，最终通过ADC0832转换后数值增大。由于Arduino自带10位AD采样电路，只需将传感器连接到Arduino的模拟输入口即可检测传感器当前的输出电压。

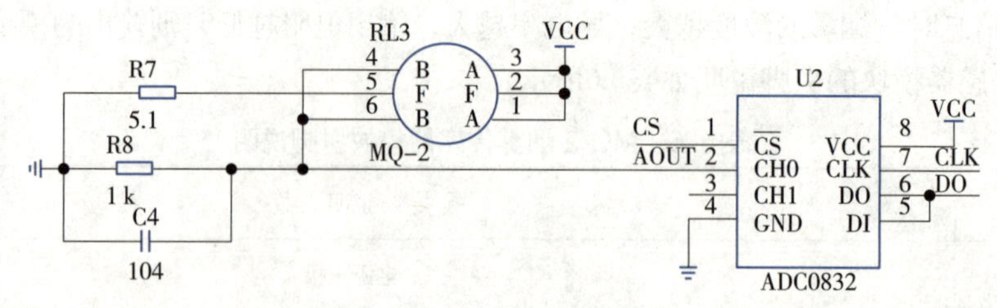

图 6.11 ADC 电路检测

6.2.3 引导实践——烟雾警报器

烟雾警报器（见图6.12）可用于一切涉及易燃易爆物生产车间或安全检测场合，当可能涉及险情时，烟雾警报器可尽早发现风险，并提示人员尽早处理。

图 6.12 烟雾警报器

1. 案例分析

Arduino可与MQ-2烟雾传感器直接相连，其中，DOUT引脚连接Arduino数字引脚，AOUT引脚连接Arduino模拟输入引脚。通过串口监视器实现对烟雾浓度值进行测量（读取模拟输入引脚数值），并且当浓度达到阈值时（判断数字引脚电平），触发警报灯。

2. 电路连接设计

电路连接设计如图6.13所示，设置双路信号输出，将TTL输出与模拟量输出与Arduino数字引脚3以及模拟输入引脚A0相连。

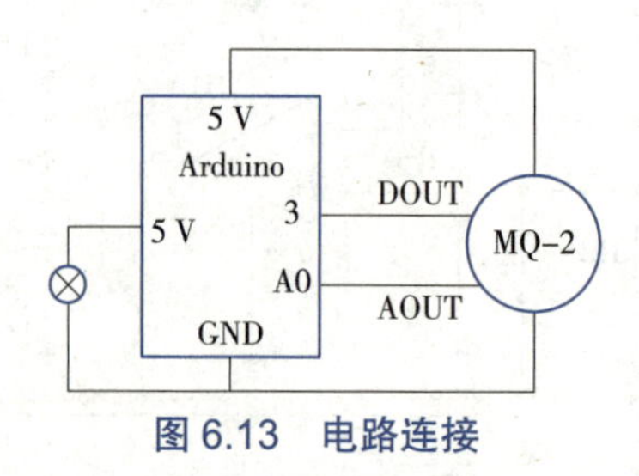

图 6.13 电路连接

3. 程序设计

设计程序实现烟雾警报器功能，当烟雾浓度达到阈值时，警报灯亮起，具体如例6.2所示。

例 6.2 烟雾警报器。

```
1 int DOUT = 3;
2 int AOUT = A0;
3 int LedPin = 5;
4
5 void setup() {
6 Serial.begin(9600);
7 pinMode(LedPin, OUTPUT);
8 pinMode(DOUT, INPUT);
9 }
```

```
10
11  void loop() {
12  digitalWrite(LedPin, LOW);
13
14  if(digitalRead(DOUT) == LOW){
15    delay(10);
16    if(digitalRead(DOUT) == LOW){
17       digitalWrite(LedPin, HIGH);
18    }
19  }
20
21  int val = analogRead(AOUT);
22  Serial.println(val);
23  Serial.println(digitalRead(DOUT));
24  delay(500);
25 }
```

分析：

第1～2行：定义MQ-2传感器连接的Arduino的数字引脚以及模拟输入引脚编号。

第8行：定义Arduino数字引脚的模式为输入模式，用来读取MQ-2传感器的电平。

第14行：当浓度大于阈值时，检测电平为低电平，执行后续条件。

第15行：延时抗干扰。

第16行：当浓度大于阈值时，检测电平为低电平，执行后续条件。

第21行：读取模拟输入值，当浓度越大时，该值越大。

第23行：输出MQ-2传感器的输出电平。

当烟雾浓度超标时，LED灯亮起，通过串口监视器显示传感器模拟输出的数值，如图6.14所示。

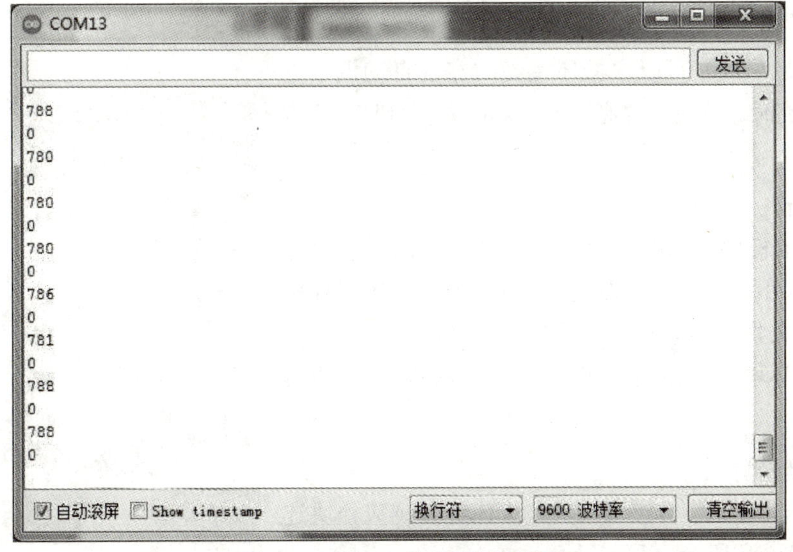

图 6.14　MQ-2 传感器测量结果

任务 6.3　Arduino 与光线传感器

6.3.1　预备知识——光线传感器模块

光线传感器指的是能敏锐感应紫外光到红外光的光能量，并将光能量转换成电信号的器件。光线传感器主要由光敏元件组成，主要分为环境光传感器、红外光传感器、太阳光传感器、紫外线传感器4类。其中，环境光传感器在生活中应用十分普遍，如在手机、计算机等移动应用中，显示器十分消耗电量，采用环境光传感器可以最大限度地延长电池的使用时间。当环境亮度较高时，使用环境光传感器的液晶显示器会自动调为高亮度，反之当外界环境光较暗时，显示器会调成低亮度，实现自动调节亮度。

如图6.15所示的光线传感器模块，其本质是一个光敏电阻，根据光的照射强度会改变自身的阻值。该模块的核心部分为PN结，与普通二极管相比，该PN结面积较大一些（便于接收入射光照），电极面积较小一些。当光线有明暗变化时，PN结自动导通或关闭。

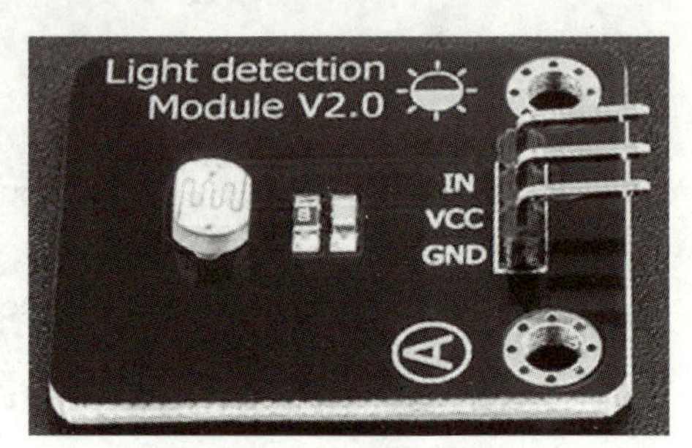

图 6.15　光线传感器模块

光线传感器模块有3个引脚，具体说明如表6.7所示。

表 6.7　光线传感器引脚说明

序　号	引　脚	说　明
1	GND	接地
2	VCC	接电源
3	A0	模拟信号输出端

6.3.2　引导实践——感应灯

感应灯（见图6.16）可以根据环境光的亮度自动调节亮度，当环境光较亮时，感应灯变亮，反之环境光较暗时，感应灯变暗。

1. 案例分析

将光线传感器模块与Arduino连接，其中模拟输出引脚与Arduino模拟输入引脚连接。同时使Arduino连接人体红外感应模块，实现当人靠近感应灯时，感应灯自动亮起。亮起的感应灯根据当前环境光自动调整亮度。当人离开后，感应灯自动熄灭。

2. 电路连接设计

将Arduino分别与光线传感器模块、人体红外感应模块连接，电路连接如图6.17所示。

图 6.16　感应灯

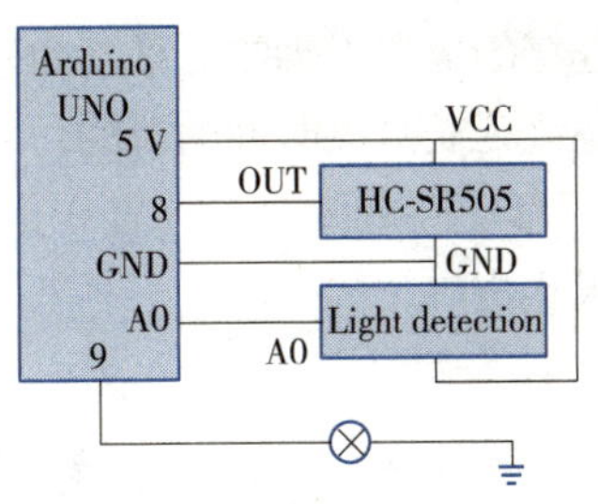

图 6.17　感应灯电路连接

3. 程序设计

设计程序实现感应灯功能，具体如例6.3所示。

例 6.3　感应灯。

```
1  int ledPin = 9;
2  int inPin = 8;
3  int analogPin = A0;
4  int Val;
5  int outputVal;
6
7  void setup() {
8  pinMode(ledPin, OUTPUT);
9  pinMode(inPin, INPUT);
10 }
11
12  void loop() {
13  if(digitalRead(inPin) == HIGH){
14      for(int i = 0; i < 500; i++){
15         Val = analogRead(analogPin);
16         outputVal = map(Val, 0, 1023, 0, 255);
17         analogWrite(ledPin, outputVal);
18         delay(10);
19      }
20  }
21  else{
22    digitalWrite(ledPin, LOW);
23  }
24 }
```

分析：

第1～4行：指定连接LED灯的数字引脚，指定人体红外感应模块连接的数字引脚，指定光线传感器连接的模拟输入引脚，指定模拟输入引脚读取的模拟值。

第8～9行：设置连接LED灯的数字引脚的模式，设置人体红外感应模块连接的数字引脚的模式。

第13行：检测人体红外感应模块连接的数字引脚的电平，如果为高电平，表示检测到人体。

第14～19行：设置循环并延时，达到延长灯亮时间的目的；读取光线传感器的模拟输入值调节灯的亮度。

第22行：当检测不到人体时，熄灭感应灯。

任务 6.4 Arduino 与水位传感器

6.4.1 预备知识——水位传感器

水位传感器是指将被测点水位参量实时转变为相应电量信号的仪器。水位传感器根据检测方式的不同，可以分为很多种，如超声波传感器（非接触式）、伺服式液体传感器（接触式）、静压式液体传感器（接触式）等。

如图6.18所示，该水位传感器为一款简单易用、小巧轻便的水位、水滴识别检测传感器RS-02S048，其通过具有一系列的暴露的平行导线线迹测量其水滴、水量大小。当水量变多时，越多的导线被连通，导电的接触面积增大，其输出的电压逐渐变大。该传感器除了可以检测水位高度外，还可以检测雨滴雨量的大小。

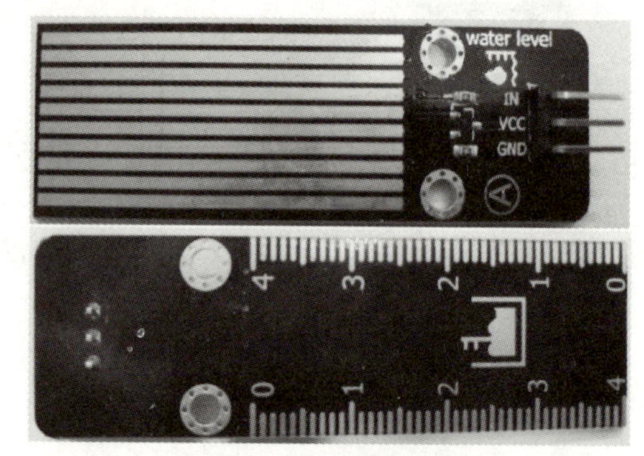

图 6.18 水位传感器

水位传感器RS-02S048引脚说明如表6.8所示。

表 6.8 水位传感器 RS-02S048 引脚说明

引　脚	说　明
S	信号端输出
GND	电源负极，接地
VCC	电源正极，接 5 V

6.4.2 引导实践——室内盆栽加湿器

室内盆栽加湿器（见图6.19）可用于鲜花植被大棚内的湿度调节，从而保证植被生长在适宜的环境中，时刻保持新鲜的状态。将加湿器结合水泵可实现长时间大量喷雾，同时结合水位传感器，可实现对蓄水池水量进行检测，及时提醒使用者用水情况。

1. 案例分析

案例主要实现蓄水池水量检测的部分，通过水位传感器检测当前蓄水池水位，当水位降低时，传感器输出电压减小，反之输出电压增加。设置当输出数值小于100时，点亮红灯，提示水位较低；当数值大于600时，点亮绿灯，提示水位添加达到标准。

图 6.19 盆栽加湿器

2. 电路连接设计

将Arduino与水位传感器建立连接，并添加LED灯作为提示灯，电路连接如图6.20所示。

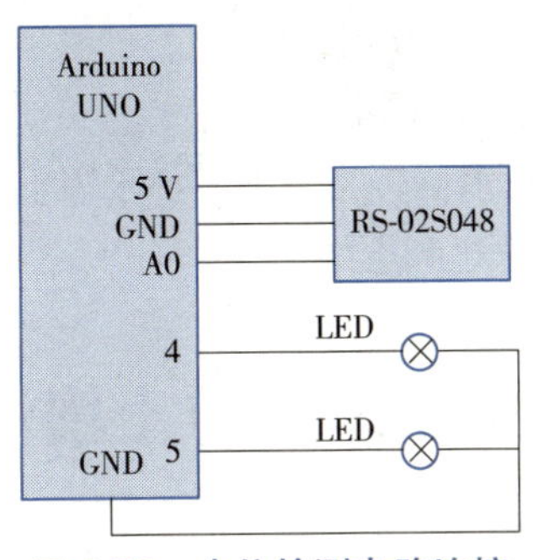

图 6.20　水位检测电路连接

3. 程序设计

设计程序实现需求设计，具体如例6.4所示。

例 6.4　水位测量。

```
1  int analogPin = A0;
2  int greenLed = 4;
3  int redLed = 5;
4
5  void setup() {
6  Serial.begin(9600);
7  pinMode(greenLed, OUTPUT);
8  pinMode(redLed, OUTPUT);
9 }
10
11  void loop() {
12  int val = analogRead(analogPin);
13  Serial.println(val);
14
15  if(val <= 100){
16    digitalWrite(redLed, HIGH);
17  }
18  else if(val > 600){
19    digitalWrite(greenLed, HIGH);
20  }
21  else{
22    digitalWrite(redLed, LOW);
23    digitalWrite(greenLed, LOW);
24  }
25  delay(100);
26 }
```

分析：

第1～3行：指定水位传感器信号输出端连接的模拟输入引脚，指定连接红绿LED灯的数字引脚。

第7～8行：设置数字引脚的工作模式为输出。

第12行：读取水位传感器信号输出端的模拟值。

第15～24行：通过模拟输出值判断水位，当输出值小于等于100时，点亮红灯，表示水位较低；当输出值大于600时，点亮绿灯，表示水位达到上限。

任务 6.5　Arduino 与土壤湿度传感器

6.5.1　预备知识——土壤湿度传感器

土壤湿度传感器也可以称为土壤水分传感器，主要用来测量土壤相对含水量，其广泛应用于节水农业灌溉、科学试验等领域。土壤湿度传感器可以分为电容型土壤湿度传感器、电阻型土壤湿度传感器以及离子型土壤湿度传感器。

电容型土壤湿度传感器的敏感元件为湿敏电容，主要材料一般为金属氧化物、高分子聚合物。这些材料对水分子有较强的吸附能力，吸附水分的多少随环境湿度的变化而变化。由于水分子有较大的电偶极矩，吸水后材料的电容率发生变化，电容器的电容值随着发生变化。将电容值转变为电信号，即可对湿度进行监测。

电阻型土壤湿度传感器的敏感元件为湿敏电阻，主要材料一般为电介质、半导体、多孔陶瓷等。这些材料对水的吸附较强，吸附水分后电阻率随湿度的变化而变化，导致湿敏电阻阻值变化并转化为需要的电信号。

离子型土壤湿度传感器属于半导体生物传感器，其离子敏感元件由离子选择膜和转换器两部分组成。离子选择膜用以识别离子的种类和浓度，转换器则将离子选择膜感知的信息转换为电信号。

如图6.21所示，该传感器可用于检测土壤水分，当土壤水分较小时，传感器的模拟信号输出值将减小，反之输出值增大。

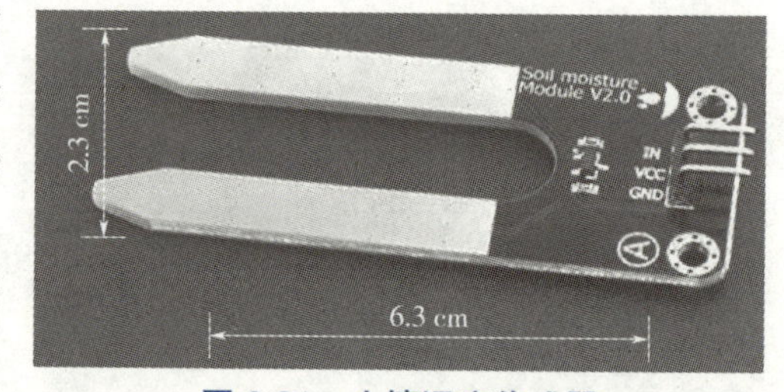

图 6.21　土壤湿度传感器

6.5.2　深入学习——继电器

继电器是一种电控制器件，是当输入量（激励量）的变化达到规定要求时，在电气输出电路中使被控量发生预定的阶跃变化的一种电器。继电器有控制系统（输入回路）和被控制系统（输出回路），通常应用于自动化的控制电路中，是一种可以将小信号（输入信号）转换为高电压大功率控制信号（输出信号）的一种“自动开关”。

按继电器的工作原理或结构特征分类，继电器可分为电磁继电器、固体继电器、舌簧继电器和时间继电器等。其中，电磁继电器由铁芯、线圈、衔铁和触点簧片等组成，其结构图如图6.22所示。

图6.22中，当在电磁铁线圈加上一定的电压后，线圈就会流过一定的电流，从而产生电磁效应。衔铁在电磁力的作用下克服弹簧的拉力吸向电磁铁铁芯，从而带动衔铁的动触点与静触点吸合。当线圈断

电后，电磁的吸力消失，衔铁在弹簧的反作用力的作用下返回原来的位置，使动触点与静触点释放。通过这样吸合释放的过程，达到电路导通和切断的目的。

图6.23中，该继电器模块中的继电器为松乐继电器SRD-05VDC-SL-C，其中SRD表示继电器的型号，05VDC表示额定电压，S表示密封形式，L表示线圈功率，C表示触点形式。

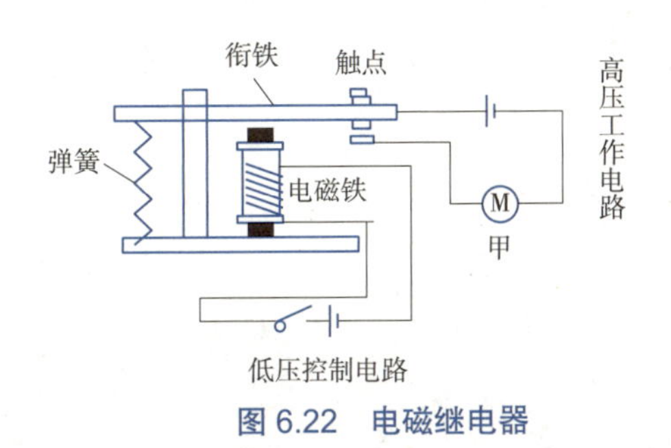

图 6.22　电磁继电器

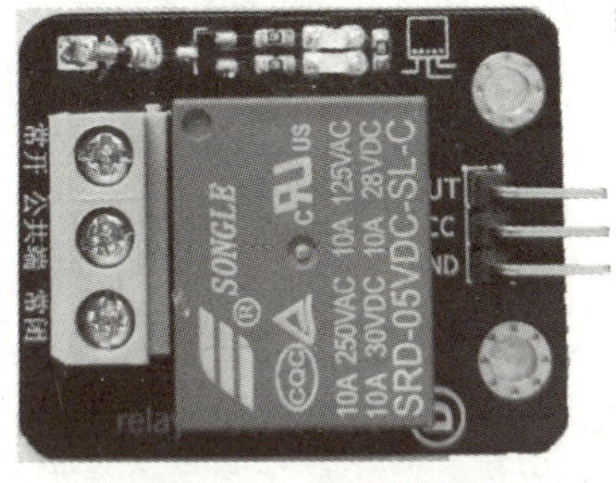

图 6.23　继电器模块

6.5.3　引导实践——自动浇花装置

自动浇花装置（见图6.24）可以根据土壤湿度自动选择浇水，从而无须人工操作。

图 6.24　自动浇花装置

1. 案例分析

自动浇花装置主要分为3个主要器件，分别为土壤湿度传感器、继电器以及水泵。其中，土壤湿度传感器用来检测土壤湿度，继电器用来控制水泵。当土壤湿度不足时，土壤湿度传感器将信号传输给Arduino，从而控制继电器打开水泵进行浇水。当土壤湿度满足标准时，Arduino控制继电器关闭水泵停止浇水。

2. 电路连接设计

如图6.25所示，继电器模块控制24 V水泵，动触点（C）与常开触点（NO）与水泵串联；继电器分别连接Arduino的数字引脚8、5 V引脚以及GND引脚；土壤湿度传感器分别连接Arduino的模拟输入引脚A0、5 V引脚以及GND引脚。

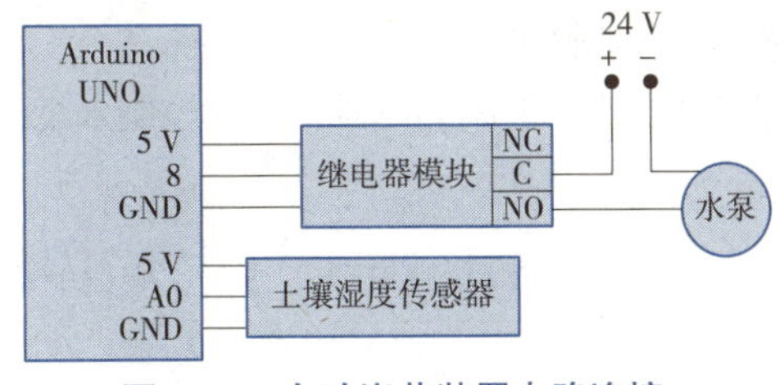

图 6.25　自动浇花装置电路连接

NC—常关触点；C—动触点；NO—常开触点

3. 程序设计

设计程序实现自动浇水功能，当土壤湿度对应的模拟值小于200时，控制继电器打开水泵进行浇水，当湿度值大于600时，控制继电器关闭水泵，具体如例6.5所示。

例 6.5 自动浇花装置。

```
1  int CtrlPin = 8;
2  int analogPin = A0;
3
4  void setup() {
5  Serial.begin(9600);
6  pinMode(CtrlPin, OUTPUT);
7  digitalWrite(CtrlPin, LOW);
8 }
9
10  void loop() {
11  int sensorValue = analogRead(analogPin);
12  Serial.println(sensorValue);
13
14  if(sensorValue < 200){
15    digitalWrite(CtrlPin, HIGH);
16  }
17  else if(sensorValue > 600){
18    digitalWrite(CtrlPin, LOW);
19  }
20  else{
21    delay(500);
22  }
23 }
```

分析：

第1～2行：设置控制继电器模块连接的数字引脚的编号；设置土壤湿度传感器连接的模拟输入引脚的编号。

第6～7行：设置控制引脚的工作模式；设置控制引脚的电平为低电平。

第11行：读取土壤湿度传感器的模拟输出值。

第14～22行：判断读取的模拟输出值，控制继电器，达到控制水泵的目的。

任务 6.6　Arduino 与火焰传感器

6.6.1　预备知识——火焰传感器

火焰传感器由各种燃烧生成物、中间物、高温气体、碳氢物质以及无机物质为主体的高温固体微粒构成。火焰的热辐射具有离散光谱的气体辐射和连续光谱的固体辐射。不同燃烧物的火焰辐射强度、波长分布有所差异。利用火焰温度的近红外波长域及紫外光域具有很大的辐射强度，即可制成火焰传感器。

如图6.26所示，该模块为四线制火焰传感器，其电路原理图如图6.27所示。

图 6.26 四线制火焰传感器

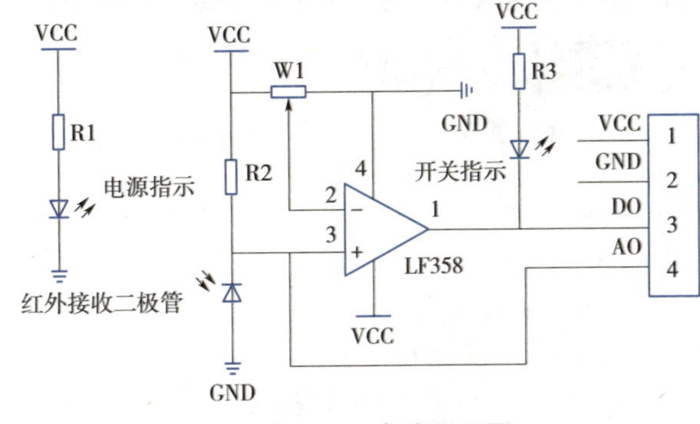

图 6.27 电路原理图

图6.27中，传感器模块的DO接口与Arduino数字接口相连，调节电位器可以调节灵敏度；AO接口与Arduino模拟输入接口相连，模拟量输出方式可以获得更高的精度。该模块可以检测火焰或波长为760 mm ～1 100 mm范围内的光源，探测角度约为60º。

6.6.2 引导实践——火焰探测器

火焰探测器可应用于火焰探测、火源探测灯场合，可将其搭载到遥控小车上，实现远程控制火源探测，小型火源探测机器人如图6.28所示。

图 6.28 小型火源探测机器人

1. 案例分析

本案例只实现火焰探测功能。探测器可以实时检测火焰参数，当火焰测量值高于警报值时，警报灯亮起。

2. 电路连接设计

将火焰传感器的模拟输出引脚AO连接Arduino模拟输入引脚，用来读取测量值；数字引脚DO连接Arduino数字引脚，判断是否检测到火焰，电路连接如图6.29所示。

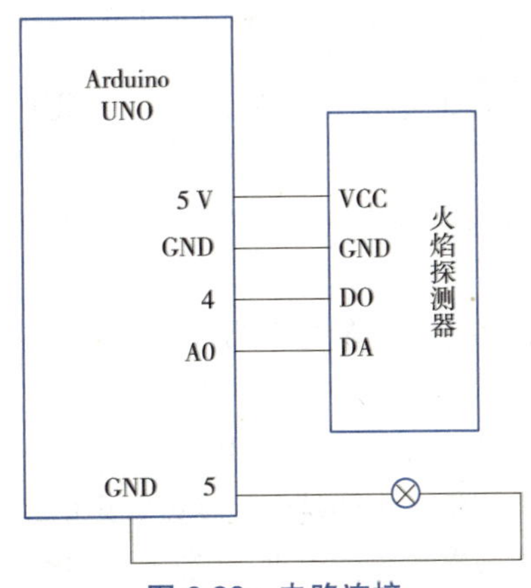

图 6.29 电路连接

3. 程序设计

设计程序实现火焰检测，输出测量值，当测量值高于警报值时，点亮警报灯，具体如例6.6所示。

例 6.6 火焰传感器。

```
1  int DOUT = 4;
2  int AOUT = A0;
3  int ledPin = 5;
4
5  void setup() {
6  Serial.begin(9600);
7  pinMode(ledPin, OUTPUT);
8  pinMode(DOUT, INPUT);
9 }
10
11  void loop() {
12  digitalWrite(ledPin, LOW);
13  if(digitalRead(DOUT) == LOW){
14    delay(10);
15    if(digitalRead(DOUT) == LOW){
16      digitalWrite(ledPin, HIGH);
17    }
18  }
19
20  int val = analogRead(AOUT);
21  Serial.println(val);
22
23  Serial.println(digitalRead(DOUT));
24  delay(500);
25 }
```

分析：

第1～2行：设置火焰传感器连接的数字引脚的编号；设置火焰传感器连接的模拟输入引脚的编号。

第7～8行：设置连接警报灯的数字引脚的模式为输出；设置火焰传感器连接的数字引脚的模式为输入。

第13行：判断火焰传感器连接的数字引脚的电平为低电平，表示火焰测量值超过警报值。

第14行：执行延时抗干扰。

第15行：再次判断火焰传感器连接的数字引脚的电平为低电平，表示火焰测量值超过警报值。

第20行：读取火焰传感器模拟输出值，火焰越强，模拟输出值越小。

第23行：读取火焰传感器连接的数字引脚的电平，0表示检测到火焰。

任务 6.7　上机实践——智能温室

6.7.1　实验介绍

1. 实验目的

通过环境传感器搭建智能小型温室，该温室用来实现植物培养。温室主要实现的功能为温湿度控制、光线控制、土壤湿度控制。智能温室可实时监测各种环境参数，操作人员可以根据检测的环境参数，对相应设备进行控制操作，使环境参数保持在合适的范围。

2. 需求分析

温湿度传感器用来检测室内温湿度值，当温度太高时，则自动开启风扇降温，温度太低时，则自动打开室温灯提高温度；当湿度太低时，则打开加湿器提高湿度，湿度达到指定范围时，关闭加湿器。光线传感器用来检测室内光照强度，操作人员可以根据光照强度值，选择打开与关闭遮阳帘。土壤湿度传感器用来检测室内植物土壤湿度，操作人员可以根据土壤湿度，选择打开与关闭浇水的水泵。水位传感器用来检测室内提供浇水的蓄水池，当蓄水池水位不足时，将自动提供补水功能。

3. 实验器件

- Arduino UNO开发板：1个。
- Arduino UNO拓展板：1个。
- 温湿度传感器DHT11：1个。
- 光线传感器：1个。
- 水位传感器：1个。
- 土壤湿度传感器：1个。
- 杜邦线：若干。
- 220欧限流电阻：若干。
- LED灯：若干。
- 面包板：1个。
- 水泵：2个。
- 步进电机：1个。
- 直流电机：1个。
- 继电器：2个。

6.7.2　实验引导

本实验主要分为4个功能模块，分别为温湿度控制模块、光线控制模块、蓄水池控制模块、土壤湿度控制模块。温湿度控制模块主要包括温湿度传感器、直流电机风扇、加温灯（使用LED灯模拟）以及加湿器（使用LED灯模拟）；光线控制模块主要包括光线传感器、步进电机（控制遮阳帘）；蓄水池控制模块主要包括水位传感器、水泵；土壤湿度控制模块主要包括土壤湿度传感器、水泵，硬件连接框架如图6.30所示。

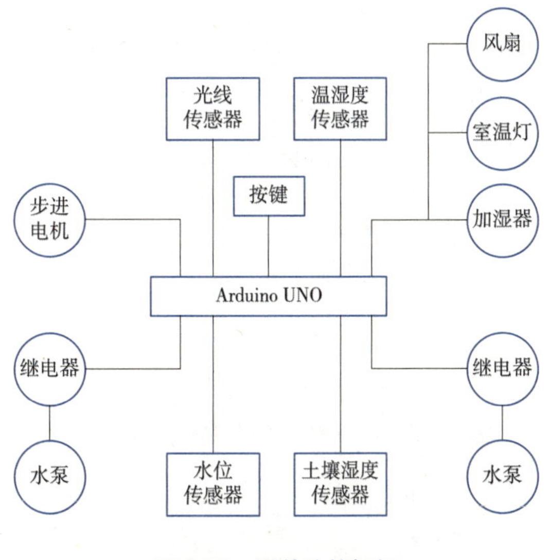

图 6.30　硬件连接框架

6.7.3 软件分析

按照上文硬件连接框架，其软件部分同样分为4个部分。其中，温湿度控制模块需要实现实时数据采集，同时需要对实时数据进行判断，进而控制直流电机、室温灯及加湿器，程序框架如下所示：

```
#include <DHT.h>

#define DHTTYPE DHT11
#define DHT11PIN 4     //定义温湿度传感器连接的数字引脚编号
int humLedPin = 5;     //模拟加湿器的LED灯
int FanPin = 6;        //定义直流电机风扇连接的引脚编号
int temLedPin = 7;     //定义加温灯连接的引脚编号
DHT dht11(DHT11PIN, DHTTYPE);  //创建1个dht11对象

void setup() {
  dht11.begin();
  pinMode(humLedPin, OUTPUT);  //设置连接引脚为输出模式
  pinMode(FanPin, OUTPUT);
  pinMode(temLedPin, OUTPUT);
}

void loop() {
  float h = dht11.readHumidity();  //读取环境湿度

  if(h < 30){
    digitalWrite(humLedPin, HIGH);  //打开加湿器
  }
  else{
    digitalWrite(humLedPin, LOW);  //关闭加湿器
  }
  float t = dht11.readTemperature();  //读取环境温度

  if(t > 24){
    digitalWrite(FanPin, HIGH);  //打开风扇
  }
  else if(t < 15){
    digitalWrite(temLedPin, HIGH);  //打开加温灯
  }
  else{
    digitalWrite(FanPin, LOW);
    digitalWrite(temLedPin, LOW);
  }
}
```

光线控制模块主要实现实时光线数据采集，同时根据测量的光线数据，可选择手动控制步进电机，进而打开与关闭遮阳帘。程序框架如下所示：

```
#include <Stepper.h>

#define STEPS 100
int analogLightPin = A0;  //定义光线传感器连接的模拟输入引脚编号
int interruptLightPin = 2;  //定义按键中断引脚编号
Stepper myStepper(STEPS, 10, 11, 12, 13);  //创建1个myStepper对象

void setup() {
  Serial.begin(9600);  //设置串口波特率
  pinMode(interruptLightPin, INPUT_PULLUP);  //设置中断引脚的功能为上拉
    //设置外部中断，中断产生触发中断处理lightCtrl
  attachInterrupt(digitalPinToInterrupt(interruptLightPin), lightCtrl, LOW);
  myStepper.setSpeed(60);  //设置步进电机转速
}

void loop() {
  int Val = analogRead(analogLightPin);  //读取光照传感器模拟值
  Serial.println(Val);
}

void lightCtrl(){
  noInterrupts();
  myStepper.step(STEPS);  //控制步进电机旋转步数
  interrupts();
}
```

蓄水池控制模块主要通过水位传感器进行水位实时测量，同时当水位下降到警戒线时，自动启动继电器，驱动水泵进行抽水。程序框架如下所示：

```
int analogWaterPin = A1;  //水位传感器模拟输出连接的引脚编号
int CtrlPin = 8;  //继电器数字控制引脚

void setup() {
  pinMode(CtrlPin, OUTPUT);  //设置继电器数字控制引脚为输出
  digitalWrite(CtrlPin, LOW);  //设置控制引脚为低电平
}

void loop() {
  int Val = analogRead(analogWaterPin);  //读取水位传感器模拟输出值

  if(Val < 100){
    digitalWrite(CtrlPin, HIGH);  //水位达到警戒时，启动继电器
```

```
  }
  else if(Val > 600){
    digitalWrite(CtrlPin, LOW);  //水位上升到标准时，关闭继电器
  }
}
```

土壤湿度控制模块主要实现土壤湿度实时采集，同时根据采集的土壤湿度数据，可采用手动控制打开与关闭水泵调整土壤湿度。

```
int analogHumPin = A2;  //设置土壤湿度传感器模拟输出连接的引脚编号
int CtrlPin = 9;  //设置继电器连接的数字引脚编号
int interruptHumPin = 3;  //设置按键中断引脚编号
int state = 0;  //设置状态值

void setup() {
  pinMode(CtrlPin, OUTPUT);  //设置数字引脚功能为输出
  digitalWrite(CtrlPin, LOW);  //输出低电平
  pinMode(interruptHumPin, INPUT_PULLUP);  //设置按键中断引脚功能为上拉
  //设置外部中断，中断产生触发中断处理humCtrl
  attachInterrupt(digitalPinToInterrupt(interruptHumPin), humCtrl, LOW);
}

void loop() {
  int Val = analogRead(analogHumPin);  //获取土壤湿度模拟值
}

void humCtrl(){
  noInterrupts();
  state  = ~state; //改变状态，用来启动与关闭继电器
  if(state){
    digitalWrite(CtrlPin, HIGH);  //启动继电器
  }
  else{
    digitalWrite(CtrlPin, LOW);  //关闭继电器
  }
  interrupts();
}
```

6.7.4 程序设计

如上文软件分析，结合4个功能模块代码，设计程序如例6.7所示。

例 6.7 智能温室。

```
1  #include "DHT.h"
2  #include <Stepper.h>
```

```
3
4  #define DHTTYPE DHT11
5  #define DHT11PIN 4
6  int humLedPin = 5;
7  int FanPin = 6;
8  int temLedPin = 7;
9  DHT dht11(DHT11PIN, DHTTYPE);
10
11  #define STEPS 100
12  int analogLightPin = A0;
13  int interruptLightPin = 2;
14  Stepper myStepper(STEPS, 10, 11, 12, 13);
15
16  int analogWaterPin = A1;
17  int CtrlPin1 = 8;
18
19  int analogHumPin = A2;
20  int CtrlPin2 = 9;
21  int interruptHumPin = 3;
22  int state = 0;
23
24  void setup() {
25  Serial.begin(9600);
26  dht11.begin();
27  pinMode(humLedPin, OUTPUT);
28  pinMode(FanPin, OUTPUT);
29  pinMode(temLedPin, OUTPUT);
30
31  pinMode(interruptLightPin, INPUT_PULLUP);
32  attachInterrupt(digitalPinToInterrupt(interruptLightPin), lightCtrl, LOW);
33  myStepper.setSpeed(60);
34
35  pinMode(CtrlPin1, OUTPUT);
36  digitalWrite(CtrlPin1, LOW);
37
38  pinMode(CtrlPin2, OUTPUT);
39  digitalWrite(CtrlPin2, LOW);
40  pinMode(interruptHumPin, INPUT_PULLUP);
41  attachInterrupt(digitalPinToInterrupt(interruptHumPin), humCtrl, LOW);
42
43 }
44
45  void loop() {
```

```
46  float h = dht11.readHumidity();
47  Serial.println(h);
48
49  if(h < 30){
50    digitalWrite(humLedPin, HIGH);
51  }
52  else{
53    digitalWrite(humLedPin, LOW);
54  }
55  float t = dht11.readTemperature();
56  Serial.println(t);
57
58  if(t > 24){
59    digitalWrite(FanPin, HIGH);
60  }
61  else if(t < 15){
62    digitalWrite(temLedPin, HIGH);
63  }
64  else{
65    digitalWrite(FanPin, LOW);
66    digitalWrite(temLedPin, HIGH);
67  }
68
69  int Val1 = analogRead(analogLightPin);
70  Serial.println(Val1);
71
72  int Val2 = analogRead(analogWaterPin);
73  Serial.println(Val2);
74
75  if(Val2 < 100){
76    digitalWrite(CtrlPin1, HIGH);
77  }
78  else if(Val2 > 600){
79    digitalWrite(CtrlPin1, LOW);
80  }
81
82  int Val3 = analogRead(analogHumPin);
83  Serial.println(Val3);
84 }
85
86  void lightCtrl(){
87  noInterrupts();
88  myStepper.step(STEPS);
```

```
89  interrupts();
90}
91
92  void humCtrl(){
93  noInterrupts();
94  state  = ~state;
95  if(state){
96    digitalWrite(CtrlPin2, HIGH);
97  }
98  else{
99    digitalWrite(CtrlPin2, LOW);
100  }
101  interrupts();
102 }
```

分析:

第4～9行：定义温湿度传感器功能模块中传感器、功能模块连接的Arduino引脚。

第11～14行：定义光线传感器功能模块中传感器、功能模块连接的Arduino引脚。

第16～17行：定义蓄水池功能模块中传感器、继电器模块连接的Arduino引脚。

第19～22行：定义土壤湿度功能模块中传感器、继电器模块连接的Arduino引脚。

第26～29行：温湿度传感器功能模块初始化部分。

第31～33行：光线传感器功能模块初始化部分。

第35～36行：蓄水池功能模块初始化部分。

第38～41行：土壤湿度功能模块初始化部分。

第46～67行：获取温湿度实时数据，并根据判断执行相应的操作。

第69～70行：获取光照实时数据。

第72～80行：获取水位实时数据，并根据判断执行相应的操作。

第82～83行：获取土壤湿度实时数据。

第86～90行：中断处理，控制步进电机旋转步数，进而控制遮阳帘。

第92～102行：中断处理，控制继电器启动或停止泵水。

6.7.5 总结分析

本次上机实践设计的智能温室，通过环境传感器与控制设备结合的方式，实现智能管理环境参数。在此基础上结合一些其他模块，可以实现更加丰富的功能，如增加摄像头模块，实现监控功能。本次上机实践案例程序设计存在不合理之处，即采用无限循环的方式采集环境数据，对处理器消耗较大。读者可以根据实际情况，对程序进行优化，使硬件控制更加精准。

单元小结

本单元主要结合Arduino开发板介绍了6个环境传感器模块，分别为温湿度传感器模块、烟雾传感器模块、光线传感器模块、水位传感器模块、土壤湿度传感器模块、火焰传感器模块。环境传感器模块作为智能场景中前端信息输入部分，应用十分广泛。读者需要在掌握传感器工作原理的情况下，熟练程序设计，完成Arduino与传感器的结合使用。

习　题

1. 填空题

（1）DHT11 的 DATA 端采用______与微控制器进行同步与通信。

（2）微控制器（MCU）发送一次开始信号后，DHT11 从______模式转换到______模式，等待主机开始信号结束后，DHT11 发送响应信号。

（3）气体传感器是一种将某种气体体积分数转化为对应______的转换器。

（4）光线传感器模块，其本质是一个______，根据光的照射强度会改变自身的阻值。

（5）水位传感器检测水量，当水量变多时，越多的导线被连通，导电的接触面积______，其输出的电压______。

（6）电阻型土壤湿度传感器的敏感元件为______。

2. 思考题

（1）简述 MQ-2 烟雾传感器的工作原理。

（2）简述继电器的工作原理。

第 7 单元

Arduino 与通信模块

学习目标

◎了解通信模块的概念
◎熟悉通信模块相关的类库函数
◎熟悉通信模块的调试方法
◎熟练掌握模块应用案例
◎掌握上机实践案例

通信模块可用来实现Arduino与其他硬件设备的无线连接，常见的有蓝牙、RFID、WiFi等。通过这些通信模块可以为Arduino提供更加多样化的信息传输方式，从而实现更多设计需求。Arduino IDE提供了各种与通信模块匹配的类库，使得开发者无须关注通信协议，即可实现对通信模块的控制。本单元将主要介绍一些主流的通信模块，具体包括通信模块的工作原理、调试方法以及模块的应用。

任务 7.1　Arduino 与蓝牙通信模块

7.1.1　预备知识——蓝牙通信模块概述

1. 蓝牙概述

蓝牙技术是一种无线数据和语音通信开发的全球规范，其以低成本的近距离无线连接为基础，将固定与移动设备通信环境建立连接。作为无线个域网通信的主流技术之一，蓝牙可以在设备之间实现方便快捷、灵活安全、低功耗和低成本的数据和语音通信。

2. 蓝牙版本信息

蓝牙版本信息具体如表7.1所示。

表 7.1　蓝牙版本信息

蓝牙版本	发布时间	最大传输速度	传输距离 /m
蓝牙 1.0	1998 年	723.1 kbit/s	10
蓝牙 1.1	2002 年	810 kbit/s	10
蓝牙 1.2	2003 年	1 Mbit/s	10
蓝牙 2.0+EDR	2004 年	2.1 Mbit/s	10
蓝牙 2.1+EDR	2007 年	3 Mbit/s	10

续上表

蓝牙版本	发布时间	最大传输速度	传输距离 /m
蓝牙 3.0+HS	2009 年	24 Mbit/s	10
蓝牙 4.0	2010 年	24 Mbit/s	50
蓝牙 4.1	2013 年	24 Mbit/s	50
蓝牙 4.2	2014 年	24 Mbit/s	50
蓝牙 5.0	2016 年	48 Mbit/s	300
蓝牙 5.1	2019 年	48 Mbit/s	300

蓝牙4.0包括3个子规范，分别为传统蓝牙技术、高速蓝牙技术以及蓝牙低功耗技术。

3. 蓝牙技术特点

①全球范围适用：蓝牙工作在2.4 GHz的ISM频段，全球大部分国家ISM频段的范围是2.4～2.483 5 GHz，使用该频段无须向各国的无线电资源管理部门申请许可证。

②同时可传输语音与数据：蓝牙采用电路交换和分组交换技术，支持异步数据信道、三路语音信道以及异步数据与同步语音同时传输的信道。

③可以建立临时性的对等连接：根据蓝牙设备在网络中的角色，可分为主设备与从设备。主设备是组网连接主动发起连接请求的蓝牙设备。多个蓝牙设备连接成一个皮网（piconet）时，其中只有一个主设备，其余均为从设备。皮网是蓝牙最基本的一种网络形式，最简单的皮网是一个主设备和一个从设备组成的点对点的通信连接。通过时分复用技术，一个蓝牙设备可以同时与几个不同的皮网保持同步，即该设备按照一定的时间顺序参与不同的皮网。

④具有很好的抗干扰能力：为了很好地抵抗来自其他无线电设备的干扰，蓝牙采用跳频方式来扩展频谱，将2.402～2.48 GHz频段分为79个频点，相邻频点间隔1 MHz。蓝牙设备在某个频点发送数据之后，再跳到另一个频点发送，而频点的排列顺序则是伪随机的，每秒频率改变1 600次，每个频率持续625 μs。

⑤体积小，便于集成：蓝牙模块具有较小的体积，可以嵌入个人移动设备中。

⑥低功耗：蓝牙设备在通信连接状态下，有4种工作模式——激活模式、呼吸模式、保持模式、休眠模式。激活模式为正常的工作状态，其他模式为低功耗模式。

4. 蓝牙系统构成

蓝牙系统构成如图7.1所示。图7.1中，射频（radio）单元主要负责数据与语音的发送与接收，特点为短距离、低功耗；基带与链路控制（link controller）单元进行射频信号与数字或语音信号的相互转化，实现基带协议和其他底层连接规程；链路管理（link manager）单元负责管理蓝牙设备之间的通信，实现链路的建立、验证、链路配置等操作。

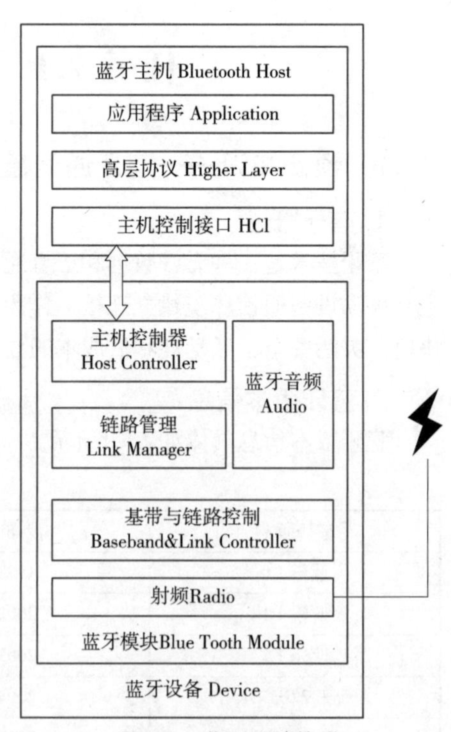

图 7.1 蓝牙系统构成

5. 蓝牙协议

蓝牙协议依照其功能可分为4层，具体如表7.2所示。

表 7.2 蓝牙协议分层

蓝牙协议	具体协议	全 称	作 用
核心协议层	LMP	link manager protocol 链路管理协议	用于设备间建立连接，负责链路的建立、认证和配置
	HCI	host controller interface 控制器接口	控制器和链路管理器提供命令接口，允许访问硬件状态和控制寄存器
	SDP	service discovery protocol 服务发现协议	允许设备发现其他设备提供的服务及相关参数
	L2CAP	logical link control and adaptation protocol 逻辑链路控制与适配协议	两个使用不同的更高级协议的设备之间的多路传输的多个逻辑连接
电缆替代协议层	RFCOMM	radio frequency communication 串行线性仿真协议	生成虚拟串行数据流
电话传送控制协议	TCS-BIN	telephony control specification 电话控制协议	用于蓝牙设备间建立语音和数据呼叫的呼叫控制信令
选用协议层	PPP	point to point protocol 点对点通信协议	用于在点对点链路上传输 IP 数据报的因特网标准协议
	TCP/IP UDP	transmission control protocol / internet protocol / user datagram Protocol 传输控制协议 / 互联网络协议 / 用户数据报协议	TCP/IP 协议套件的基础协议
	OBEX	object exchange 对象交换协议	用于对象交换的会话层协议，为对象和操作表示提供模型
	WAE/WAP	wireless application environment / wireless application protocol 无线应用环境 / 无线应用协议	WAE 为无线设备指定了一个应用程序框架，WAP 是一个开放标准，为移动用户提供对电话和信息服务的访问

6. 协议规范

蓝牙规范指的是蓝牙通信在某种用途下应该使用的通信协议和相关的规范。其中，最基本的4个规范如表7.3所示。

表 7.3 协议规范

规 范	全 称	作 用
GAP	general access profile 通用接入规范	保证不同的蓝牙产品可以互相发现对方并建立连接
SDAP	service discovery application profile 服务发现应用规范	描述应用程序如何使用 SDP 发现远程设备上的服务
SPP	serial port profile 串行端口规范	定义如何设置虚拟串行端口及如何连接两个蓝牙设备
GOEP	general object exchange profile 通用对象交换规范	可用于将对象从一个设备传输到另一个设备

7.1.2 深入学习——蓝牙串口模块 HC-05

1. 蓝牙串口模块 HC-05 介绍

常用的蓝牙串口模块可以分为工业级和民用级，常用的工业级有HC-03、HC-04，民用级有HC-05、HC-06。其中，HC-05蓝牙串口通信模块基于Bluetooth Specification V2.0带EDR蓝牙协议的数传模块，无线工作频段为2.4 GHz ISM，调制方式为GFSK，模块最大发射功率为4 dBm，接收灵敏度为－85 dBm，板载PCB天线，可以实现10 m距离通信。

如图7.2所示，HC-05蓝牙串口通信模块的引脚说明如表7.4所示。

图 7.2 HC-05 蓝牙串口通信模块

表 7.4 HC-05 蓝牙串口通信模块引脚说明

模块引脚名称	功能说明
STATE	连接后输出高电平，未连接输出低电平
RX	接收端，正常情况下与其他模块的发送端连接
TX	发送端，正常情况下与其他模块的接收端连接
GND	接电源负极
+5V	接电源正极，输入电压范围 3.6 ～ 6 V
EN（KEY）	使能端，接 3.3 V 时，进入 AT 命令模式（按下按钮时 EN 与 3.3 V 连接）

HC-05蓝牙串口模块具有两种工作模式，即命令响应工作模式与自动连接工作模式。在自动连接工作模式下，模块有主（master）、从（slave）、回环（loopback）3种工作角色。HC-05支持一对一连接，设置一个主机，一个从机，配对码一致，波特率一致，上电即可自动连接。在连接模式CMODE为0时，主机第一次连接后，会自动记忆配对对象，如需连接其他模块，必须先清除配对记忆。在连接模式CMODE为1时，主机则不受绑定指令设置地址的约束，可以与其他从机模块连接。当HC-05处于命令响应工作模式时，能执行AT命令，用户可向模块发送各种AT指令，为模块设定控制参数或发布控制命令。

使用HC-05蓝牙串口模块可以取代串口线，如将模块分别连接一个单片机作为主机和从机，当主机与从机配对成功后，两个单片机之间即可通过蓝牙串口模块进行无线串行通信，具体如图7.3所示。

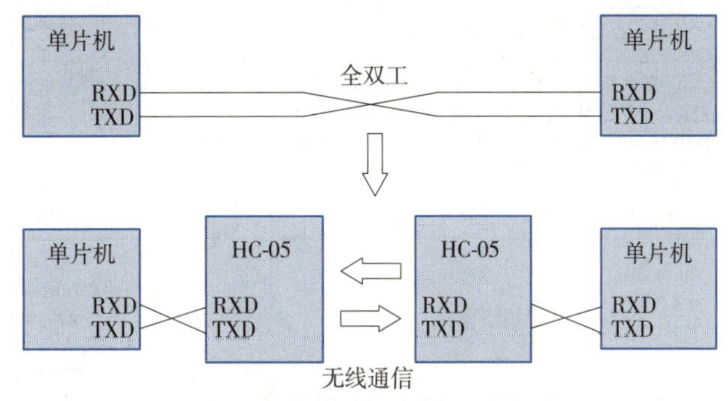

图 7.3　蓝牙模块代替串口线

HC-05模块有连接状态指示灯，LED灯快闪表示无蓝牙连接；慢闪表示进入AT命令模式；双闪表示有蓝牙连接（配对成功）。配对成功后，即可按照全双工串口使用。

进入AT命令模式有两种方式，具体如下：

①按住按键或EN脚拉高时，HC-05上电开机，此时灯慢闪，HC-05进入AT命令模式，默认波特率为38 400 bit/s，此模式称为原始模式，该模式下一直是AT命令模式。

②HC-05上电开机，红灯快闪，按住按键或EN脚拉高一次，HC-05进入AT命令模式，默认波特率为9 600 bit/s，此模式称为正常模式。HC-05模块出厂时默认为从机，出厂名称为HC-05，波特率为9 600 bit/s，配对码是1234。

HC-05蓝牙串口模块的AT命令均以回车符、换行符结尾，且不区分大小写，具体描述如表7.5所示（指令集需要参照实物数据说明手册，表中展示为部分指令）。

表 7.5　HC-05 AT 命令

命　令	功　能	响　应
AT	测试命令	OK
AT+RESET	模块复位	OK
AT+VERSION?	查询模块的软件版本	+VERSION：<Param>\r\n\OK <Param> 表示软件版本
AT+ORGL	恢复默认设置	OK
AT+ADDR?	查询模块 MAC 地址	+ADDR：<Param>\r\n\OK <Param> 表示蓝牙地址
AT+NAME=<Param>	设置蓝牙名称	OK：设置成功 FAIL：失败
AT+NAME?	查询蓝牙名称	+NAME：<Param>\r\n\OK <Param> 表示蓝牙名称
AT+ROLE=<Param>	设置蓝牙模式 <Param> 为 0 表示从模式（默认）；为 1 表示主模式；为 2 回环模式（用于自检）	OK
AT+ROLE?	查询角色	+ROLE：<Param>\r\n\OK
AT+PSWD=<Param>	设置配对密码，<Param> 为自定义密码，默认为“1234”，密码需要使用双引号，为四位数字	OK

续上表

命　令	功　能	响　应
AT+PSWD?	查询配对码，默认为 1234	OK
AT+CMODE=<Param>	设置蓝牙连接模式，其中 <Param> 为 0 表示指定蓝牙地址连接模式；为 1 表示任意蓝牙地址连接模式；为 2 表示环角色 OK	OK
AT+CMODE?	查询当前连接模式	+CMODE：<Param> <Param> 为 0、1、2
AT+INQM=<Param>,<Param2>,<Param3>	设置访问模式	OK：成功 FAIL：失败 Param：查询模式 \r\n\OK Param2：最多蓝牙设备响应数 Param3：最大查询超时，超时范围：1 ~ 48 参数默认值：1，1，48
AT+INQM?	查询访问模式	+INQM：<Param>,<Param>,<Param3>\r\n\OK
AT+UART=<Param>,<Param2>,<Param3>	设置模特率、停止位和校验位	Param：波特率，可取值 2 400、4 800、9 600、19 200、38 400、5 760、115 200、230 400、460 800、921 600、1 382 400 Param2：停止位，0 表示 1 位，1 表示 2 位 Param3：校验位，0 表示 None，1 表示 Odd，2 表示 Even 参数默认值：9 600，0，0
AT+UART?	查询波特率、停止位和校验位	+UART=<Param1>,<Param2>，<Param3>\r\n\OK
AT+BIND=<Param>	设置绑定蓝牙地址 <Param> 表示绑定的蓝牙地址，默认绑定蓝牙地址为 00:00:00:00:00:00	OK
AT+BIND?	查询绑定蓝牙地址	+BIND：<Param>\r\n\OK

2. 蓝牙串口模块 HC–05 配置

配置蓝牙串口模块HC-05的方式有3种，具体如下：

①通过USB转TTL模块进行配置。

通过USB转TTL模块配置HC-05需要使用USB转TTL模块，如图7.4所示。

图 7.4　USB 转 TTL 模块

首先需要在计算机中安装USB转TTL串口模块驱动程序，然后将HC-05模块与USB转TTL模块进行连接，连接方式如表7.6所示。

表 7.6　模块连接

模块	引脚对应关系			
HC-05	RX	TX	GND	VCC
USB 转 TTL	TXD	RXD	GND	+5 V

将HC-05模块进入命令模式，打开Arduino IDE并通过串口监视器打开对应端口，设置波特率为38 400 bit/s或9 600 bit/s（取决于进入AT命令模式的方式），结束符类型选为“NL和CR”，选择此结束符类型后，发出的每条指令都将自带回车符和换行符“\r\n”（如没有回车符和换行符，蓝牙模块将不能识别发送的指令）。在串口监视器中输入指令，指令通过USB转TTL模块发送给蓝牙模块，蓝牙模块处理指令后返回信息并显示到串口监视器界面，如图7.5所示。

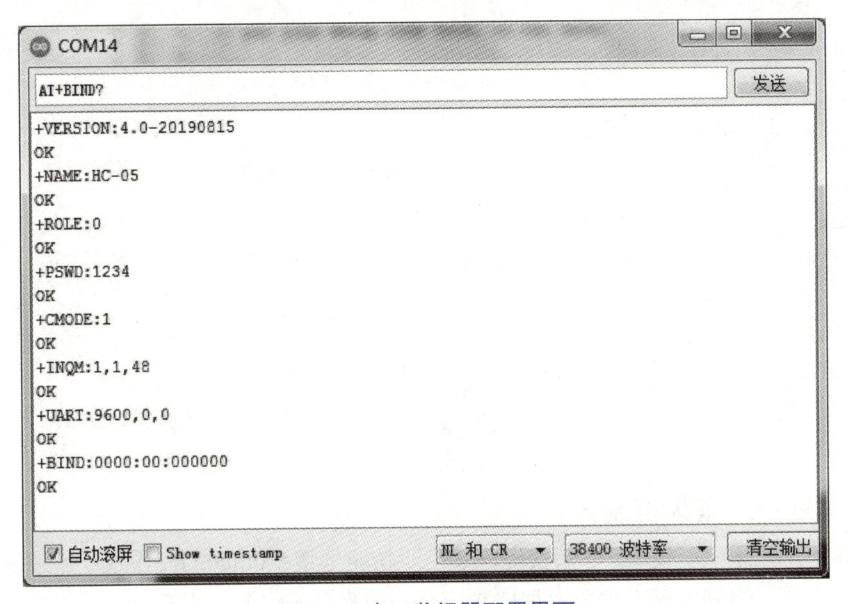

图 7.5　串口监视器配置界面

②通过Arduino UNO自带的USB转串口芯片进行配置。

将HC-05模块的TX引脚、RX引脚与Arduino UNO的TX引脚（1号引脚）、RX引脚（0号引脚）一一对应连接（非交叉连接），同时连接+5 V和GND。将Arduino UNO与计算机通过USB转串口线连接，同时将HC-05模块进入AT命令模式，下载程序到Arduino UNO中，具体程序如下所示：

```
void setup(){
  pinMode(0, INPUT_PULLUP);
  pinMode(1, INPUT_PULLUP);
}
void loop(){}
```

下载程序后，打开IDE中的串口监视器即可发送AT指令配置HC-05。因为串口通信线空闲时应为高电平，所以Arduino开发板的0和1引脚处于上拉输入模式即可，上拉后不影响USB转TTL芯片输出低电平。

③通过Arduino UNO其他串口或软件串口进行配置。

将HC-05模块的TX引脚、RX引脚与Arduino的软件串口（普通数字引脚模拟）交叉连接，同时连接+5 V和GND。将Arduino UNO与计算机通过USB转串口线连接，同时将HC-05模块进入AT命令模式，下载程序到Arduino UNO中，具体程序如下所示：

```
#include <SoftwareSerial.h>

//定义模拟串口：数字引脚8为RX，数字引脚7为TX
SoftwareSerial mySerial(8, 7);
void setup() {
  Serial.begin(9600);
  //打开串口，设置波特率为9600，并判断串口是否准备就绪，若就绪则执行loop函数
  mySerial.begin(9600);
  while(!mySerial){
    ;
  }
}
void loop() {
  if(mySerial.available()){
    Serial.write(mySerial.read());
  }
  if(Serial.available()){
    mySerial.write(Serial.read());
  }
}
```

7.1.3 引导实践——蓝牙控制器

蓝牙控制器基于蓝牙串口模块HC-05实现，其主要功能是将Arduino的操作指令通过蓝牙无线传输的形式进行发送。因此，控制器可应用于多种控制场合，如蓝牙遥控车、蓝牙控制音响等。

1. 案例分析

案例可以采用单个蓝牙模块或两个蓝牙模块完成，如采用两个蓝牙模块，则一个蓝牙模块作为主模块，另一个蓝牙模块作为从模块，并且分别与Arduino开发板连接，形成发送端与接收端，如图7.3所示。发送端Arduino连接外部物理按键，按键按下时，Arduino发送操作指令到蓝牙模块，并通过蓝牙将指令发出。接收端蓝牙模块接收到信息后，将信息传递给Arduino进行处理。

本案例采用单个蓝牙模块进行实践，将蓝牙模块与Arduino结合作为发送端，接收端采用安卓手机代替，通过安卓手机上的蓝牙适配器与发送端的蓝牙模块进行配对连接。安卓手机需要安装蓝牙串口助手（手机应用商城自行下载），操作界面如图7.6所示。

在安卓手机上安装蓝牙串口助手，安装后运行并确认蓝牙打开，进入软件操作界面，软件会自动搜索周边蓝牙设备并显示在列表中，此时选择接收端蓝牙设备的名称，选择连接并输入配对码后可连接该蓝牙设备，连接成功后即可进行通信。

图 7.6 蓝牙串口助手操作界面

2. 电路连接设计

发送端的电路连接如图7.7所示，Arduino连接HC-05模块，数字引脚8、9、10、11连接物理按键，当按键按下时，数字引脚为低电平，反之为高电平。

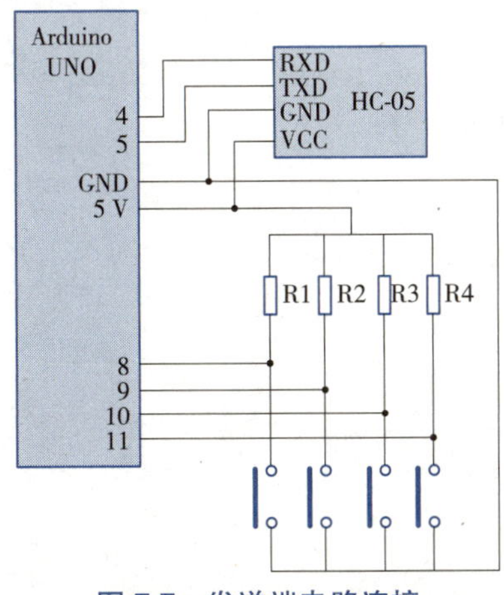

图 7.7 发送端电路连接

3. 程序设计

设计程序实现发送端通过按键执行指令发送，具体如例7.1所示。

例 7.1 蓝牙控制器。

```
1  #include <SoftwareSerial.h>
2
3  SoftwareSerial mySerial(5, 4);
4  int keyPin1 = 8;
5  int keyPin2 = 9;
6  int keyPin3 = 10;
7  int keyPin4 = 11;
8
9  void setup() {
10  pinMode(keyPin1, INPUT);
11  pinMode(keyPin2, INPUT);
12  pinMode(keyPin3, INPUT);
13  pinMode(keyPin4, INPUT);
14
15  mySerial.begin(9600);
16  while(!mySerial){
17    ;
18  }
19}
20
21void loop() {
22  if(digitalRead(keyPin1) == LOW){
23    mySerial.println("UP");
24  }
25  if(digitalRead(keyPin2) == LOW){
26    mySerial.println("DOWN");
27  }
28  if(digitalRead(keyPin3) == LOW){
29    mySerial.println("LEFT");
30  }
31  if(digitalRead(keyPin4) == LOW){
32    mySerial.println("RIGHT");
33  }
34
35  delay(2000);
36 }
```

分析：

第1行：声明软件串口类库函数对应的头文件。

第3行：创建软件串口对象mySerial，指定数字引脚4、5为软件串口发送、接收引脚。

第10～13行：设置数字引脚为输入模式，当按键未按下时，引脚为高电平。

第15行：设置串口波特率。

第22～33行：判断连接按键的数字引脚的电平，当电平为低电平时，表示按键按下，执行串口输出，通过蓝牙模块发送对应的信息。

任务7.2　Arduino与RFID模块

7.2.1　预备知识——RFID模块概述

无线射频识别即射频识别技术（radio frequency identification，RFID）是自动识别技术的一种，通过无线射频方式进行非接触双向数据通信。换句话说，即利用无线射频方式对记录媒体（电子标签或射频卡）进行读写，从而达到识别目标和数据交换的目的，其被认为是21世纪最具发展潜力的信息技术之一。

RFID系统由阅读器（reader）、电子标签（TAG）、应用软件3部分组成，具体的工作原理是电子标签进入阅读器后，接收阅读器发出的射频信号，凭借感应电流所获得的能量发送出存储在芯片中的产品信息（无源标签或被动标签），或者由标签主动发送某一频率的信号（有源标签或主动标签），阅读器读取信息并解码后，送至中央信息系统进行有关数据处理。阅读器及电子标签之间的通讯及能量感应方式可以分为：感应耦合及后向散射耦合。一般低频RFID采用感应耦合，高频RFID采用后向散射耦合。

阅读器根据使用的结构与技术不同，可以作为读或读/写装置，是RFID系统信息控制与处理中心。阅读器通常由耦合模块、收发模块、控制模块和接口单元组成。阅读器与应答器之间一般采用半双工通信方式进行信息交换，同时阅读器通过耦合给无源标签提供能力和时序。在实际应用中，可进一步通过Etherneth或WLAN等实现对物体识别信息的采集、处理及远程传送等管理功能。

常见的无源读写模块MF RC522以及电子标签（IC卡）如图7.8所示。MF RC522是NXP公司推出的一款低电压、低成本、体积小的非接触式读写卡芯片，广泛应用于智能仪表和便携式手持设备。

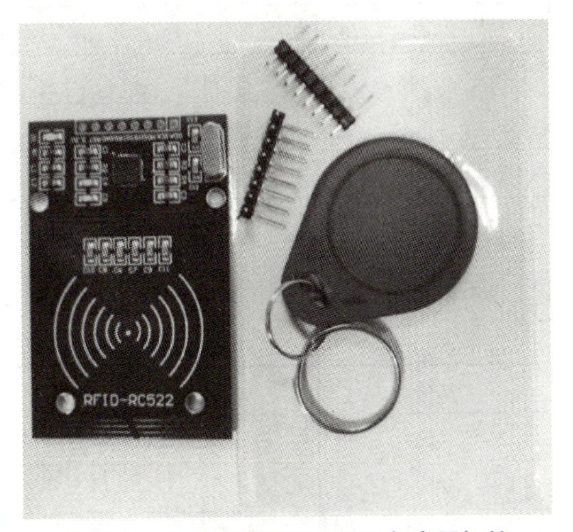

图7.8　读写模块MF-RC522与电子标签

MF RC522与主机间的通信采用连线较少的串行通信，并且根据不同的用户需求，可选取SPI、I2C或串行UART模式之一。这样有利于减少连接，缩小PCB板体积，降低成本。

每张电子标签（IC卡）都有16个扇区，包括1个公共区和15个数据区，每个扇区有4个块，每个块占16个字节。每个扇区的块0、1、2用来存储数据（扇区0的块0除外），块3为控制块，用来存放密码和控制权限，不能用来存储数据。块3的前6个字节为密钥A，后6个字节为密钥B，中间的4个字节为存储控制，每个扇区都可以通过它包含的密钥A和密钥B单独加密。IC卡扇区示意图如图7.9所示。

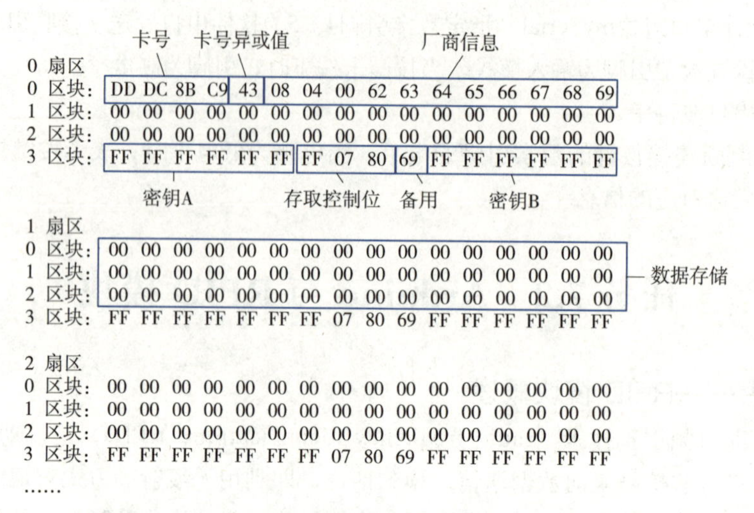

图 7.9 IC 卡扇区示意图

IC卡有非加密卡与加密卡之分，非加密卡中所有的扇区的密钥A和密钥B数值都是默认值0xFFFFFFFFFFFF，而加密卡中有扇区的密钥A和密钥B不等于0xFFFFFFFFFFFF。部分扇区加密的卡称为半加密卡，所有扇区都加密的卡称为全加密卡。

7.2.2 深入学习——RFID 类库函数

Arduino IDE提供了RFID模块的第三方类库，采用SPI通信协议接口，具体如下：

1. RFID()

RFID()为构造函数，用来创建1个RFID实例，具体描述如表7.7所示。

表 7.7 RFID() 函数

语法格式	RFID rfid(pin1，pin2)	
功能	设置读卡器的使能引脚 SS（模块中的 SDA）和复位引脚 RST	
参数	pin1	连接读卡器使能引脚的引脚编号
	pin2	连接读卡器复位引脚的引脚编号
返回值	无	

2. isCard()

isCard()函数用来执行寻卡操作，具体描述如表7.8所示。

表 7. 8 isCard()

语法格式	rfid.isCard()
功能	寻卡
参数	无
返回值	true 或 false

3. readCardSerial()

readCardSerial()函数用来读取卡的序列号，具体描述如表7.9所示。

表 7.9　readCardSerial()

语法格式	rfid.readCardSerial()
功能	获取 4 字节和 1 字节校验码序列号保存到数组 serNum
参数	无
返回值	true 或 false

4. init()

init()函数用来初始化RC522，具体描述如表7.10所示。

表 7.10　init() 函数

语法格式	rfid.init()
功能	初始化 RC522
参数	无
返回值	无

5. auth()

auth()函数用来验证卡片密码，具体描述如表7.11所示。

表 7.11　auth() 函数

语法格式	rfid.auth(authMode，blockAddr，Sectorkey，serNum)	
功能	验证卡片密码	
参数	authMode	密码验证模式，0x60 为验证 A 密钥，0x61 为验证 B 密钥
	blockAddr	块地址
	Secotorkey	扇区密码
	serNum	卡片序列号
返回值	0	

6. read()

read()函数表示读数据块，具体描述如表7.12所示。

表 7.12　read() 函数

语法格式	rfid.read(blockAddr，recvData)	
功能	读取数据块	
参数	blockAddr	块地址
	recvData	读出的数据块
返回值	0	

7. write()

write()函数表示写数据块，具体描述如表7.13所示。

表 7. 13　write() 函数

语法格式	rfid.write(blockAddr，writeData)	
功能	写数据块	
参数	blockAddr	块地址
	writeData	写入块的 16 字节数据
返回值	0	

8. selectTag()

selectTag()函数用来选择卡片并读取卡片的存储器容量，具体描述如表7.14所示。

表 7. 14　selectTag() 函数

语法格式	rfid.selectTag(serNum)	
功能	选择卡片并读取卡的存储器容量	
参数	serNum	卡序列号
返回值	卡容量	

9. halt()

halt()函数用来命令卡片进入休眠状态，具体描述如表7.15所示。

表 7. 15　halt() 函数

语法格式	rfid.halt()
功能	命令卡片进入休眠状态
参数	无
返回值	无

7.2.3　引导实践——IC 卡数据读写器

IC卡由于其固有的信息安全、便于携带、标准化等优点，在身份认证、银联卡、电信、公共交通、车场管理、燃气表缴费等领域应用十分广泛，如二代身份证、公交卡、水电卡等。通过IC卡数据读写器可实现对IC卡的智能管理，如加密、充值、复制等操作。

1. 案例分析

IC卡数据读写器主要通过MF RC522实现，该模块通过SPI总线与主机进行通信。Arduino程序控制MF RC522首先执行寻卡操作，并获取IC卡序列号，然后进行选卡操作，选卡成功后，对IC卡中的某一扇区的密钥A进行修改，最后向该扇区存储数据的区域写入数据并读取显示。通过上述过程实现IC卡的基本操作，完成读写器的功能需求。

2. 电路连接设计

通过SPI总线将Arduino与MF RC522连接，组成IC卡读写器。Arduino SPI引脚中的MISO、MOSI引脚与MF RC522中的

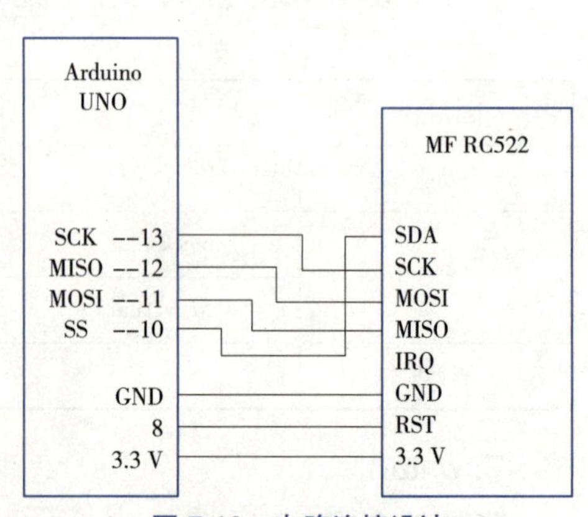

图 7.10　电路连接设计

MOSI、MISO引脚相连，即交叉连接，具体如图7.10所示。

3. 程序设计

设计程序实现读卡器基础功能，具体如例7.2所示。

例 7.2　IC卡数据读写器。

```
1  #include <SPI.h>
2  #include <RFID.h>
3
4  RFID rfid(10, 9);
5  unsigned char serNum[5];
6  unsigned char writeData[16] = {'q','i','a','n','f','e','n','g',
7                                 0,0,0,0,0,0,0,0};
8
9  unsigned char sectorKeyA[16][16] = {{0xFF, 0xFF, 0xFF, 0xFF, 0xFF, 0xFF},
10                                     {0xFF, 0xFF, 0xFF, 0xFF, 0xFF, 0xFF},
11                                     {0xFF, 0xFF, 0xFF, 0xFF, 0xFF, 0xFF},};
12  unsigned char sectorNewKeyA[16][16] = {{0xFF, 0xFF, 0xFF, 0xFF, 0xFF,
    0xFF},
13                                     {0xFF, 0xFF, 0xFF, 0xFF, 0xFF, 0xFF, 0xFF,
    0x07, 0x80, 0x69, 0xFF, 0xFF, 0xFF, 0xFF, 0xFF, 0xFF},
14                                     {0xFF, 0xFF, 0xFF, 0xFF, 0xFF, 0xFF, 0xFF,
    0x07, 0x80, 0x69, 0xFF, 0xFF, 0xFF, 0xFF, 0xFF, 0xFF},};
15  void setup() {
16  Serial.begin(9600);
17  SPI.begin();
18  rfid.init();
19  }
20
21  void loop() {
22  unsigned char status;
23  unsigned char blockAddr;
24  unsigned char str[MAX_LEN];
25  rfid.isCard();
26
27  if(rfid.readCardSerial()){
28  Serial.print(rfid.serNum[0], HEX);
29  Serial.print(rfid.serNum[1], HEX);
30  Serial.print(rfid.serNum[2], HEX);
31  Serial.print(rfid.serNum[3], HEX);
32  Serial.print(rfid.serNum[4], HEX);
33  Serial.println("");
34  }
```

```
35 rfid.selectTag(rfid.serNum);
36
37 blockAddr = 7;
38
39 if(rfid.auth(PICC_AUTHENT1A, blockAddr, sectorKeyA[blockAddr/4], rfid.serNum)
   == MI_OK){
40 status = rfid.write(blockAddr, sectorNewKeyA[blockAddr/4]);
41 Serial.println(blockAddr/4, DEC);
42
43 blockAddr = blockAddr - 3;
44
45 status = rfid.write(blockAddr, writeData);
46
47 if(status == MI_OK){
48     Serial.println("Write card OK");
49 }
50 }
51
52 blockAddr = 7;
53
54 status = rfid.auth(PICC_AUTHENT1A, blockAddr, sectorNewKeyA[blockAddr/4],
   rfid.serNum);
55
56 if(status == MI_OK){
57 blockAddr = blockAddr - 3;
58
59 if(rfid.read(blockAddr, str) == MI_OK){
60 Serial.print("Read card OK");
61 Serial.println((char *)str);
62   }
63 }
64 rfid.halt();
65}
```

分析：

第1～2行：声明SPI类库、RFID类库函数对应的头文件。
第4行：创建1个RFID实例，指定SDA、RST连接的Arduino引脚编号。
第6行：定义写入IC卡存储区的数据。
第9～14行：定义原扇区密钥A以及新扇区密钥A。
第16～18行：初始化串口，初始化SPI总线，初始化rfid。
第25行：执行寻卡操作。
第27～34行：执行读卡操作，输出IC序列号。

第35行：执行选卡操作，锁定卡片，防止多次读写。

第39行：执行认证，验证卡密码，操作第7数据块，即第2个扇区的最后一个数据块，该数据块用来保存扇区的密钥A、B以及控制码。

第40行：向扇区的数据块写入新的密钥A。

第45行：向第4数据块（即扇区第1个数据块）写入数据。

第54行：执行认证，验证卡密码。

第59～61行：读取第4数据块中的数据。

执行程序后，读卡器执行写卡、读卡操作，读取数据通过串口进行显示，如图7.11所示。

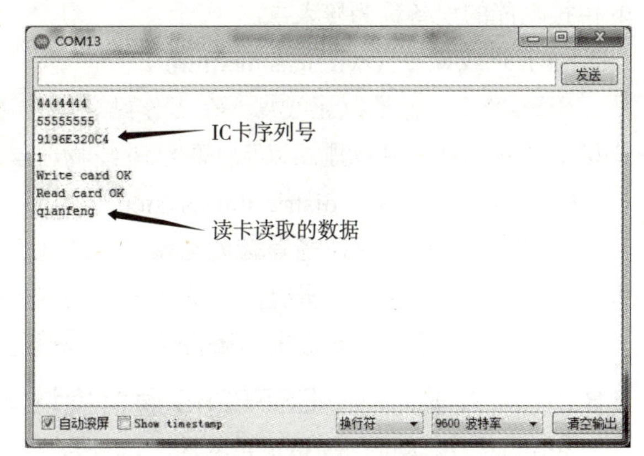

图 7.11　读取 IC 卡信息

任务 7.3　Arduino 与 WiFi 通信模块

7.3.1　预备知识——WiFi 通信模块概述

WiFi全称为Wireless Fidelity，即无线保真技术，是一种可以将个人计算机、手持设备等终端以无线方式相互连接的技术。WiFi技术基于IEEE 802.11系列协议标准，该通信协议于1996年由澳洲的研究机构CSIRO提出，WiFi凭借其独特的技术优势，被公认为是目前最主流的WLAN技术标准。IEEE 802.11ax于2019年公布，该WiFi标准也被定义为WiFi6，借用蜂窝网络采用的OFDMA技术，可以实现多个设备同时传输，显著提升数据传输速度，降低延迟。WiFi联盟将IEEE 802.11ax标准定义为WiFi6，同时也将之前发布的IEEE 802.11 a/b/g/n/ac依次追加为WiFi1/2/3/4/5，具体如表7.16所示。

表 7. 16　WiFi 标准

WiFi 版本	WiFi 标准	发布时间	最高速率	工作频段
WiFi7	IEEE 802.11be	2022 年	30 Gbit/s	2.4 GHz/5 GHz/6 GHz
WiFi6	IEEE 802.11ax	2019 年	11 Gbit/s	2.4 GHz/5 GHz
WiFi5	IEEE 802.11ac	2014 年	1 Gbit/s	5 GHz
WiFi4	IEEE 802.11n	2009 年	600 Mbit/s	2.4 GHz/5 GHz
WiFi3	IEEE 802.11g	2003 年	54 Mbit/s	2.4 GHz
WiFi2	IEEE 802.11b	1999 年	11 Mbit/s	2.4 GHz
WiFi1	IEEE 802.11a	1999 年	54 Mbit/s	5 GHz
WiFi0	IEEE 802.11	1997 年	2 Mbit/s	2.4 GHz

IEEE 802.11协议标准定义了4种主要的物理组件，具体如下：

（1）工作站（station）

构建网络的主要目的是在工作站间传送数据，工作站一般指配备网络接口的计算设备。

（2）接入点（access point）

IEEE 802.11网络使用的数据帧必须经过转换才能被传递到其他不同类型的网络。具有无线至有线的桥接功能的设备称为接入点。

（3）无线媒介（wireless medium）

IEEE 802.11标准以无线媒介在工作站之间传递数据帧，其定义的物理层不止一种。IEEE 802.11最初标准化了两种射频物理层以及一种红外线物理层。

（4）分布式系统（distribution system）

当多个接入点串联以覆盖较大区域时，彼此之间必须相互通信以掌握移动式工作站的行踪。分布式系统属于IEEE 802.11的逻辑组件，负责将帧传送至目的地。

WiFi技术具有无线电波的覆盖范围广，传输速度快，成本低，无须布线，组建方便等特点。

7.3.2 深入学习——ESP8266 通信模块配置

WiFi通信模块可广泛应用于监控、医疗仪器、数据采集、手持设备、智能家居、现代农业等方面。本节选取ESP8266系列模块进行介绍，该模块的核心处理器 ESP8266 在较小尺寸封装中集成了Tensilica L106超低功耗32位微型MCU，并带有16位精简模式，主频支持80 MHz和160 MHz，支持RTOS，集成Wi-Fi MAC/ BB/RF/PA/LNA。支持标准的 IEEE802.11b/g/n协议以及完整的TCP/IP协议栈。用户可以使用该模块为现有的设备添加联网功能，也可以构建独立的网络控制器。

如图7.12所示，左侧为ESP8266串口WiFi扩展板模块，开发板串口采用双路拨码开关进行控制，使得扩展板模块可以单独作为Arduino UNO拓展板使用，也可以作为ESP8266控制板使用，可以方便地进行二次开发。右侧为ESP-01S串口WiFi模块，同样使用的是ESP8266芯片。

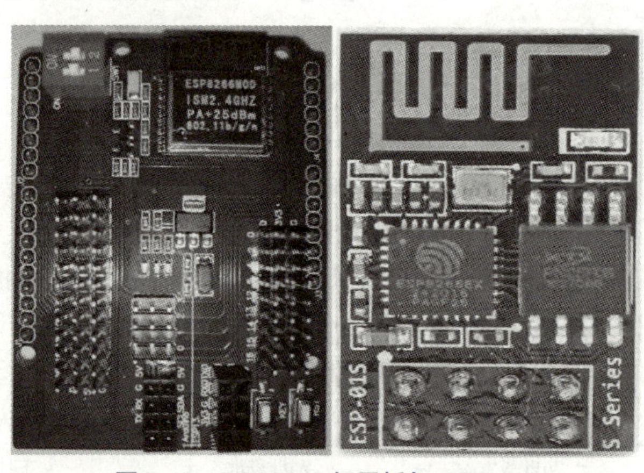

图 7.12　ESP8266 拓展板与 ESP-01S

ESP8266模块有3种工作模式，分别为station（工作站）模式、AP（access point）模式、AP兼Station模式。AP兼Station模式除了正常使用外，还可以接收其他设备的信号，再进行转发。在进行工作模式配置前，需要对ESP8266模块进行固件下载，即将编译好的程序下载至模块中，下载工具与编译后的固件可直接在其官网进行下载（此步骤通常在模块出厂时实现）。

下面介绍ESP8266模块基于TCP通信的示例，对模块进行AT命令配置，具体可参考上文7.1.2节蓝牙串口模块配置方式，如采用USB转TTL的方式进行配置，通常模块的连接方式如图7.13所示（CH-PD(EN)引脚最好先串联10 K电阻再连接3.3 V电源）。

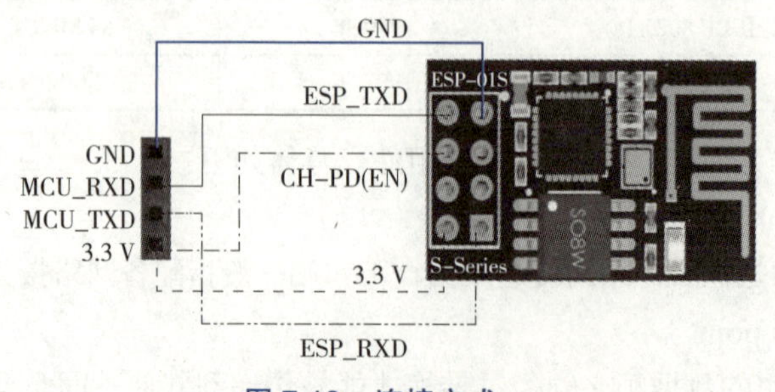

图 7.13　连接方式

打开计算机中的串口助手或Arduino IDE中的串口监视器（选择NL和CR，设置波特率为115 200 bit/s），输入AT命令，查看模块是否可正常工作，如图7.14所示。

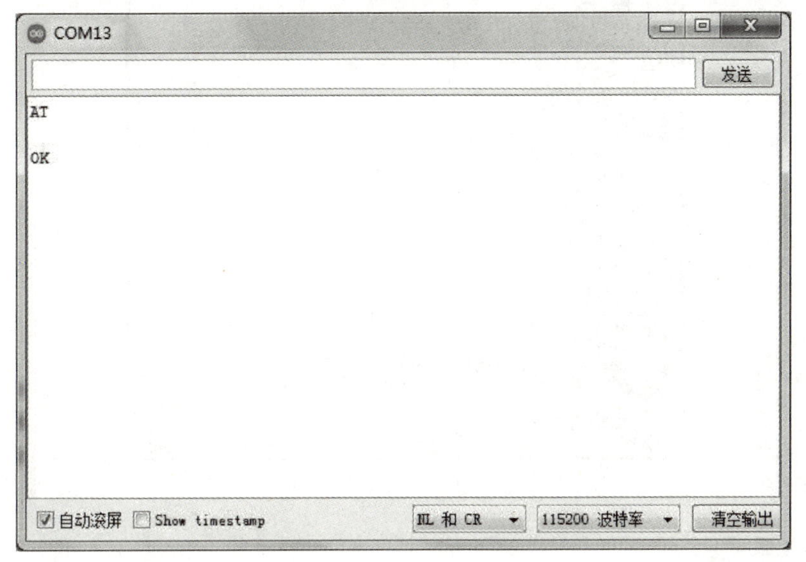

图 7.14　测试 AT 命令

1. 单连接 Client 的设置

单连接Client表示将WiFi模块设置为客户端且只有1个客户端，将计算机作为服务器端。客户端连接无线网络后，与服务器进行通信。具体步骤如下：

（1）设置WiFi模式

在串口监视器中输入如下AT命令，设置当前WiFi模块的工作模式为Station模式，设置成功，响应为OK。

```
AT+CWMODE=1
```

（2）重启生效

设置工作模式后，重新启动生效，输入如下AT命令，响应为OK。

```
AT+RST
```

（3）连接路由器

WiFi模块作为客户端，且作为设备，需要连接无线网络，输入如下AT命令，响应为WIFI CONNECTED，WIFI GOT IP。

```
AT+CWJAP="ssid","passwd"    //ssid为路由器名称 passwd为路由器密码
```

（4）查询IP地址

WiFi模块连接无线网络后，即可查询模块自身的IP地址，输入如下AT命令，响应为192.168.1.105。因此，WiFi模块当前的IP地址为192.168.1.105。

```
AT+CIFSR
```

（5）创建网络服务器

计算机作为服务器端创建网络服务器，即打开网络调试助手，如图7.15所示。

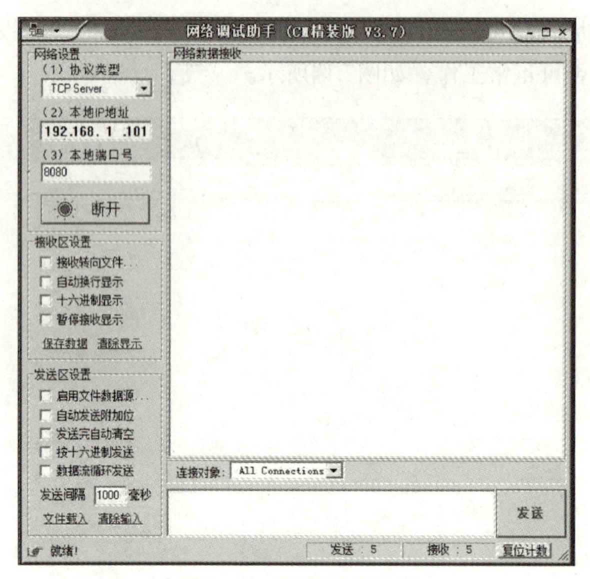

图 7.15 网络调试助手

（6）接入TCP服务

将WiFi模块与计算机建立TCP连接，输入如下AT命令，协议、服务器IP、端口号必须与图7.15显示一致，响应为CONNECT。

```
AT+CIPSTART="TCP","192.168.1.101",8080
```

（7）发送数据

设置WiFi模块发送数据的大小，输入如下AT命令，响应为OK。继续输入发送的数据。

```
AT+CIPEND=5
```

输入字符串“HELLO”，服务器端接收信息，如图7.16所示。

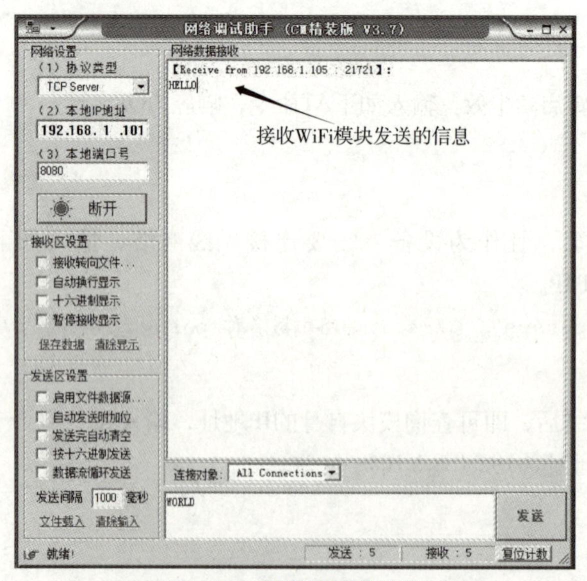

图 7.16 服务器接收信息

（8）接收数据

通过网络调试助手发送数据给WiFi模块，输入发送的数据“WORLD”，选择发送后，串口监视器显示接收的内容，如图7.17所示。

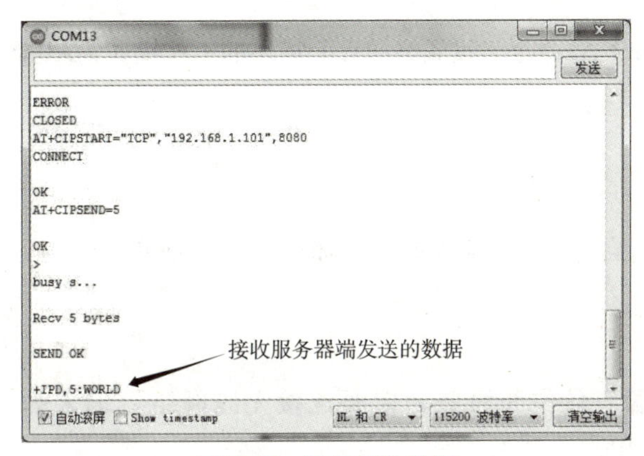

图 7.17　显示接收数据

2. 透传模式设置

WiFi模块作为单连接Client时，支持透传功能（WiFi模块工作模式为Station或AP时都可实现透传）。按照上文单连接Client设置的前6步完成配置，将WiFi模块接入服务器。执行如下AT命令，开启透传模式，响应为OK。

```
AT+CIPMODE=1
```

开始透传，执行如下AT命令，响应为>。

```
AT+CIPSEND
```

开始透传后，WiFi模块作为客户端可以与服务器端自由发送与接收信息，如图7.18和图7.19所示。

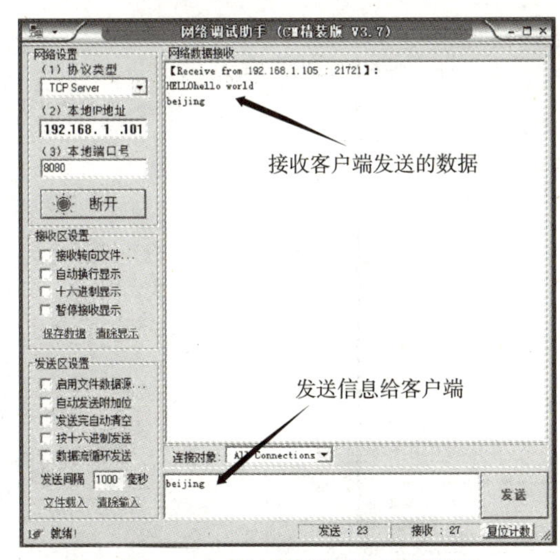

图 7.18　服务器端网络调试助手

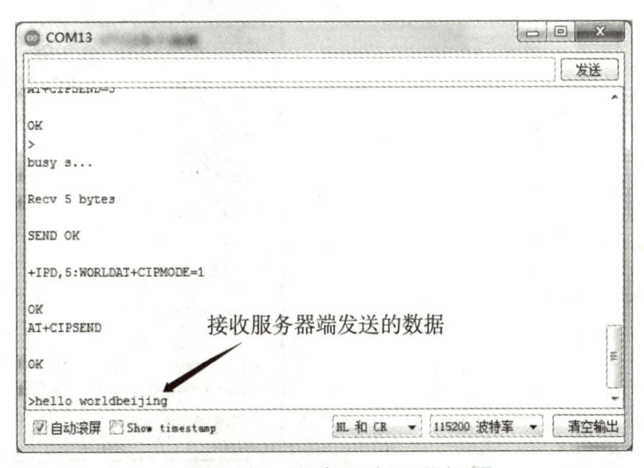

图 7.19　客户端串口监视器

在透传模式中，WiFi模块识别到数据“+++”时，退出透传模式。输入“+++”后（后面不接回车符和换行符），结束透传模式。

3. 多连接服务器设置

WiFi模块作为服务器时，可以与多个客户端建立连接，具体配置方式如下：

（1）设置WiFi模式

在串口监视器中输入如下AT命令，设置当前WiFi模块的工作模式为AP+Station模式，设置成功，响应为OK。

```
AT+CWMODE=3
```

（2）重启生效

设置工作模式后，重新启动生效，输入如下AT命令，响应为OK。

```
AT+RST
```

（3）连接路由器

WiFi模块作为客户端，且作为设备，需要连接无线网络，输入如下AT命令，响应为WIFI CONNECTED，WIFI GOT IP。

```
AT+CWJAP="ssid","passwd"    //ssid为路由器名称 passwd为路由器密码
```

（4）启动多连接

启动多连接即WiFi模块作为服务器，可与多个客户端建立连接，输入如下AT命令，响应为OK。

```
AT+CIPMUX=1
```

（5）建立服务器

开启WiFi模块的服务器模式，输入如下AT命令，响应为OK。

```
AT+CIPSERVER=1    //开启服务器模式，默认端口333
```

（6）连接入AP设备

WiFi模块作为AP设备，接收计算机的连接。计算机作为客户端开启网络调试助手，如图7.20所示。

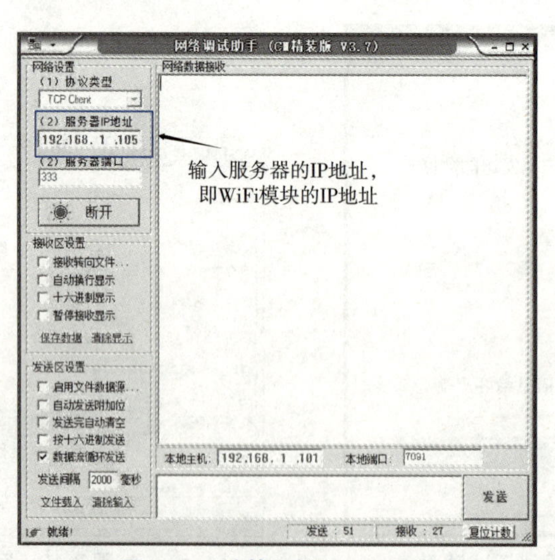

图 7.20 计算机接入 AP 设备

（7）发送数据

WiFi模块作为服务器，设置发送数据的设备号与大小，输入如下AT命令。

```
AT+CIPSEND=id,n
```

id为设备的ID号，ID号与客户端接入顺序有关，从0开始计数。输入发送的数据，客户端网络调试助手显示接收的数据。WiFi模块作为服务器有超时机制，如果建立连接后，一段时间无数据接收与发送，服务器将会自动与客户端断开连接。

在计算机中的网络调试助手中选择循环数据发送，可保持连接，如图7.21和图7.22所示。

图 7.21　循环数据发送

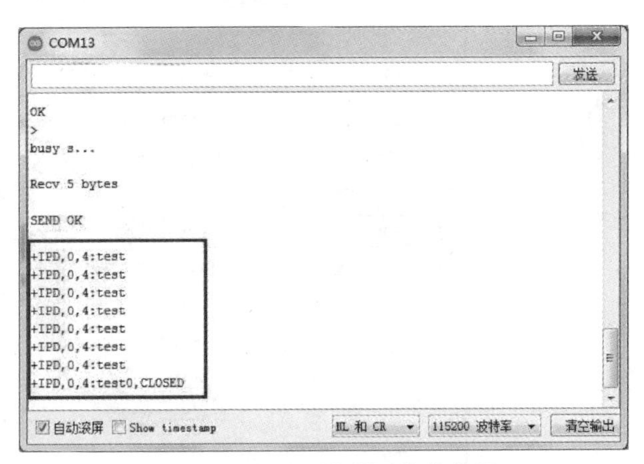

图 7.22　服务器端接收数据

7.3.3　引导实践——云平台数据上传

云平台数据上传指的是通过WiFi通信模块ESP8266将数据上传至云平台Onenet中。Onenet云平台是由中国移动通信平台开发的开发性物联网云平台，可以实现各个设备之间的数据传输功能，以及云端存储、数据管理等功能。该平台支持多种网络协议，如HTTP、EDP、MQTT、TCP透传等协议，可使终端通过TCP与Onenet云平台直连。Onenet平台将接收的数据按照协议解析存储，以API的方式提供给应用层使用。

如图7.23所示，在Onenet云平台，用户可以通过以下流程进行产品开发：用户注册、产品创建、硬件接入、应用开发、上线发布。

图 7.23　Onenet 云平台

1. 案例分析

使用WiFi通信模块ESP8266接入Onenet云平台，并将数据上传至云平台。Onenet云平台接入流程为：注册登录、新建产品、新增设备、新增数据流、查看数据、新建应用。

用户可自行在Onenet平台进行注册及登录操作，登录成功后即可在控制台首页中选择全部产品服务选项，按照平台支持的网络协议创建新产品，如图7.24所示，在全部产品服务选项中的基础服务菜单里选择“多协议接入”选项。

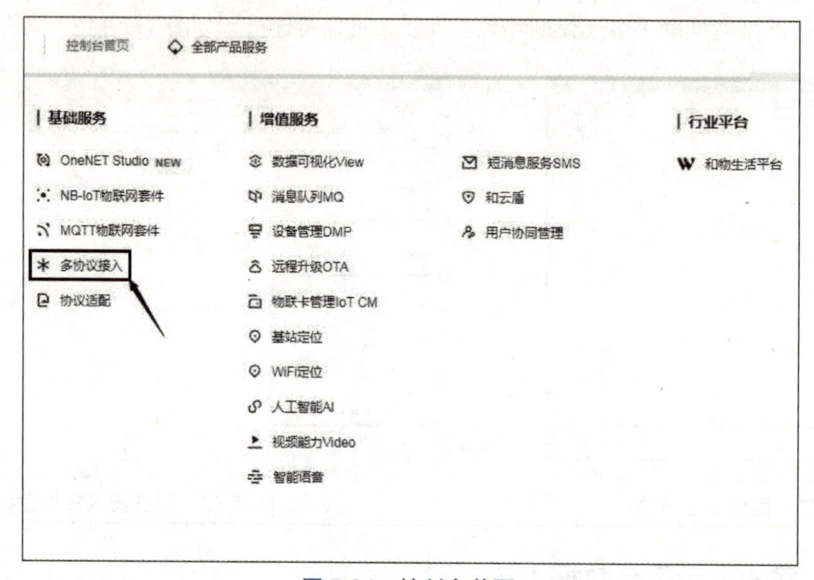

图 7.24　控制台首页

如图7.25所示，这里选择“HTTP”协议，并创建新产品。

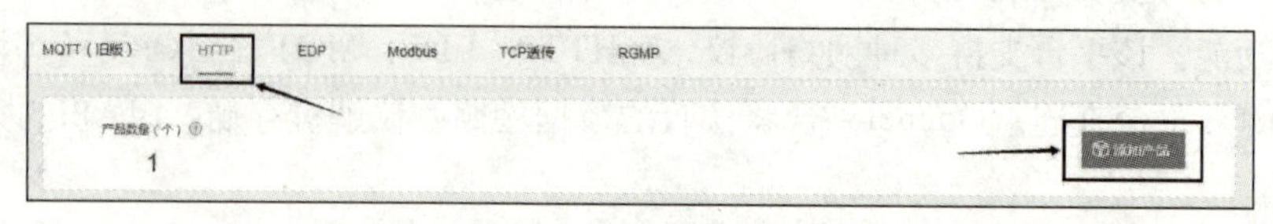

图 7.25　创建新产品

单击“添加产品”按钮后，在弹出的信息栏中输入产品信息以及技术参数，如图7.26所示。

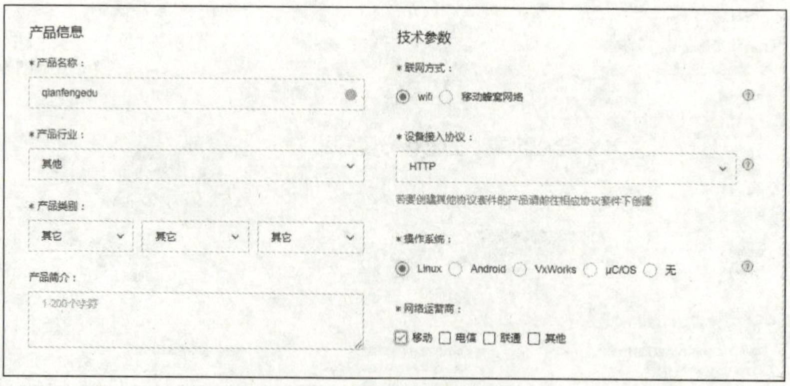

图 7.26　添加新产品参数

添加新产品后，在该产品项目中添加新设备。输入新设备参数，如图7.27所示。

查看设备详情，并为设备添加APIKey，如图7.28所示。

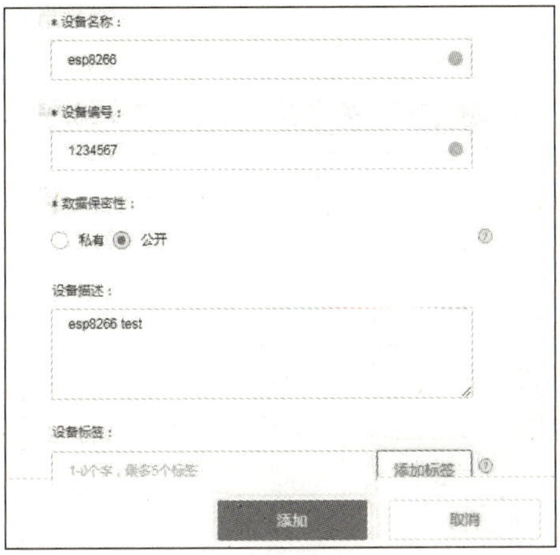

图 7.27　输入新设备参数

图 7.28　查看设备详情

完成上述操作后，即可通过计算机端的网络调试助手进行数据上传，如图7.29所示。

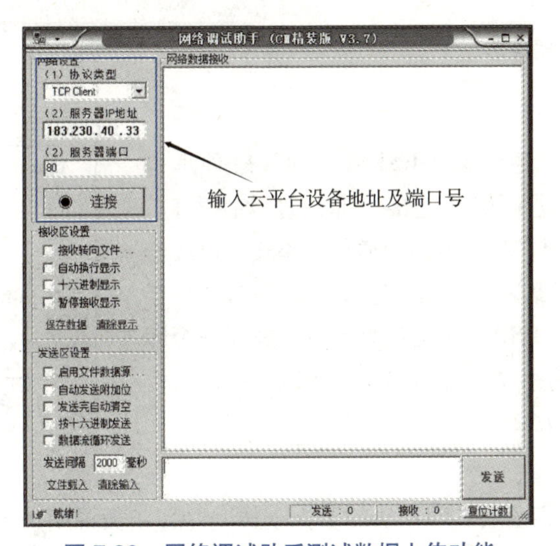

图 7.29　网络调试助手测试数据上传功能

数据上传的格式为“929211813”为设备ID（见图7.28），“api-key”为创建的APIKey，“Content-Length：59”为最后一行的字符个数，即数据流长度。

```
POST /devices/929211813/datapoints HTTP/1.1
api-key: ShtMA=AAYND=19ujeddNmF3mdi4=
Host:api.heclouds.com
Connection:close
Content-Length:59

{"datastreams":[{"id":"temp","datapoints":[{"value":20}]}]}
```

最后一行，“temp”表示数据流的名称，“value”后的数字20表示要送至云端的数据。将上述格式内容复制到输入窗口并单击“发送”按钮。发送成功后，在数据流中即可查看上传的数据，如图7.30所示。

如图7.31所示，返回信息表示上传数据成功。

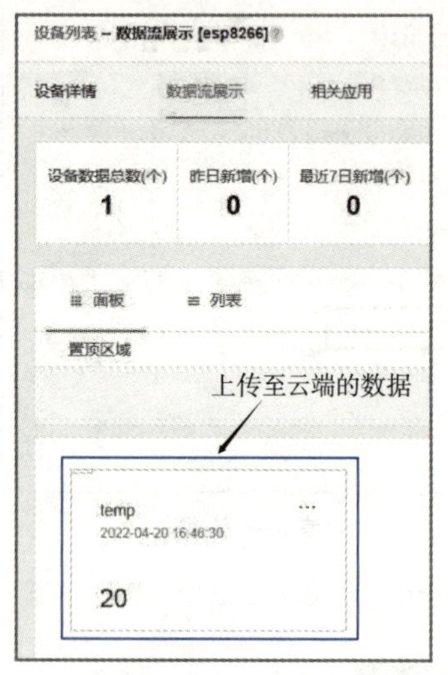

图 7.30 上传云端数据成功

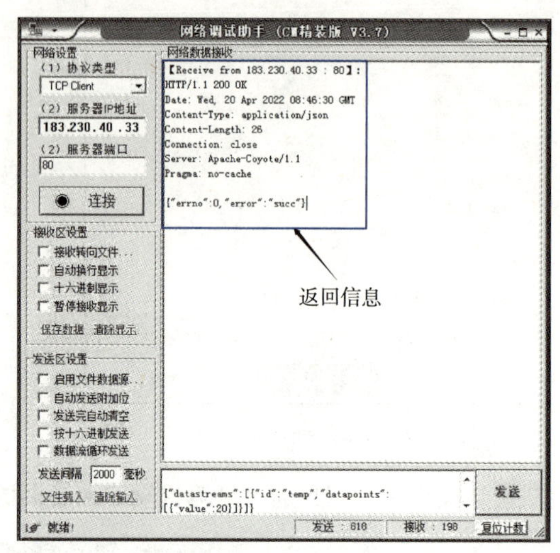

图 7.31 返回信息

2. 电路连接设计

将Arduino UNO与WiFi通信模块ESP8266通过软件串口（Arduino数字引脚2、3）进行交叉连接，即通过软件串口，Arduino向ESP8266发送指令信息。Arduino通过USB转串口线与PC进行连接（通过串口监视器显示配置信息）。保证串口监视器使用的硬件串口与Arduino、ESP8266交互的串口不是同一个即可，如Arduino Mega 2560有多个硬件串口，则可以不使用软件串口。电路连接设计，如图7.32所示。

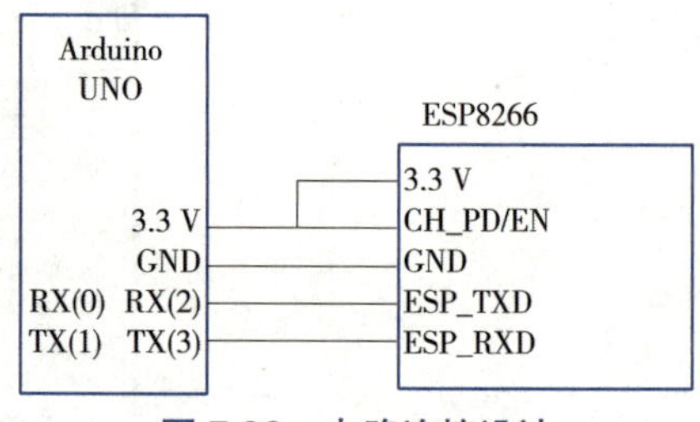

图 7.32 电路连接设计

3. 程序设计

使用ESP8266第三方类库函数实现模块的数据上传功能，函数说明如表7.17所示（以实例对象wifi为例）。

表 7.17 函数说明

语法格式	功　能	参　数	返　回　值
wifi.begin()	初始化	无	无
wifi.confMode(a)	模式设置	a=1，STA；a=2，AP；a=3，AP_STA	1，成功；0，失败
wifi.confJAP(ssid，pwd)	接入路由，设置 WiFi 名称和密码	ssid，接入点名称；pwd，密码	1，成功；0，失败
wifi.confMux(a)	连接模式，启动多连接	a=0，单路；a=1，多路	1，成功；0，失败
wifi.showIP()	获取设备 IP 地址	无	IP 地址

续上表

语法格式	功　能	参　数	返　回　值
wifi.CIPMODE(a)	设置模块传输方式	a=1，透传模式； a=0，非透传模式	1，成功；0，失败
wifi.CIPSEND(id，str)	发送的数据	id，0 ~ 4； str，发送的字符串	1，成功；0，失败
wifi.newMux(type，addr，port)	建立 TCP 或 UDP 连接(单连接)	type，TCP 或 UDP；addr，IP 地址； port 端口号	1，成功；0，失败

结合表7.17所示的函数接口，实现硬件设备与网络的连接，进而将数据上传至云平台存储，程序设计如例7.3所示。

例 7.3　云平台数据上传。

```
1  #include "uartWIFI.h"
2
3  #define SSID "TP-LINK_EBED58"
4  #define PASSWORD "qianfeng123"
5  #define server "183.230.40.33"
6
7  WIFI wifi;
8  int i = 0;
9
10  void setup() {
11  _cell.begin(115200);
12  _cell.print("+++");
13  bool b = wifi.confMode(1);
14  if(!b){
15    DebugSerial.println("mode error");
16  }
17
18  wifi.begin();
19  delay(2000);
20
21  bool g = wifi.confJAP(SSID, PASSWORD);
22  if(!g){
23    DebugSerial.println("Init error");
24  }else{
25    DebugSerial.println("Init OK");
26  }
27
28  bool h = wifi.confMux(0);
```

```
29  if(!h){
30  DebugSerial.println("single error");
31  }else{
32    DebugSerial.println("single ok");
33  }
34
35  String ipstring = wifi.showIP();
36  Serial.println(ipstring);
37
38  if(wifi.newMux(TCP, server, 80)){
39  DebugSerial.println("connecting ...");
40  }
41
42  bool f = wifi.CIPMODE(1);
43  if(!f){
44    DebugSerial.println("trans error");
45  }else{
46    DebugSerial.println("trans ok");
47  }
48
49  bool d = wifi.CIPSEND();
50  if(!d){
51  DebugSerial.println("trans start error");
52  }else{
53  DebugSerial.println("trans start ok");
54  }
55}
56
57  void loop() {
58  put(i);
59  i = (i + 2) % 50;
60  delay(3000);
61}
62
63  void put(int t){
64  static int cnt = 0;
65  String cmd("POST /devices/929211813/datapoints HTTP/1.1\r\n"
66  "api-key: jqZl3MD5LSpO=vmJS16oDD7bmjA=\r\n"
67  "Host:api.heclouds.com\r\n"
68  "Content-Length:" + String(cnt) + "\r\n"
69  "\r\n");
70
71  _cell.print(cmd);
```

```
72  cnt = _cell.print("{\"datastreams\":["
73  "{\"id\":\"temp\",\"datapoints\":[{\"value\":" + String(t) + "}]},"
74  "]}");
75  _cell.println();
76 }
```

分析：

第1行：声明WiFi模块类库函数对应的头文件。

第3～4行：定义WiFi模块连接的无线网络路由名称和密码。

第5行：定义Onenet云平台端地址。

第7行：创建wifi实例对象。

第11行：_cell为软件串口实例对象，设置波特率为115 200。

第13行：设置工作模式为STA模式。

第18行：执行初始化操作，重启生效。

第21行：使WiFi模块接入无线网络。

第28行：设置单连接模式。

第35行：显示WiFi模块的设备IP地址。

第38行：与Onenet云平台建立TCP连接。

第42行：设置透传模式。

第49行：开启透传模式。

第57～61行：执行循环，修改上传的数值并上传至云平台。

第63～76行：按照数据格式将数值上传至云平台，注意修改设备ID以及APIKey。

执行程序，在串口监视器中查看显示信息，如图7.33所示。

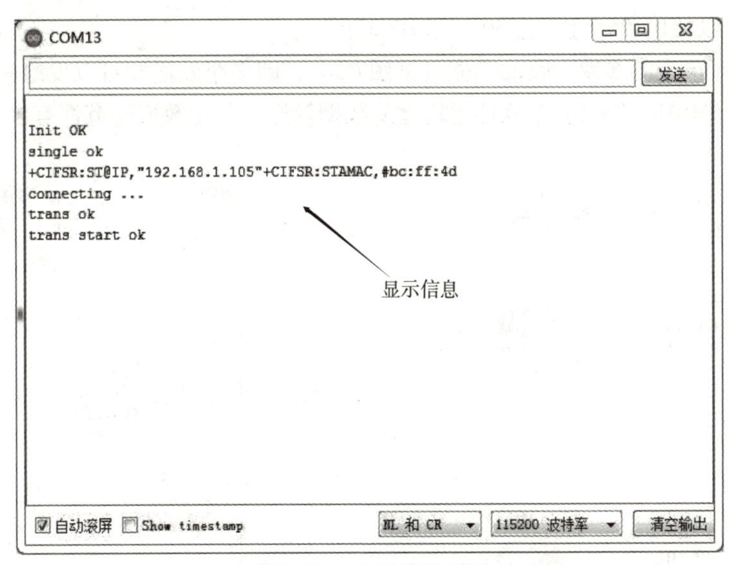

图 7.33　串口信息显示

打开Onenet云平台，查看设备数据流信息，如图7.34所示，数据上传成功。

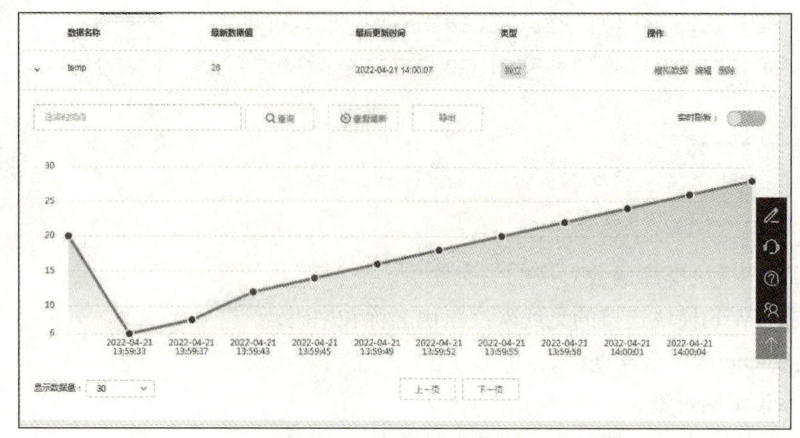

图 7.34　云平台数据流显示

任务 7.4　Arduino 与 nRF24L01 通信模块

7.4.1　预备知识——nRF24L01 通信模块概述

nRF24L01是一款工作在2.4 GHz ～2.5 GHz的世界通用ISM频段的单片无线收发器芯片。无线收发器包括频率发生器、增强型SchockBurst模式控制器功率放大器、晶体振荡器、调制器、解调器。nRF24L01能够自动应答且具有自动重发功能，内置循环冗余码校验（Cyclic Redundancy Check，CRC）检错和点对多点的通信地址控制，采用SPI与MCU进行通信，数据传输速率为0～8 Mbit/s。

nRF24L01芯片收发在特定的频率上（即信道），一对或多个nRF24L01相互通信必须在同一频率上，该频率必须在2.4 GHz ～2.5 GHz（2 400 MHz ～2 525 MHz）之间，由于每个频率占用的信道带宽至多1 MHz，理论上可以使用125个独立信道，如图7.35所示。

nRF24L01提供了原生的多发一收的功能（见图7.36），即多个发送端可以发给一个接收端（发送端最多为6个）。每个物理信道被分为6个软件逻辑上的数据管道，每个数据管道都有自己的配置地址。

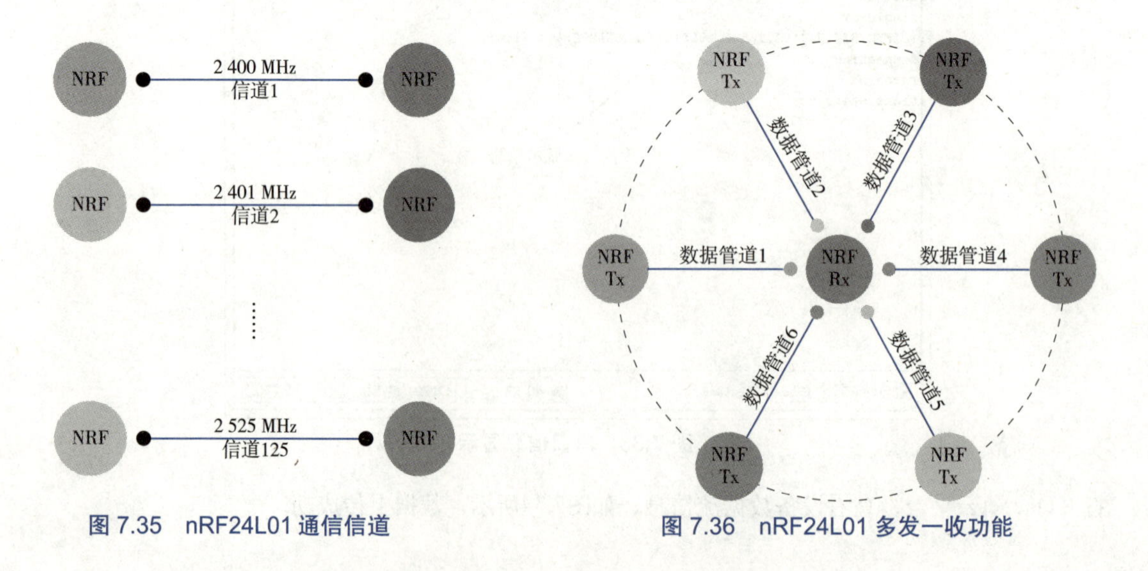

图 7.35　nRF24L01 通信信道

图 7.36　nRF24L01 多发一收功能

中心的nRF24L01可以同时接收其他6个nRF24L01的消息，也可以随时停止接收变成发送模块，向其他模块发送消息，但发送过程不能同时，只能一次一个数据管道。

nRF24L01可以设置为接收模式、发送模式、待机模式和掉电模式，如图7.37所示。

图 7.37　nRF24L01 模块

nRF24L01模块的引脚定义如表7.18所示。

表 7.18　nRF24L01 模块

引脚编号	引脚名称	引脚说明
1	GND	电源地
2	VCC	1.9 ~ 3.6 V
3	CE	收发模式选择
4	CSN	SPI 片选
5	SCK	SPI 时钟
6	MOSI	SPI 主设备输出
7	MISO	SPI 主设备输入
8	IRQ	工作状态指示

7.4.2　深入学习——nRF24L01 类库函数

nRF24L01采用SPI与Arduino进行通信，使用RF24类库可以简化编程，无须操作设备寄存器，具体库函数如下：

1. RF24()

RF24()为构造函数，创建1个RF24实例对象，具体描述如表7.19所示。

表 7.19　RF24() 函数

语法格式	RF24 radio(_cepin，_cspin)	
功能	创建 RF24 实例对象	
参数	_cepin	RF 模块 CE 引脚连接的 Arduino 引脚编号
	_cspin	RF 模块 CSN 引脚连接的 Arduino 引脚编号
返回值	无	

2. begin()

begin()函数执行初始化操作，具体描述如表7.20所示。

表 7.20 begin() 函数

语法格式	radio.begin()
功能	执行初始化操作
参数	无
返回值	true 或 false

3. isChipConnected()

isChipConnected()函数用来检测芯片是否连接SPI总线，具体描述如表7.21所示。

表 7.21 isChipConnected() 函数

语法格式	radio.isChipConnected()
功能	检查芯片是否连接到 SPI 总线
参数	无
返回值	true 或 false

4. startListening()

startListening()函数用来启动通道的接收模式，具体描述如表7.22所示。

表 7.22 startListening() 函数

语法格式	radio.startListening()
功能	启动通道的接收模式
参数	无
返回值	无

5. stopListening()

stopListening()函数用来停止接收模式，切换到发送模式，具体描述如表7.23所示。

表 7.23 stopListening() 函数

语法格式	radio.stopListening()
功能	停止接收模式
参数	无
返回值	无

6. available()

available()函数用来检测FIFO缓存区是否有可读取的数据，具体描述如表7.24所示。

表 7.24 available() 函数

语法格式	radio.available(pipe_num)	
功能	检测 FIFO 缓存区是否有可读取的数据	
参数	pipe_num	通道号
返回值	1 或 0	

7. enableAckPayload()

enableAckPayLoad()函数允许在确认数据包中自定义有效数据，具体描述如表7.25所示。

表 7.25　enableAckPayload() 函数

语法格式	radio.enableAckPayload()
功能	允许在确认数据包中自定义有效数据
参数	无
返回值	无

8. enableDynamicPayloads()

enableDynamicPayloads()函数允许动态大小的有效数据，具体描述如表7.26所示。

表 7.26　enableDynamicPayloads() 函数

语法格式	radio.enableDynamicPayloads()
功能	允许动态大小的有效数据
参数	无
返回值	无

9. read()

read()函数用来读取有效数据，具体描述如表7.27所示。

表 7.27　read() 函数

语法格式	radio.read(buf，len)	
功能	读取有效数据	
参数	buf	保存读取的数据
	len	读取最大字节数
返回值	无	

10. write()

write()函数用来发送数据，具体描述如表7.28所示。

表 7.28　write() 函数

语法格式	radio.write(buf，len)	
功能	发送有效数据	
参数	buf	需要发送的数据
	len	发送数据的字节数
返回值	true 或 false	

11. writeAckPayload()

writeAckPayload()函数在指定通道发送确认有效数据包，具体描述如表7.29所示。

表 7.29 writeAckPayload() 函数

语法格式	radio.writeAckPayload(pipe，buf，len)	
功能	在指定的通道发送确认有效数据包	
参数	pipe	通道号
	buf	保存发送的数据
	len	发送数据的字节数，最大 32 个字节
返回值	无	

12. openWritingPipe()

openWritingPipe()函数用来打开一个通过字节数组指定的通道，具体描述如表7.30所示。

表 7.30 openWritingPipe() 函数

语法格式	radio.openWritingPipe(address)	
功能	打开一个通过字节数组指定的通道	
参数	address	打开的通道地址
返回值	无	

13. openReadingPipe()

openReadingPipe()函数用来打开接收通道，最多可打开6个接收通道，具体描述如表7.31所示。

表 7.31 openReadingPipe() 函数

语法格式	radio.openReadingPipe(number，address)	
功能	打开接收通道	
参数	number	通道号
	address	打开的通道地址
返回值	无	

14. setAutoAck()

setAutoAck()函数用来启动或禁用自动应答数据包，具体描述如表7.32所示。

表 7.32 setAutoAck() 函数

语法格式	radio.setAutoAck(enable) radio.setAutoAck(pipe，enable)	
功能	启动或禁止自动应答数据包，默认为启动	
参数	pipe	通道号
	enable	true（启动）或 false（禁用）
返回值	无	

15. closeReadingPipe()

closeReadingPipe()函数将打开的管道关闭，具体描述如表7.33所示。

表 7.33　closeReadingPipe() 函数

语法格式	radio.closeReadingPipe(pipe)	
功能	关闭管道	
参数	pipe	通道号
返回值	无	

16. setAddressWidth()

setAddressWidth()函数设置地址字节数，具体描述如表7.34所示。

表 7.34　setAddressWidth() 函数

语法格式	radio.setAddressWidth(a_width)	
功能	设置地址字节数	
参数	a_width	地址宽度（3 ~ 5 字节）
返回值	无	

17. setPayloadSize()

setPayloadSize()函数设置静态数据包大小，具体描述如表7.35所示。

表 7.35　setPayloadSize() 函数

语法格式	radio.setPayloadSize(size)	
功能	设置静态数据包大小	
参数	size	字节数
返回值	无	

7.4.3　引导实践——无线数据收发器

无线数据收发器基于nRF24L01模块实现，通过nRF24L01模块之间的数据收发，可模拟很多基于nRF24L01模块的控制场景，如无线鼠标控制、遥控小车控制等。

1. 案例分析

采用两套Arduino与nRF24L01模块的组合，一套负责发送，另一套负责接收，并通过串口监视器观察发送与接收的状态。

2. 电路连接设计

发送数据、接收数据组合的连接方式相同，nRF24L01与Arduino采用SPI总线连接，如图7.38所示。

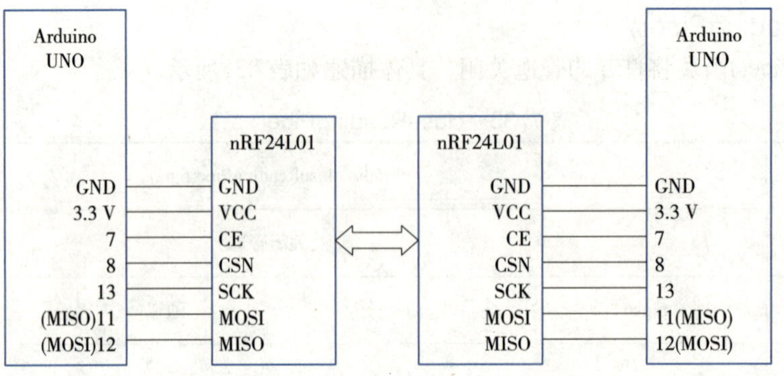

图 7.38 电路连接设计

3. 程序设计

发送数据部分的代码如例7.4所示。

例 7.4 发送数据。

```
1  #include <SPI.h>
2  #include <RF24.h>
3
4  bool radioNumber = 0;
5  RF24 radio(7, 8);
6  uint8_t address[] = {0xCC, 0xCE, 0xCC, 0xCE};
7  byte counter = 1;
8
9  void setup() {
10  Serial.begin(9600);
11  radio.begin();
12  radio.enableAckPayload();
13  radio.enableDynamicPayloads();
14
15  radio.openWritingPipe(address);
16  radio.writeAckPayload(1, &counter, 1);
17 }
18
19  void loop() {
20  radio.stopListening();
21
22  if(radio.write(&counter, 1)){
23  Serial.print("Send--");
24  Serial.println(counter);
25  counter++;
26  }
27  else{
```

```
28  Serial.println("Send error");
29  }
30  delay(1000);
31 }
```

分析：

第1～2行：声明SPI类库、RF24类库函数对应的头文件。

第5行：创建1个RF24实例对象，指定RF模块的CE和CSN引脚连接的Arduino引脚编号。

第6行：定义通信的无线模块通道地址。

第11行：执行初始化操作。

第12～13行：允许在确认数据包上自定义有效数据，确认有效数据是动态数据。

第15～16行：打开写入数据的通道，在指定通道确认有效数据包。

第22～26行：执行发送数据操作，发送数据为整型数据。

接收数据部分的代码如例7.5所示。

例 7.5　接收数据。

```
1  #include <SPI.h>
2  #include <RF24.h>
3
4  bool radioNumber = 0;
5  RF24 radio(7, 8);
6  uint8_t address[] = {0xCC, 0xCE, 0xCC, 0xCE};
7
8  void setup() {
9  Serial.begin(9600);
10  radio.begin();
11  radio.enableAckPayload();
12  radio.enableDynamicPayloads();
13
14  radio.openReadingPipe(1, address);
15  radio.startListening();
16}
17
18  void loop() {
19  byte gotByte;
20
21  while(radio.available()){
22    radio.read(&gotByte, 1);
23    Serial.print("Recv: ");
24    Serial.println(gotByte);
25    }
26 }
```

分析：

第1～2行：声明SPI类库、RF24类库函数对应的头文件。

第5行：创建1个RF24实例对象，指定RF模块的CE和CSN引脚连接的Arduino引脚编号。

第14～15行：打开接收通道，启动打开通道的接收模式。

第21～25行：确认有数据后，执行读取操作，并通过串口监视器输出。

任务7.5 Arduino与Zigbee通信模块

7.5.1 预备知识——Zigbee通信模块概述

Zigbee是一种基于IEEE802.15.4标准的低功耗个域网协议，是一种短距离、低功耗、低成本的通信技术。该技术由Zigbee联盟指定，主要适用于短距离无线数据传输。在Zigbee协议中，根据设备的功能，可以分为协调器（coordinate）、路由器（router）和终端设备（end device）3种逻辑设备。

每个Zigbee网络中只允许有一个协调器，协调器通过选择一个信道（channel）和网络标识（PAN ID）启动一个Zigbee网络，然后允许路由器和终端加入网络。协调器建立Zigbee网络后，其功能相当于路由器，可以进行数据的路由转发，为其终端子设备缓存数据包，协调器本身不能休眠。

路由器必须加入一个Zigbee网络，路由器也允许其他路由器和终端加入该网络，进行数据的路由转发，为其终端子设备缓存数据包，同样路由器不能休眠。

终端同样必须加入Zigbee网路，但其不支持其他设备加入Zigbee网络，也不能进行数据的转发，终端数据的收发必须通过其父设备进行转发。终端可以休眠进入低功耗模式。

Zigbee网络拓扑结构如图7.39所示。

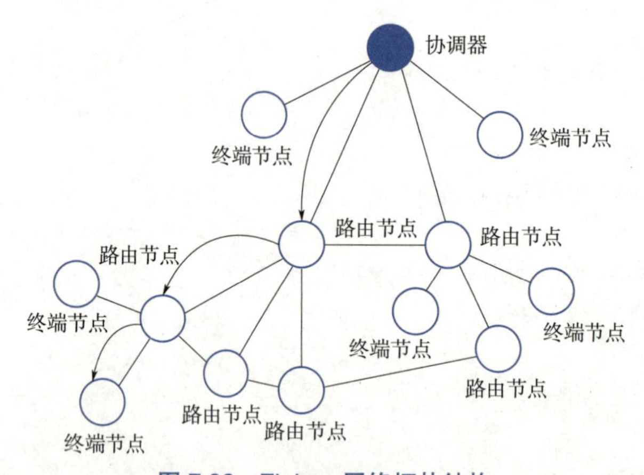

图7.39 Zigbee网络拓扑结构

XBee模块（见图7.40）是一款将Zigbee协议内置在模块Flash中的Zigbee模块，用户不需要考虑模块中程序的运行原理，只需将数据通过串口发送给模块，模块会自动将数据发送出去，并能按照预先配置好的网络结构和网络中的目的地址节点进行收发通信，接收模块会自动进行数据校验，如数据无误则发送数据给串口。

XBee模块通过串口与单片机等设备进行通信，能够将设备快速接入Zigbee网络。XBee Pro模块相对于XBee模块具有更高的功耗和更远的传输距离，其对外接口基本相同，如图7.41所示。

图 7.40　XBee 模块

图 7.41　XBee Pro 模块

XBee模块的引脚及功能如表7.36所示。

表 7.36　XBee 模块引脚与功能

引 脚 号	名　称	方　向	默认状态	描　述
1	VCC			3.3 V 电源
2	DOUT/DIO13	双向	输出	UART 数据输出
3	DIN/$\overline{\text{CONFIG}}$/DIO14	双向	输入	UART 数据输入
4	DIO12/SPI_MISO	双向	禁止	GPIO/SPI 从输出
5	$\overline{\text{RESET}}$	输入	输入	模块复位
6	RSSIPWM/PWMO/DIO10	双向	输出	RX 信号强度指示 /GPIO
7	PWM1/DIO11	双向	禁止	GPIO
8	[reserved]			未连接
9	$\overline{\text{DTR}}$/SLEEP_RQ/DIO8	双向	输入	引脚睡眠控制线 /GPIO
10	GND			地
11	SPI_MOSI/DIO4	双向	禁止	GPIO/SPI 从输入
12	$\overline{\text{CTS}}$/DIO7	双向	输出	清除发送流控制 /GPIO
13	ON_$\overline{\text{SLEEP}}$/DIO9	双向	输出	模块状态指示 /GPIO
14	VREF			未连接
15	ASSOCIATE/DIO5	双向	输出	关联指示 /GPIO
16	$\overline{\text{RTS}}$/DIO6	双向	输入	请求发送流控制 /GPIO
17	AD3/DIO3/SPI_$\overline{\text{SSEL}}$	双向	禁止	模拟输入 /GPIO/SPI 从选择
18	AD2/DIO2/SPI_CLK	双向	禁止	模拟输入 /GPIO/SPI 时钟
19	AD1/DIO1/SPI_$\overline{\text{ATTN}}$	双向	禁止	模拟输入 /GPIO/SPI_ATTN
20	AD0/DIO0/CB	双向	禁止	模拟输入 /GPIO/ 启动按钮

XBee模块与Arduino连接，其工作模式有两种，即AT（application transparent）及API（application programming interface）模式。

（1）AT模式

Arduino直接通过串口将要传输的数据发送给XBee模块，XBee模块按照Zigbee协议将数据通过无线发送给远端的XBee模块，再通过串口发送给远程的Arduino，类似在两个Arduino之间通过XBee模块建立一条透明传输通道。如果要通过串口配置本地XBee模块的参数，则需要向XBee模块输入+++，等待XBee模块返回OK后即可通过AT指令集对XBee模块进行参数的配置。

（2）API模式

在API模式下，所有发送给XBee模块的数据或是从XBee模块接收的数据都会封装成特殊的API帧的格式，包括Zigbee无线发送和接收的数据帧、XBee模块配置的命令帧（等同于AT指令）、命令响应帧、事件消息帧等。API操作模式下，只需要改变API帧里面的目的地址，就可以将数据传输给多个不同的远程节点。

7.5.2 深入学习——XBee 模块配置

使用XBee模块测试软件XCTU可实现XBee模块参数的配置。XCTU是一种可以通过图像界面与Digi射频设备交互的软件，用于配置、测试Digi射频设备。XBee模块通过串口与计算机相连，使用XCTU对模块进行测试或修改其参数。打开XCTU后，选择扫描串口、配置串口参数，搜索与上位机连接的XBee模块，XCTU配置界面如图7.42所示。

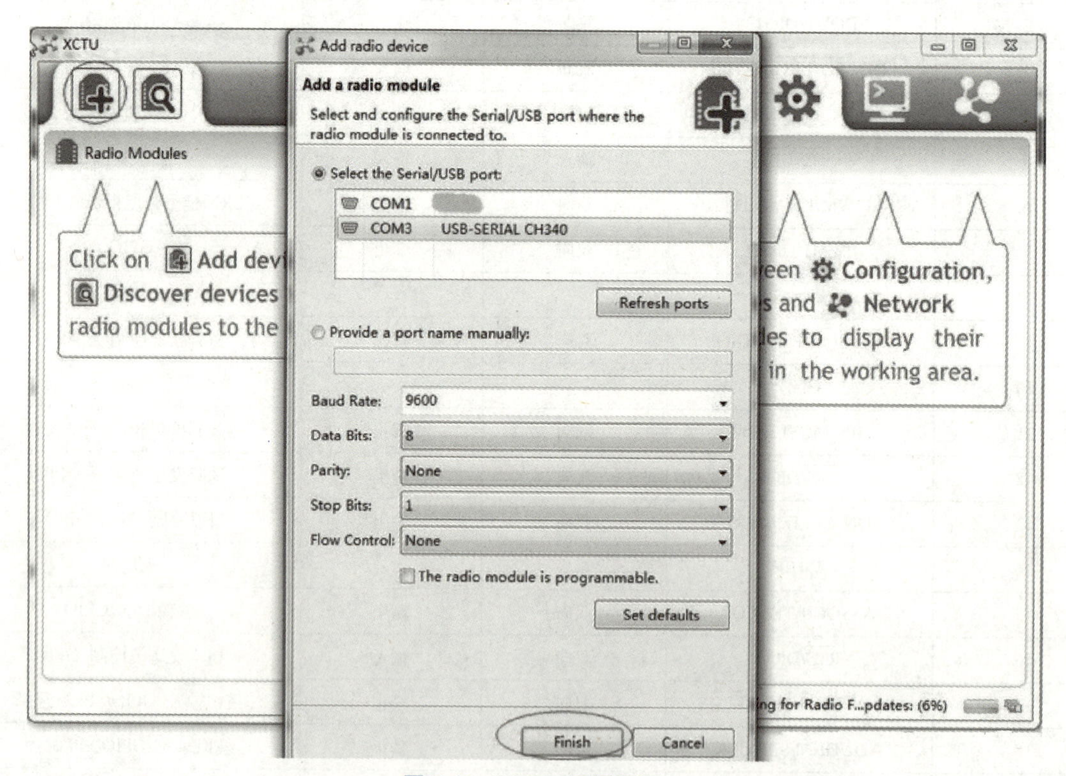

图 7.42 XCTU 配置界面

添加XBee模块之后，可对模块对应的配置参数进行修改，如图7.43所示。

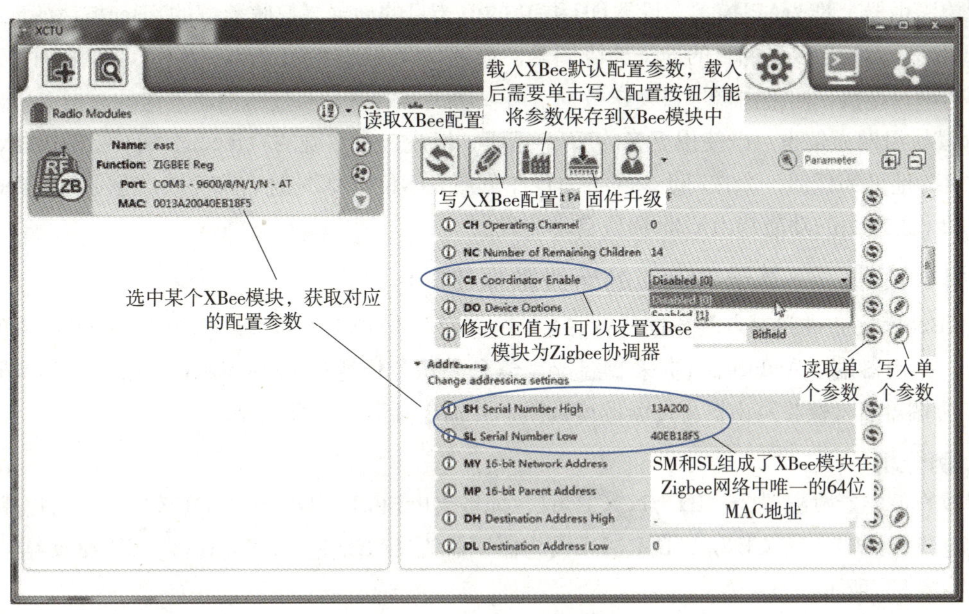

图 7.43　XCTU 参数配置

通过修改CE、SM、AP的值可以改变XBee模块的Zigbee设备类型和操作方式。配置CE参数为1表示将XBee设置为协调器，设置SM为一个非零值即可将XBee设置为终端，CE和SM同时为0则表示设置为路由器。设置AP为0表示AT模式，设置AP为1或2表示API模式。通过XCTU手动向XBee模块的串口发送AT指令同样可以修改配置参数，如图7.44所示。

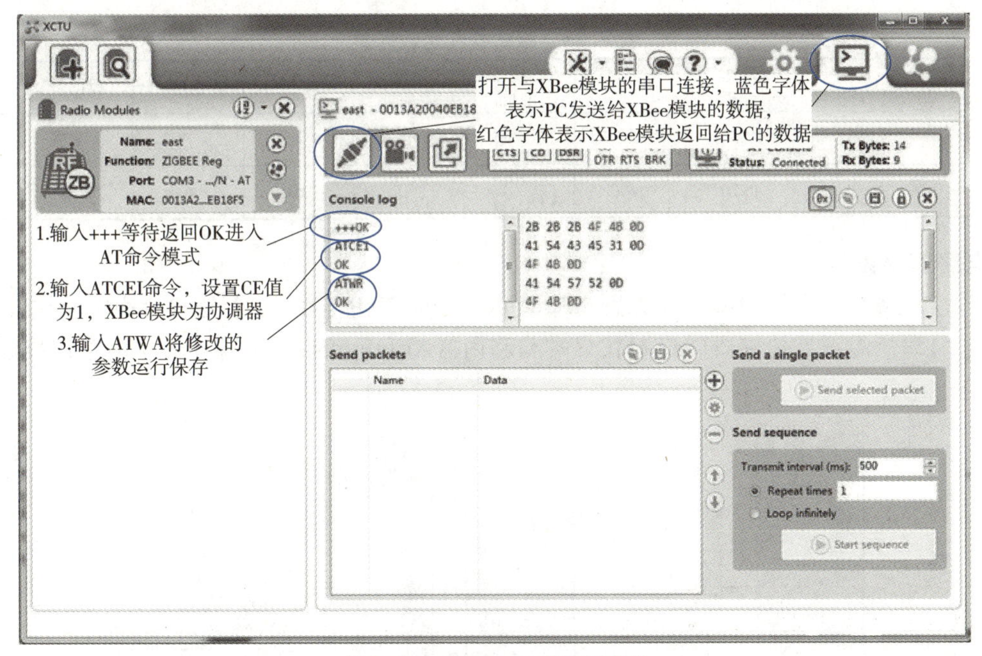

图 7.44　XCTU 手动配置参数

配置XBee模块参数后，即可进行XBee模块组网通信，如设置2个XBee模块，一个设置为协调器，一个设置为路由器，都为API模式。设置DH和DL的值为目的地址（接收数据的XBee模块的MAC地址，即SH和SL的值），如果发送的目的地址为协调器，也可以设置DH和DL为0。使用XCTU分别打开协调器和路由器的串口连接，向路由器串口发送数据，可在协调器的串口观察路由器发送的数据。

XBee模块组网通信也可以使用更多的XBee模块，组成一个多跳的Zigbee网络，网络中的XBee节点只需配置目的地址为任何一个在Zigbee网络中存在节点的64位MAC地址，即可将数据通过Zigbee网络发送，组网和多跳路由的功能将由XBee模块自动完成。

7.5.3 引导实践——基于 XBee 的无线数据传输

通过XBee模块完成点对点的数据传输，XBee模块采用API工作模式。构建Zigbee网络中的协调器与路由器，路由器端的Arduino负责采集温湿度信息并将数据通过Zigbee网络传输给与协调器连接的Arduino，协调器负责接收路由器上传温湿度数据，并输出到串口进行监视。

1. 案例分析

协调器的主要参数配置为：ID为1，CE为1，地址为0xFFFE，DH为0，DL为0，AP为1。路由器的主要参数配置为：ID为1，CE为0，DH、DL设为协调器的MAC地址，AP为1。协调器接收4字节的数据帧格式，如表7.37所示。

表 7.37 协调器接收数据帧

起始字节	长度		接收标志	64 位源地址	16 位源地址	接收选项	数据包	累加和
1 字节	2 字节		1 字节	8 字节	2 字节	1 字节	4 字节	1 字节
0x7E	0x00	0x10	0x90	xx（8 个）	xxxx	0x01	xxxx	xx

路由器发送4字节的数据帧格式，如表7.38所示。

表 7.38 路由器发送数据帧

起始字节	长度		发送标志	帧 ID	协调器地址	16 位源地址	半径	选项	数据包	累加和
1 字节	2 字节		1 字节	1 字节	8 字节	2 字节	1 字节	1 字节	4 字节	1 字节
0x7E	0x00	0x12	0x10	0x00	0x00（8 个）	0xFF 0xFE	0x00	0x00	xxxx	xx

2. 电路连接设计

将两个完成参数配置的XBee模块分别与Arduino Mega 2560开发板进行连接（串口3连接，即引脚编号为14、15）。温湿度传感器DHT11信号端与路由器Arduino的3号引脚连接。电路连接设计，如图7.45所示。

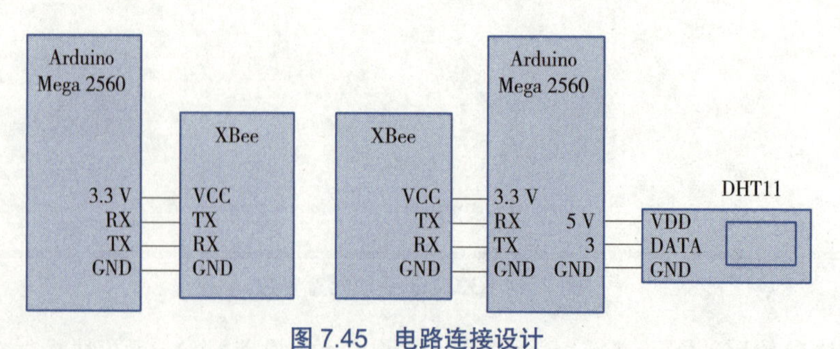

图 7.45 电路连接设计

3. 程序设计

路由器端的Arduino负责采集温湿度并将数据通过Zigbee传输给协调器连接的Arduino，具体如例7.6所示。

例 7.6 路由器端。

```
1  #include <DHT.h>
2
3  #define DHTTYPE DHT11
4  #define DHT11PIN 3
5  DHT dht11(DHT11PIN, DHTTYPE);
6
7  void setup() {
8  Serial3.begin(9600);
9  dht11.begin();
10}
11
12 void loop() {
13  byte b[20] = {0x7E, 0x00, 0x00, 0x10, 0x00};
14  byte a[16] = {0x00, 0x00, 0x00, 0x00, 0x00, 0x00, 0x00, 0x00, 0xFF, 0xFE,
0x00, 0x00};
15  a[12] = dht11.readTemperature();
16  a[13] = dht11.readHumidity();
17
18  byte checknum = 0;
19  for(int i = 5; i <= 18; i++){
20    b[i] = a[i-5];
21  }
22
23  checknum += 0x10 + 0x00;
24  for(int i = 0; i < 14; i++){
25    checknum += a[i];
26  }
27
28  checknum = 0xff - checknum;
29  b[19] = checknum;
30
31  uint8_t msbLen = ((14+2) >> 8) & 0xff;
32  uint8_t lsbLen = (14+2) & 0xff;
33
34  b[1] = msbLen;
35  b[2] = lsbLen;
36
37  for(int i = 0; i < 20; i++){
```

```
38     Serial.write(b[i]);
39 }
40
41  delay(2000);
42}
```

分析:

第1行：声明温湿度传感器库函数对应的头文件。

第5行：创建温湿度类库实例对象dht11，指定信号端连接的Arduino引脚编号。

第13～14行：定义数组保存数据帧。

第15～16行：获取实时的温湿度数据并将其保存到数据帧中。

第19～21行：合并数据帧。

第23～29行：获取数据帧最后的累加和并将其保存到数据帧中。

第31～35行：获取数据帧帧长度的数据并将其保存到数据帧中。

第37～39行：将数据帧通过串口3发送。

协调器端接收路由器上传的温湿度值，输出到串口监视器，具体如例7.7所示。

例 7.7 协调器端。

```
1  byte c[18];
2
3  void setup() {
4  Serial.begin(9600);
5  Serial3.begin(9600);
6}
7
8  void loop() {
9  int i = 0;
10  byte checknum = 0;
11
12  while(1){
13    if(Serial3.available() > 0){
14      c[i] = Serial3.read();
15      if(i == 0 && c[i] != 0x7E)
16      i = -1;
17      if(i == 1 && c[i] != 0)
18      i = -1;
19      if(i = 2 && c[i] != 0x0E)
20      i = -1;
21      Serial.print(c[i], HEX);
22      Serial.print("");
23      i++;
24      if(i == 18)
```

```
25        break;
26     }
27   }
28
29   for(int i = 3; i <= 16; i++){
30     checknum += c[i];
31   }
32   checknum = 0xff-checknum;
33
34   if(checknum == c[17]){
35     Serial.println("Temperature");
36     Serial.println(c[15]);
37     Serial.println("Humidity");
38     Serial.println(c[16]);
39   }
40   delay(1000);
41}
```

分析:

第4～5行：初始化串口，第1个串口用于输出获取的温湿度信息，第2个串口用于与XBee模块连接。

第13～27行：判断串口是否接收到数据，如接收到数据则依次读取，并且判断数据的正确性。

第29～39行：判断完整的数据帧，并从数据帧中读取温湿度信息。

任务 7.6 Arduino 与 GSM/GPRS 通信模块

7.6.1 预备知识——GSM/GPRS 通信模块概述

GSM表示的是全球移动通信系统，GPRS指的是通用分组无线业务，GPRS是在GSM系统基础上的延续，开发了分组数据承载和传输功能。GSM模块与GPRS模块都是数据无线透明传输模块，GSM模块是将GSM射频芯片、基带处理芯片、存储器、功率放大器等集成在电路板上的功能模块，其具有独立的操作系统、GSM射频处理、基带处理，并提供标准接口。GPRS是GSM移动用户可以使用的移动数据业务，属于第二代移动通信中的数据传输技术。GSM与GPRS在频带、带宽、突发结构、无线调制标准、跳频规则和TDMA帧结构等方面都是相同的。因此，在构建基于GSM系统的GPRS系统时，GSM系统中的大部分组件不需要在硬件上进行更改，只需在软件上进行升级即可。

图 7.46 GSM/GPRS 通信模块

GSM/GPRS通信模块（见图7.46）适用于只能使用无线通信环境，或终端的传输距离分散，对数据实时性和数据通信速率有要求的场合，可广泛应用于远程数据检测系统、远程控制系统、无线定位系统等场景。

图7.46中，该GSM/GPRS模块是一款超低功耗的无线数据传输串口模块，可实现GSM/GPRS短信、数据传输和语音服务功能，模块引脚及功能描述如表7.39所示。

表 7.39 GSM/GPRS 模块引脚及功能描述

引脚名称	引脚功能
VCC_IN	电源 5 ~ 28 V
GND	电源地
U_TXD	发送（TTL 电平）
U_RXD	接收（TTL 电平）
RS232_TX	RS232 串口发送
RS232_RX	RS232 串口接收
HTXD	串口升级接口
HRXD	串口升级接口
MIC-/MIC+	麦克风输入
REC+/REC-	喇叭输出
INT	控制模块是否进入低功耗模式，低电平进入，高电平退出
PWR	开机键
EN	电源芯片使能引脚

7.6.2 深入学习——GSM/GPRS 模块调试

通过AT指令设置并测试GSM/GPRS模块，具体的AT指令可参考实际模块生产商提供的说明手册。模块配置的方式可参考蓝牙模块，打开串口助手或Arduino IDE串口监视器进行测试，发送AT指令返回OK后，可用其他AT指令设置模块的参数。

1. 网络通信测试

GSM/GPRS模块网络通信测试，AT指令测试步骤如表7.40所示。

表 7.40 GSM/GPRS 模块与服务器端通信测试

步骤	AT 指令	指令说明
1	AT	返回 OK，表示模块串口工作正常
2	AT+CGATT=1	返回 OK，附着网络
3	AT+CGDCONT=1，“IP”，“CMNET”	设置 PDP 参数
4	AT+CGACT=1，1	激活网络
5	AT+CIPSTART= “TCP”，“xx.xx.xx.xx”，端口号	连接 TCP/IP 服务器
6	AT+CIPSEND=5	返回 >，发送 5 个字符
7	AT+CIPCLOSE	无关闭 TCP 连接

2. 短信测试

短信测试可分为两种，一种为TEXT格式，只能发英文字符和数字，另一种为PDU格式，即中文格式。AT指令测试发送英文短信的步骤如表7.41所示。

表 7.41　AT 指令测试发送英文短信

步骤	AT 指令	指令说明
1	AT+CMGF=1	配置短信方式为 TEXT 模式
2	AT+CSCS=“GSM”	设置 TEXT 输入字符集格式为“GSM”格式
3	AT+CMGS=“xxxxxxxxxxx”	无发送短信息到指定号码

如表7.41所示，指令发送后出现“>”字符，开始输入字符串，在字符最后加上“→”，表示结束。输入“→”字符的十六进制是0x1a，后不接回车符和换行符。

发送中文短信需要对中文信息转码，再发送PDU编码，PDU编码转换界面如图7.47所示。

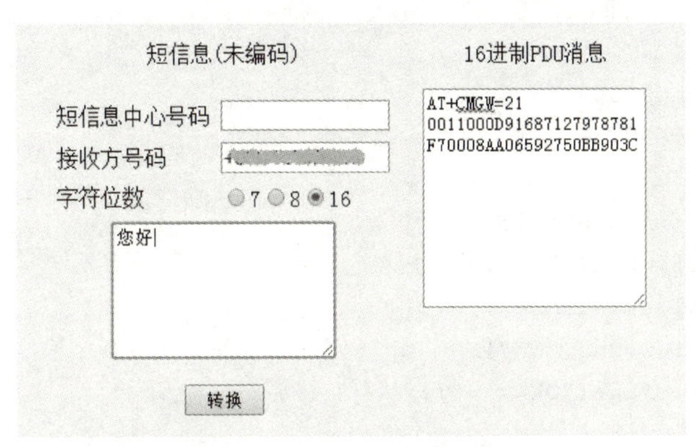

图 7.47　PDU 编码转换界面

AT指令测试发送中文短信的步骤如表7.42所示。

表 7.42　AT 指令测试发送中文短信

步骤	AT 指令	指令说明
1	AT+CSQ	查看信号强度
2	AT+CCID	查看手机卡解除是否正常
3	AT+CREG?	查看是否联网注册
4	AT+CREG=1	启用网络注册非请求结果码
5	AT+CMGS=21	发送的字节数

如表7.42所示，指令发送后出现“>”字符，再发送PDU编码。

7.6.3　引导实践——Onenet 平台数据上传

Onenet平台数据上传即通过GSM/GPRS模块向Onenet云平台上传数据。

1. 案例分析

使用GSM/GPRS模块向Onenet云平台上传数据，与ESP8266模块上传数据的方式类似，读者可参考7.3.3节完成Onenet平台的设备创建。

2. 电路连接设计

将Arduino UNO通过软件串口（数字引脚2、3）与GSM/GPRS模块连接，通过软件串口使Arduino向GSM/GPRS发送指令，电路连接设计如图7.48所示。

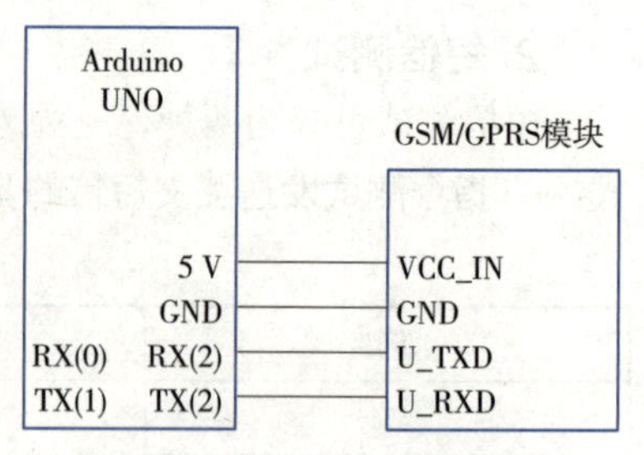

图 7.48 电路连接设计

3. 程序设计

设计程序实现GSM/GPRS模块上传数据到Onenet云平台，如例7.8所示。

例 7.8 Onenet平台数据上传。

```
1  #include <SoftwareSerial.h>
2
3  SoftwareSerial mySerial(2, 3);
4
5  void setup() {
6  mySerial.begin(9600);
7  Serial.begin(9600);
8
9  for(int i = 0; i < 65535; i++){
10    mySerial.println("AT");
11    if(mySerial.available() > 0){
12      if(mySerial.find("OK") == true){
13        Serial.print("OK\r\n");
14        break;
15      }
16    }
17    Serial.print("AT\r\n");
18    delay(200);
19  }
20
21  mySerial.println("AT+RST");
22  mySerial.println("AT+CGATT=1");
23  mySerial.println("AT+CGDCONT=1,\"IP\",\"CMNET\"");
24  mySerial.println("AT+CGACT=1,1");
25 }
26
27 void loop() {
28  mySerial.println("AT+CIPSTART=\"TCP\",\"183.230.40.33\",80");
29  mySerial.println("AT+CIPSEND");
30
31  put(11);
32  Serial.println("上传成功");
33  delay(100);
```

```
34}
35
36 void put(int count){
37   static int cnt = 0;
38   cnt = Serial.println("{\"datastreams\":[""{\"id\":\"count\",\"datapoints\"
:[{\"value\":20""}]}]}");
39   String cmd("POST /devices/929211813/datapoints HTTP/1.1\r\n"
40   "Host:api.heclouds.com\r\n"
41   "api-key: jqZl3MD5LSpO=vmJS16oDD7bmjA=\r\n"
42   "Content-Length:59:" + String(cnt) + "\r\n"
43   "\r\n");
44   mySerial.print(cmd);
45   mySerial.println("{\"datastreams\":[""{\"id\":\"count\",\"datapoints\":
[{\"value\":20""}]}]}");
46   mySerial.write(0x1a);
47   delay(2000);
48   mySerial.println("AT + CIPCLOSE");
49}
```

分析：

第1行：声明软件串口类库函数的头文件。

第3行：定义软件串口实例对象以及数字引脚编号。

第6～7行：设置硬件及软件串口的波特率。

第9～19行：向GSM/GPRS模块发送AT指令并等待返回。

第21～24行：依次发送AT指令。

第28～29行：连接TCP服务器，启动数据发送。

第31行：执行上传数据。

第36～49行：按照数据格式将数据上传至Onenet云平台。

任务 7.7　上机实践——智能机房监测

7.7.1　实验介绍

1. 实验目的

智能机房监测主要对机房的重要参数——环境温度进行监测，并进行智能化管理。

2. 需求分析

本实验通过温湿度传感器监测机房的温度，并将环境参数通过WiFi通信模块上传至云平台，用户可实现对环境参数的远程监控。同时温度超过设定阈值时，将自动开启风扇进行换气降温。

3. 实验器件

■ Arduino UNO开发板：1个。

■ Arduino UNO拓展板：1个。
■ ESP8266模块：1个。
■ 直流电机：1个。
■ L298N电机驱动模块：1个。
■ 杜邦线：若干。
■ 面包板：1个。

7.7.2 实验引导

智能机房监测的整体框架设计如图7.49所示。

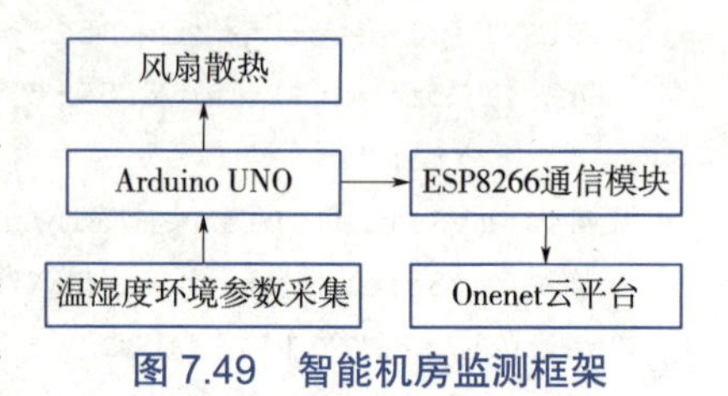

图 7.49 智能机房监测框架

图7.49中，Arduino通过L298N电机驱动模块驱动直流电机，直流电机作为风扇的动力来源。L298N是ST公司生产的一种高电压、大电流电机驱动芯片，该芯片采用15脚封装，内含2个H桥的高电压大电流全桥式驱动器，可以用来驱动直流电机和步进电机、继电器线圈等感性负载；采用标准逻辑电平信号控制；具有2个使能控制端，在不受输入信号影响的情况下允许或禁止器件工作，有一个逻辑电源输入端，使内部逻辑电路部分在低电压下工作；可以外接检测电阻，将变化量反馈给控制电路。使用L298N芯片驱动电机，该芯片可以驱动一台两相步进电机或四相步进电机，也可以驱动两台直流电机。L298N电机驱动模块如图7.50所示。

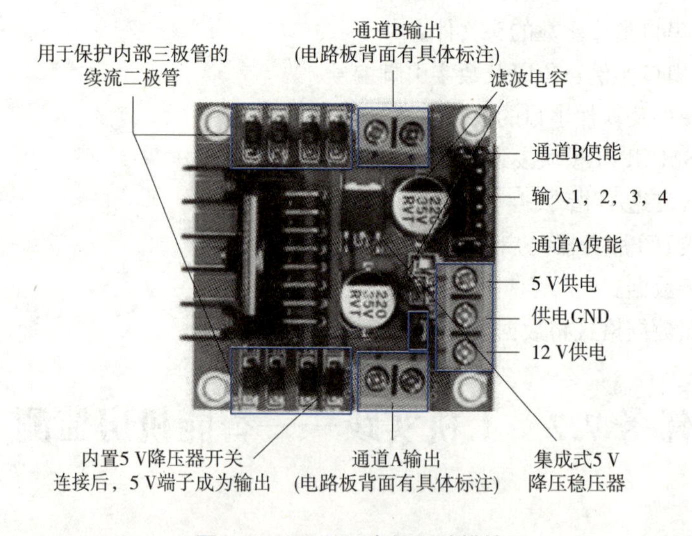

图 7.50 L298N 电机驱动模块

图7.50中，通道A、B输出可以接直流电机，当跳线帽插着时，无PWM功能，按照最高电压进行输出，拔掉跳线帽时，可以连接Arduino PWM输出引脚，进行PWM功能控制。12 V供电口实际可以接入的输入范围是7～12 V，当接入该范围电压时（板载5 V输出使能的跳线帽必须为插上状态），可以使能板载的5 V逻辑供电（5 V供电口），反向为Arduino供电，如果Arduino已经独立供电，只需将GND连接即可，保持电压电势基础一致。当12 V供电口需要接入12～24 V电压时（如驱动额定电压为12 V的电机），首先必须拔除板载5 V输出使能的跳线帽，然后在5 V输出端外部接入5 V电压对L298N内部逻辑电

路供电，这是一种高压驱动的非常规应用。输入端1、2、3、4输入高低电平，可用来控制直流电机正反转，具体如表7.43所示。

表 7.43　直流电机控制

直流电机	旋转方式	IN1	IN2	IN3	IN4	调速 PWM 信号	
						通道 A	通道 B
M1	正传	高	低	/	/	高	/
	反转	低	高	/	/	高	/
	停止	低	低	/	/	高	/
M2	正传	/	/	高	低	/	高
	反转	/	/	低	高	/	高
	停止	/	/	低	低	/	高

结合整体框架设计，设计连接电路，如图7.51所示。

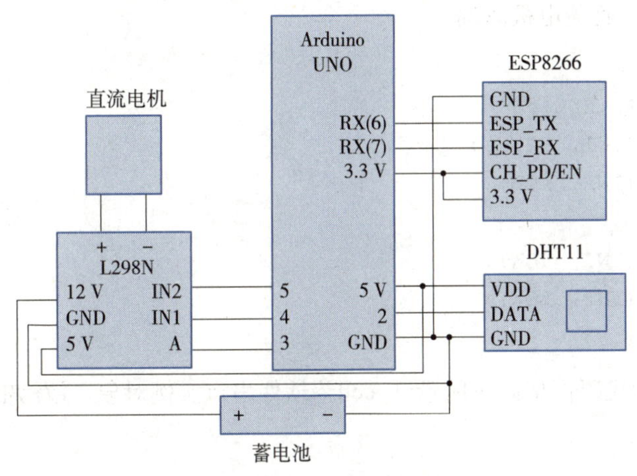

图 7.51　电路连接设计

7.7.3　软件分析

本实验软件部分可分为3个主要功能模块，分别为信息采集功能、信息处理功能、信息远程上传功能。信息采集功能主要通过温湿度传感器实现，实时获取机房温度及湿度。信息处理功能主要实现判断机房温湿度信息，并及时控制风扇调整温湿度参数。信息远程上传功能主要通过ESP8266模块实现，完成基于WiFi的远程通信。

信息采集功能的代码框架如下所示：

```
#include <DHT.h>

#define DHTTYPE DHT11
#define DHT11PIN 2
DHT dht11(DHT11PIN, DHTTYPE);
```

```
void setup() {
  Serial.begin(9600);
  dht11.begin();

}

void loop() {
  float t = dht11.readTemperature();

  Serial.print("Temperature: ");
  Serial.println(t);

  delay(1000);
}
```

信息处理功能的代码框架如下所示，当机房温度高于30°时，打开直流电机风扇进行通风降温，当机房温度低于30°时，关闭直流电机风扇。

```
  if(t > 30){
    analogWrite(A, 200);
    digitalWrite(IN1, HIGH);
    digitalWrite(IN2, LOW);
  }else{
    digitalWrite(IN1, LOW);
    digitalWrite(IN2, LOW);
  }
```

信息远程上传功能的代码框架如下所示（_cell为软件串口实例对象，t为实时温度）：

```
#include <uartWIFI.h>

#define SSID "TP-LINK_EBED58"
#define PASSWORD "qianfeng123"
#define server "183.230.40.33"

WIFI wifi;
int i = 0;

void setup() {
  _cell.begin(115200);
  _cell.print("+++");
  wifi.confMode(1);

  wifi.begin();
```

```
  delay(2000);

  wifi.confJAP(SSID, PASSWORD);
  wifi.confMux(0);
  wifi.showIP();
  wifi.newMux(TCP, server, 80);
  wifi.CIPMODE(1);
  wifi.CIPSEND();
}

void loop() {
  put(t);
}

void put(int t){
  static int cnt = 0;
  String cmd("POST /devices/929211813/datapoints HTTP/1.1\r\n"
  "api-key: jqZl3MD5LSpO=vmJS16oDD7bmjA=\r\n"
  "Host:api.heclouds.com\r\n"
  "Content-Length:" + String(cnt) + "\r\n"
  "\r\n");

  _cell.print(cmd);
  cnt = _cell.print("{\"datastreams\":["
  "{\"id\":\"temp\",\"datapoints\":[{\"value\":" + String(t) + "}]},"
  "]}");
  _cell.println();
}
```

7.7.4　程序设计

结合上文软件分析，将3个功能模块组合，具体程序如例7.9所示。

例 7.9　智能机房监测。

```
1  #include <DHT.h>
2  #include <uartWIFI.h>
3
4  #define SSID "TP-LINK_EBED58"
5  #define PASSWORD "qianfeng123"
6  #define server "183.230.40.33"
7
8  WIFI wifi;
9  int i = 0;
10
```

```
11  #define DHTTYPE DHT11
12  #define DHT11PIN 2
13  DHT dht11(DHT11PIN, DHTTYPE);
14
15  #define IN1 4
16  #define IN2 5
17  #define A 3
18
19  void setup() {
20  Serial.begin(9600);
21  dht11.begin();
22
23  _cell.begin(115200);
24  _cell.print("+++");
25  wifi.confMode(1);
26
27  wifi.begin();
28  delay(2000);
29
30  wifi.confJAP(SSID, PASSWORD);
31  wifi.confMux(0);
32  wifi.showIP();
33  wifi.newMux(TCP, server, 80);
34  wifi.CIPMODE(1);
35  wifi.CIPSEND();
36}
37
38 void loop() {
39  float t = dht11.readTemperature();
40
41  Serial.print("Temperature: ");
42  Serial.println(t);
43  put(t);
44
45  if(t > 30){
46    analogWrite(A, 200);
47    digitalWrite(IN1, HIGH);
48    digitalWrite(IN2, LOW);
49  }else{
50    digitalWrite(IN1, LOW);
51    digitalWrite(IN2, LOW);
52  }
53
```

```
54  delay(2000);
55}
56
57 void put(int t){
58  static int cnt = 0;
59  String cmd("POST /devices/929211813/datapoints HTTP/1.1\r\n"
60  "api-key: jqZl3MD5LSpO=vmJS16oDD7bmjA=\r\n"
61  "Host:api.heclouds.com\r\n"
62  "Content-Length:" + String(cnt) + "\r\n"
63  "\r\n");
64
65  _cell.print(cmd);
66  cnt = _cell.print("{\"datastreams\":["
67  "{\"id\":\"temp\",\"datapoints\":[{\"value\":" + String(t) + "}]},"
68  "]}");
69  _cell.println();
70}
```

分析：

第4～6行：定义WiFi名以及密码、服务器网址。

第11～13行：定义温湿度实例对象dht11，指定连接的引脚。

第15～17行：定义L298N连接的引脚编号。

第20～21行：初始化串口及温湿度传感器。

第23～35行：配置WiFi通信模块ESP8266，使其连接Onenet远程平台。

第38～55行：获取实时温度数据，并将其上传至Onenet云平台；根据获取的实时温度，控制直流电机风扇。

第57～70行：执行上传数据，注意Onenet云平台数据创建的设备ID以及APIKey。

7.7.5 总结分析

本次上机实践设计的智能机房监测，通过环境传感器与云平台结合的方式，实现远程监控环境参数。在此基础上结合一些其他模块，可以实现更加丰富的功能，如增加烟雾警报器，实现火情监控功能。本次上机实践案例程序设计相对简单，读者也可以根据自身的需求，对程序进行优化，使设计的案例功能更加丰富。

单元小结

本单元主要结合Arduino开发板介绍了主流无线通信的模块，包括蓝牙模块、RFID模块、WiFi模块、nRF24L01通信模块、Zigbee模块、GSM/GPRS模块。针对每一种通信方式本单元选取了较为常见的模块型号进行分析，具体包括调试方法及使用案例，意在帮助读者快速掌握通信模块的开发，同时为开发其他型号模块提供参考。

习 题

1. 填空题

（1）蓝牙 4.0 包括 3 个子规范，分别为______、______以及______。

（2）蓝牙系统构成中，______单元主要负责数据与语音的发送与接收。

（3）HC-05 蓝牙串口模块具有两种工作模式，即______与______。

（4）RFID 系统由______、______、______ 3 部分组成。

（5）ESP8266 模块有 3 种工作模式，分别为______、______、______。

（6）nRF24L01 可以设置为______模式、______模式、______模式和______模式。

（7）在 Zigbee 协议中，根据设备的功能，可以分为______、______和______ 3 种逻辑设备。

2. 选择题

（1）以下蓝牙技术特点不正确的是（　　）。

A. 同时可传输语音与数据　　B. 体积小、低功耗

C. 不适用于全球范围　　D. 具有很好的抗干扰能力

（2）以下哪个不是 IEEE802.11 协议标准定义的 4 种主要物理组件（　　）。

A. 工作站　　B. 接入点

C. 无线媒介　　D. 理由器

（3）在 Zigbee 组网中，以下哪个逻辑设备用于启动 Zigbee 网络（　　）。

A. 协调器　　B. 路由器

C. 终端　　D. 都不是

3. 思考题

（1）简述 RFID 的工作原理。

（2）简述 Zigbee 协议中逻辑设备的功能。

第 8 单元

Arduino 与输入 / 输出模块

学习目标

◎了解输入 / 输出模块的工作原理
◎熟悉模块相关的类库函数
◎熟练掌握模块应用案例
◎掌握上机实践案例

输入/输出模块在与单片机开发相关的硬件模块中占有很大的比重，常见的输入/输出模块采用基础的数字I/O接口实现通信，而有些则采用总线通信的形式。本单元将主要介绍几种常见且具有特点的输入/输出模块，通过实践案例分析这些模块的使用方式。

任务 8.1　Arduino 与超声波测距模块

8.1.1　预备知识——超声波测距模块概述

超声波测距的原理是利用超声波在空气中的传播速度为已知，测量声波在发射后遇到障碍物反射回来的时间，根据发射和接收的时间差计算出发射点到障碍物的实际距离。由此可见，超声波测距原理与雷达原理是一样的。

超声波是一种在弹性介质中的机械振荡，有两种形式：横向振荡（横波）及纵向振荡（纵波）。在工业中应用主要采用纵向振荡。超声波可以在气体、液体及固体中传播，其传播速度不同。另外，它也有折射和反射现象，并且在传播过程中有衰减。在空气中传播超声波，其频率较低，一般为几十kHz，而在固体、液体中则频率可用得较高。在空气中衰减较快，而在液体及固体中传播，衰减较小，传播较远。利用超声波的特性，可做成各种超声传感器，配上不同的电路，制成各种超声测量仪器及装置，并在通信、医疗、家电等各方面得到广泛应用。

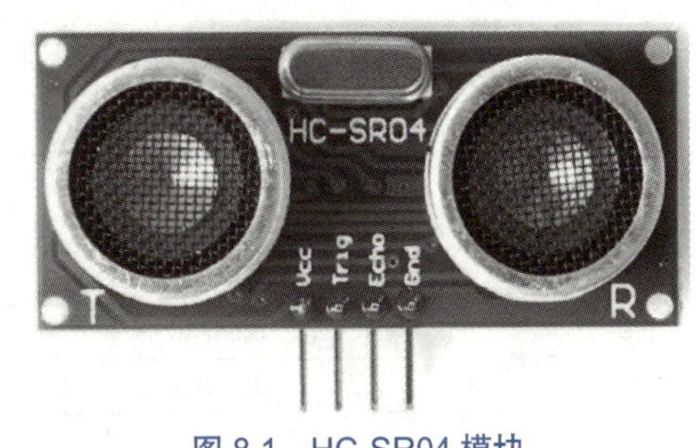

图 8.1　HC-SR04 模块

HC-SR04是一种应用十分广泛的超声波测距模块，具有性能稳定、测距精准、性价比高等特点，如图8.1所示。

该模块共有4个引脚，具体如表8.1所示。

表 8.1　HC-SR04 引脚说明

引　脚	说　明
VCC	接 +5 V
GND	接地线
TRIG	触发控制信号输入
ECHO	回响信号输出

HC-SR04的工作原理如下：

①给触发控制信号输入引脚输入一个大于10 μs的高电平方波。

②输入方波后，模块自动发射8个40 kHz的声波，此时回响信号输出引脚端的电平由0变为1，启动定时器计时。

③当超声波返回被模块接收时，回响信号输出引脚端的电平由1变为0，此时停止定时器计数。

④测试距离=（高电平持续时间×声波传播速度）/2。

HC-SR04模块的超声波时序图如图8.2所示。

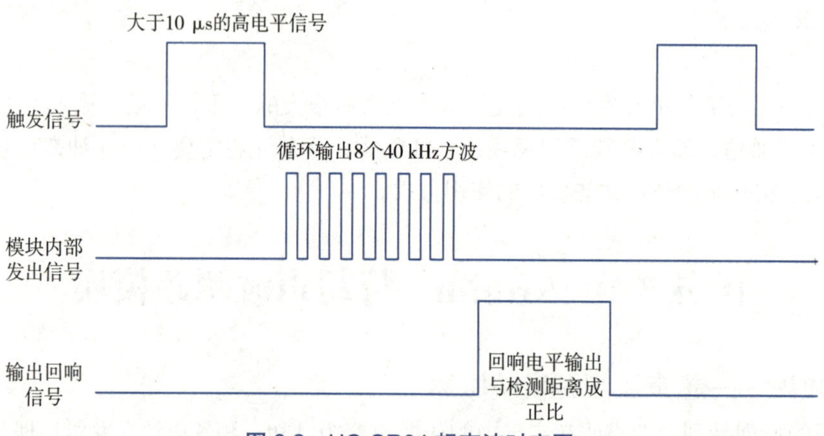

图 8.2　HC-SR04 超声波时序图

8.1.2　深入学习——HC-SR04 类库函数

Arduino IDE提供了多个HC-SR04类库，这里选择第三方库SR04进行介绍，具体如下：

1. SR04()

SR04()为构造函数，用来创建1个SR04类实例，具体描述如表8.2所示。

表 8.2　SR04() 函数

语法格式	SR04 sr04=SR04(echoPin，triggerPin) SR04 sr04(echoPin，triggerPin)	
功能	创建 SR04 类实例，设置 SR04 引脚	
参数	echoPin	连接回响信号输出引脚的 Arduino 引脚编号
	triggerPin	连接触发控制信号引脚的 Arduino 引脚编号
返回值	实例对象 sr04	

2. Distance()

Distance()函数用来读取测量距离，如表8.3所示。

表 8.3　Distance() 函数

语法格式	sr04.Distance()
功能	读取测量距离
参数	无
返回值	测量距离，单位为厘米

8.1.3　引导实践——超声波测距仪

超声波测距仪（见图8.3）用来实时显示障碍物与超声波测距模块的距离。将该功能模块与其他模块结合可实现更多丰富的功能，如结合遥控小车，则可实现自动避障的功能。

图 8.3　超声波测距仪

1. 案例分析

将超声波测距模块与Arduino开发板连接，用于实时测距，同时通过LCD屏进行显示。

2. 仿真电路设计

将Arduino与LCD1602显示屏以及超声波测距模块HC-SR04进行连接，如图8.4所示。

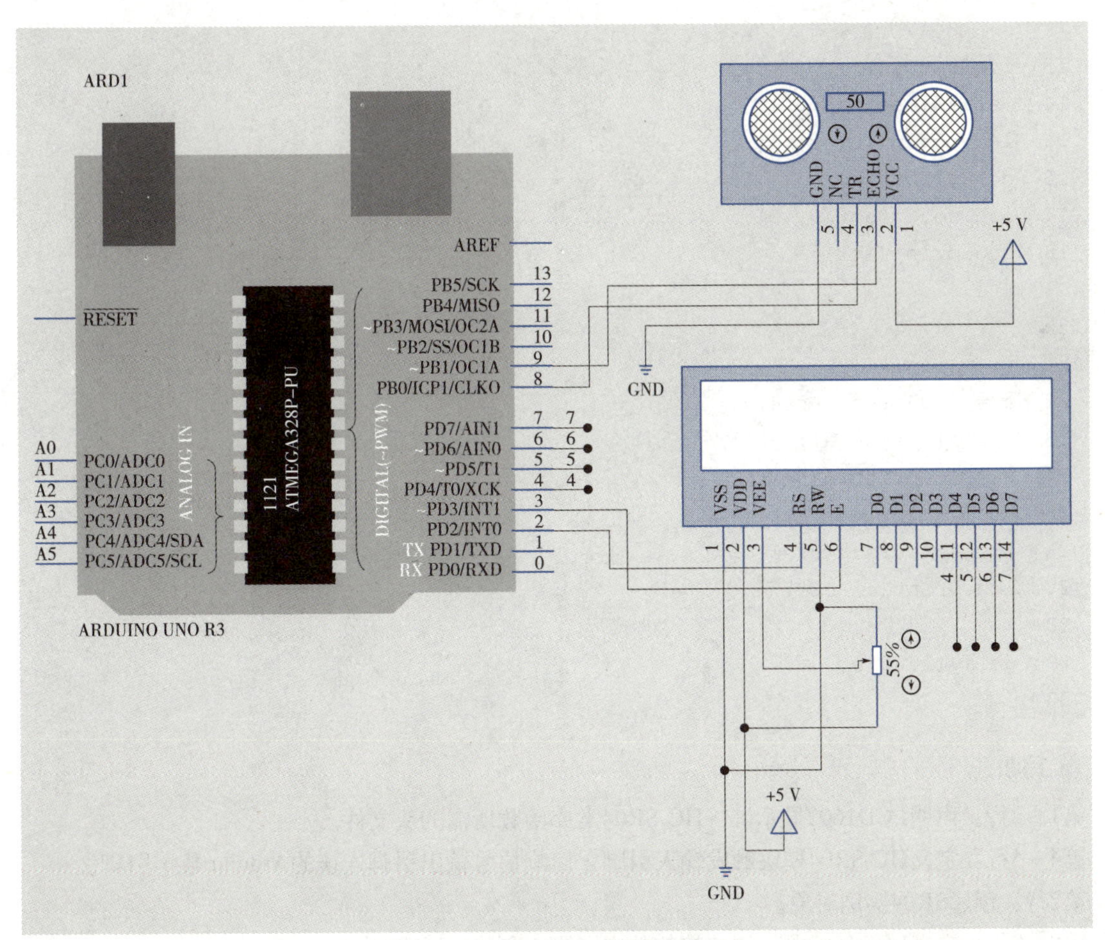

图 8.4　超声波测距仿真电路设计

图8.3中，LCD1602液晶显示屏VEE引脚连接电位器引脚，控制电位器可调整显示对比度；超声波测距模块HC-SR04触发输入引脚与数字引脚8连接，回响信号输出引脚连接数字引脚9。

3. 程序设计

设计程序实现实时超声波测距，将实时数据显示到LCD显示屏以及串口监视器，如例8.1所示。

例 8.1 超声波测距。

```
1  #include <LiquidCrystal.h>
2  #include <SR04.h>
3
4  #define TRIG_PIN 8
5  #define ECHO_PIN 9
6
7  SR04 sr04 = SR04(ECHO_PIN, TRIG_PIN);
8  const int rs = 2, en = 3, d4 = 4, d5 = 5, d6 = 6, d7 = 7;
9  LiquidCrystal lcd(rs, en, d4, d5, d6, d7);
10  char str[] = "Distance:";
11  long a;
12
13 void setup() {
14  Serial.begin(9600);
15  lcd.begin(16, 2);
16  delay(1000);
17  lcd.setCursor(0, 0);
18  lcd.print(str);
19 }
20
21 void loop() {
22  a = sr04.Distance();
23  Serial.print(a);
24  Serial.println("cm");
25
26  lcd.setCursor(0, 1);
27  lcd.print(a, DEC);
28
29  delay(1000);
30 }
```

分析：

第1～2行：声明LCD1602显示屏、HC-SR04类库函数所需的头文件。

第4～5行：定义HC-SR04模块触发输入引脚、回响信号输出引脚连接的Arduino数字引脚。

第7行：创建SR04实例对象。

第8～9行：定义LCD1602显示屏连接的数字引脚，创建lcd实例对象。

第14～18行：初始化串口、LCD显示屏，设置显示屏第1行显示的内容。

第22行：获取超声波测距实时数据。

第23～24行：通过串口监视器显示实时数据。

第26～27行：通过LCD显示屏显示实时数据。

下载程序至Arduino，打开串口监视器，移动超声波测距模块，可见LCD显示屏与串口监视器同步实时显示数据，如图8.5所示。

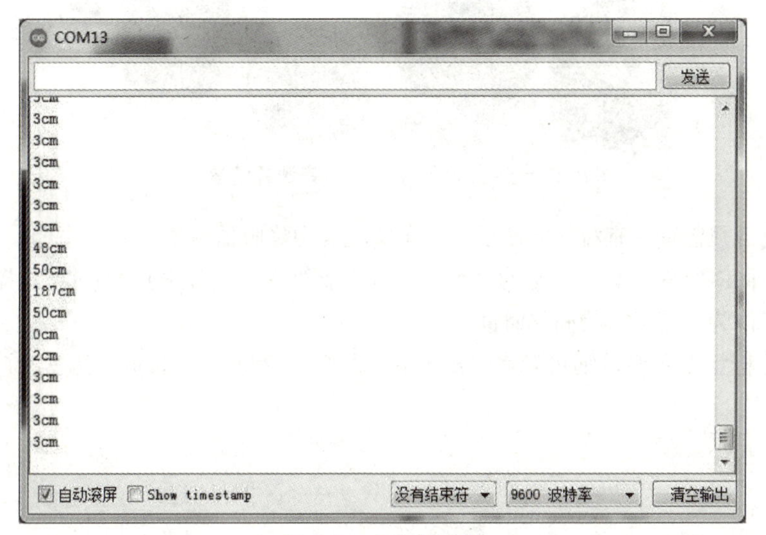

图 8.5　串口监视器

任务 8.2　Arduino 与蜂鸣器

8.2.1　预备知识——蜂鸣器概述

蜂鸣器是一种一体化结构的电子讯响器，采用直流电压供电，广泛应用于计算机、报警器、电话机、定时器等电子产品。蜂鸣器按照驱动方式的不同，可以分为有源蜂鸣器和无源蜂鸣器。有源蜂鸣器内部带有振荡电路，可以将恒定的直流电转化为一定频率的脉冲信号，从而引起磁场交变，带动振动膜片振动发声。因此，对于有源蜂鸣器，只需输入直流电，即可使蜂鸣器发出声音，其工作原理如图8.6所示。

无源蜂鸣器内部不带振荡电路，如果提供直流信号，磁路恒定，振动膜片不能振动发音，蜂鸣器不工作。因此，对于无源蜂鸣器，需要输入方波信号到振动装置，才能输出声音信号，方波的频率不同，发出的声音不同，其工作原理如图8.7所示。

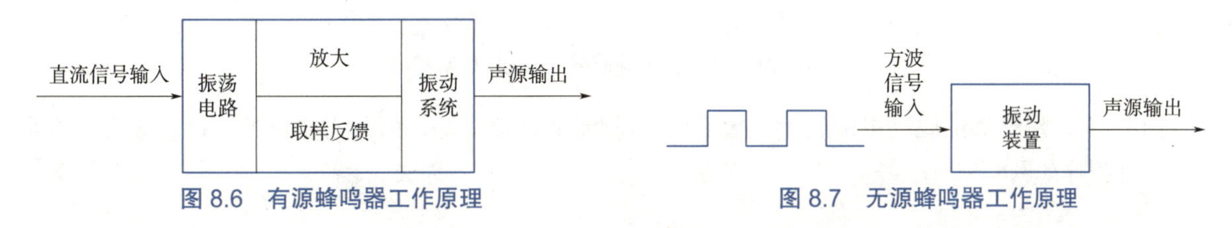

图 8.6　有源蜂鸣器工作原理　　图 8.7　无源蜂鸣器工作原理

8.2.2 深入学习——驱动有源蜂鸣器

有源蜂鸣器与无源蜂鸣器（见图8.8）相似，但高度不同，有源蜂鸣器高度为9 mm，无源蜂鸣器为8 mm，如将两种蜂鸣器的引脚均朝上放置，有绿色电路板的为无源蜂鸣器，没有电路板而用黑胶封闭的是有源蜂鸣器。

图 8.8 无源蜂鸣器（左）与有源蜂鸣器（右）

驱动有源蜂鸣器只需输入直流信号即可，为了实现有源蜂鸣器输出不同的声音，需要调整输出直流信号的间隔时间。间隔时间不同，发出的声音不同（不能改变输出频率）。通过电位器改变Arduino的模拟输入值，将该值作为直流信号的间隔时间。

有源蜂鸣器无标识正负极，则可参考电解电容，引脚长为正，短为负。仿真设计电路连接如图8.9所示。

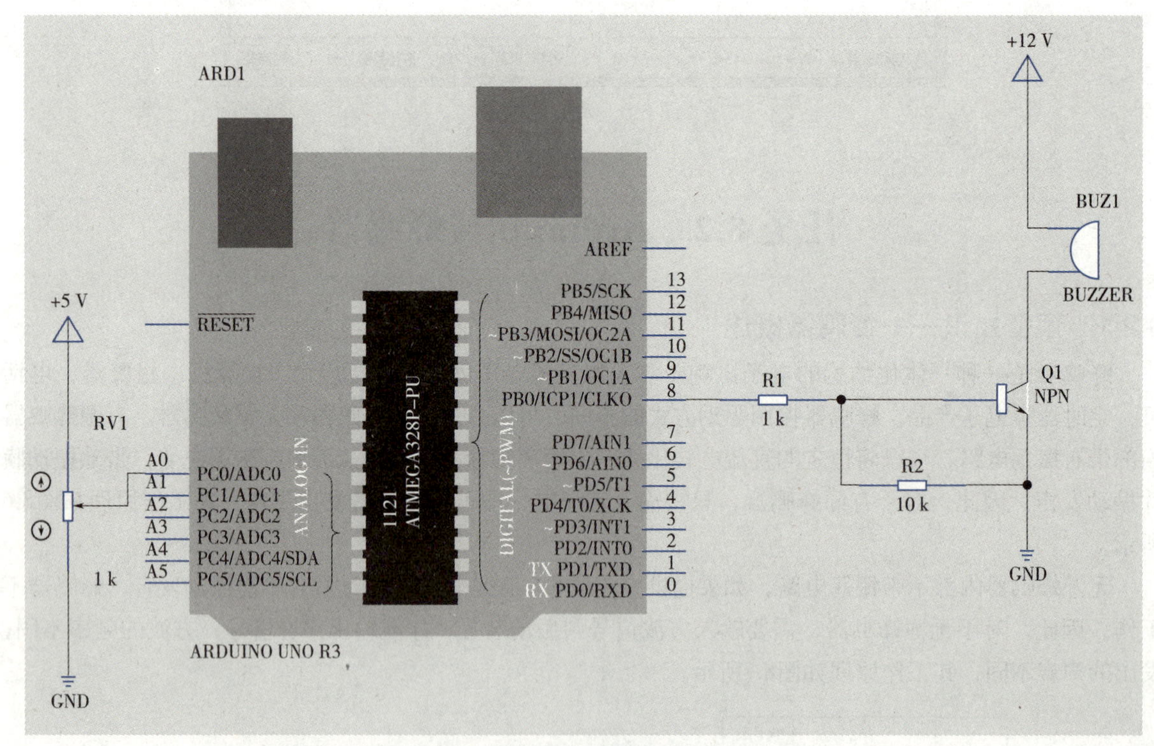

图 8.9 驱动有源蜂鸣器仿真设计电路

图8.9中，蜂鸣器的驱动电流较大，数字I/O引脚无法直接驱动，因此需要通过三极管放大电流驱动。设计程序如例8.2所示。

例 8.2　驱动有源蜂鸣器。

```
1  int buzzer = 8;
2  int analogPin = A0;
3  int sensorValue = 0;
4  int outputValue = 0;
5
6 void setup() {
7  pinMode(buzzer, OUTPUT);
8}
9
10 void loop() {
11  sensorValue = analogRead(analogPin);
12  outputValue = map(sensorValue, 0, 1023, 0, 64);
13
14  digitalWrite(buzzer, HIGH);
15  delay(outputValue);
16
17  digitalWrite(buzzer, LOW);
18  delay(outputValue);
19 }
```

分析：

第1～2行：定义控制有源蜂鸣器的数字引脚以及获取模拟输入值引脚的编号。

第7行：设置数字输出引脚为输出模式。

第11～12行：获取电位器调整后的模拟输入值，该值将作为输出高低电平信号的间隔时间。

第14～18行：循环输出高低电平信号。

8.2.3　引导实践——电子音乐盒

电子音乐盒（见图8.10）主要由无源蜂鸣器实现。有源蜂鸣器通过直流信号进行控制，因此无法实时控制工作频率，达到发出不同音调的目的。无源蜂鸣器通过方波信号进行控制，控制Arduino的PWM引脚，改变方波信号的频率，即可改变无源蜂鸣器输出的音调。

图 8.10　电子音乐盒

1. 案例分析

改变无源蜂鸣器的音调，需要输入不同频率的方波信号。为了演奏出音乐，需要确定不同音调对应的方波信号的频率，音调分为低、中、高3种，对应的频率如表8.4~表8.6所示。

表 8.4　低音音调对应的频率

音调	音符						
	1	2	3	4	5	6	7
A	221	248	278	294	330	371	416
B	248	278	294	330	371	416	467
C	131	147	165	175	196	221	248
D	147	165	175	196	221	248	278
E	165	175	196	221	248	278	312
F	175	196	221	234	262	294	330
G	196	221	234	262	294	330	371

表 8.5　中音音调对应的频率

音调	音符						
	1	2	3	4	5	6	7
A	441	495	556	589	661	742	833
B	495	556	624	661	742	833	935
C	262	294	330	350	393	441	495
D	294	330	350	393	441	495	556
E	330	350	393	441	495	556	624
F	350	393	441	495	556	624	661
G	393	441	495	556	624	661	742

表 8.6　高音音调对应的频率

音调	音符						
	1	2	3	4	5	6	7
A	882	990	1112	1178	1322	1484	1665
B	990	1112	1178	1322	1484	1665	1869
C	525	589	661	700	786	882	990
D	589	661	700	786	882	990	1112
E	661	700	786	882	990	1112	1248
F	700	786	882	935	1049	1178	1322
G	786	882	990	1049	1178	1322	1484

确定音调频率后，需要控制每一个音符的演奏时间，即每一个音符的延时。音符节奏分为一拍、半拍、1/4拍、1/8拍，对应的延时时间为1、0.5、0.25、0.125。如图8.11所示，以《长空颂歌》简谱为例，说明如下：

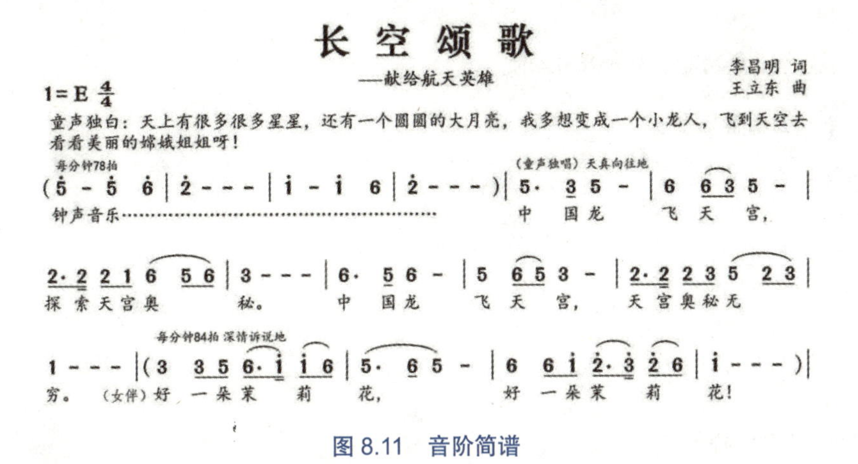

图 8.11　音阶简谱

①音乐音调为E调，对应表中的E调频率。

②音乐为四分之四拍，即普通音符为1拍。

③音符上带点为高音，音符下带点为低音，普通音符不带点为中音，如第一个音符5，对应的频率为783.99，占1拍。

④音符带下画线表示半拍。

⑤音符后带“–”，表示加1拍；音符后带“ ”，表示加半拍。

⑥两个连续音符上带括弧，表示连音。

2. 仿真电路设计

将无源蜂鸣器连接Arduino的PWM输出引脚，可接收不同频率的方波信号，同时连接LED灯，LED灯随着音调节奏的不同改变亮度。仿真电路设计如图8.12所示。

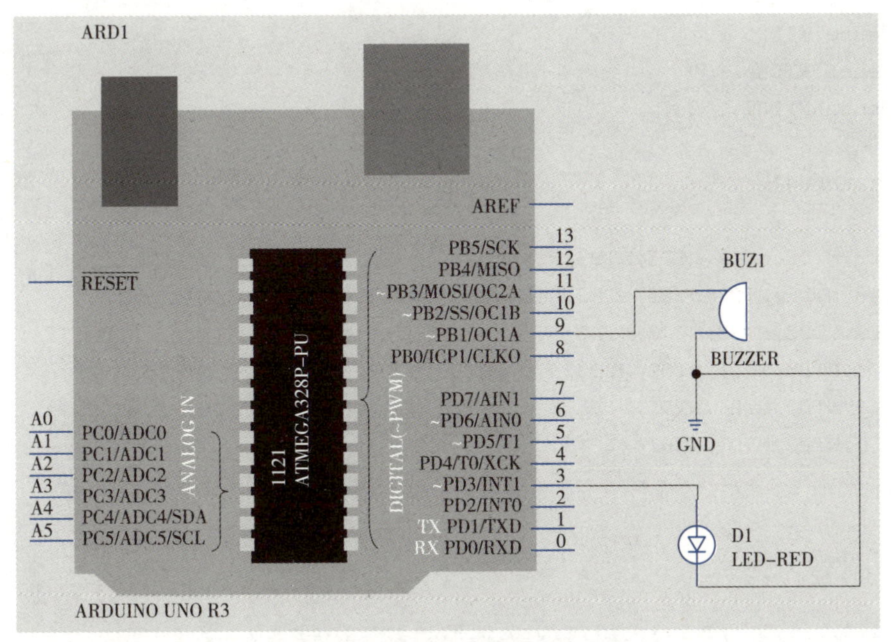

图 8.12　电子音乐盒仿真电路设计

3. 程序设计

设计程序实现音乐盒功能，如例8.3所示。

例 8.3 电子音乐盒。

```
1 #define NTD0 -1
2 #define NTD1 294
3 #define NTD2 330
4 #define NTD3 350
5 #define NTD4 393
6 #define NTD5 441
7 #define NTD6 495
8 #define NTD7 556
9
10 #define NTDL1 147
11 #define NTDL2 165
12 #define NTDL3 175
13 #define NTDL4 196
14 #define NTDL5 221
15 #define NTDL6 248
16 #define NTDL7 278
17
18 #define NTDH1 589
19 #define NTDH2 661
20 #define NTDH3 700
21 #define NTDH4 786
22 #define NTDH5 882
23 #define NTDH6 990
24 #define NTDH7 112
25
26 int tune[]=
27 {
28 NTD3,NTD3,NTD4,NTD5,NTD5,NTD4,NTD3,NTD2,NTD1,NTD1,NTD2,NTD3,
29 NTD3,NTD2,NTD2,NTD3,NTD3,NTD4,NTD5,NTD5,NTD4,NTD3,NTD2,NTD1,
30 NTD1,NTD2,NTD3,NTD2,NTD1,NTD1,NTD2,NTD2,NTD3,NTD1,NTD2,NTD3,
31 NTD4,NTD3,NTD1,NTD2,NTD3,NTD4,NTD3,NTD2,NTD1,NTD2,NTDL5,NTD0,
32 NTD3,NTD3,NTD4,NTD5,NTD5,NTD4,NTD3,NTD4,NTD2,NTD1,NTD1,NTD2,
33 NTD3,NTD2,NTD1,NTD1
34 };
35
36 float durt[]=
37 {
38 1,1,1,1,1,1,1,1,1,1,1,1,1+0.5,0.5,1+1,
39 1,1,1,1,1,1,1,1,1,1,1,1,1+0.5,0.5,1+1,
```

```
40  1,1,1,1,1,0.5,0.5,1,1,1,0.5,0.5,1,1,
41  1,1,1,1,1,1,1,1,1,1,1,0.5,0.5,1,1,1,1,
42  1+0.5,0.5,1+1,
43 };
44
45 int length;
46 int tonePin = 9;
47 int ledPin = 3;
48
49 void setup() {
50  pinMode(tonePin, OUTPUT);
51  pinMode(ledPin, OUTPUT);
52  length = sizeof(tune)/sizeof(tune[0]);
53}
54
55 void loop() {
56  for(int x = 0; x < length; x++){
57    tone(tonePin, tune[x]);
58    analogWrite(ledPin, tune[x]/4);
59    delay(500 * durt[x]);
60    noTone(tonePin);
61  }
62  delay(2000);
63}
```

分析：

第1～8行：定义D调中音调对应的方波输出频率。

第10～16行：定义D调中低音调对应的方波输出频率。

第18～24行：定义D调中高音调对应的方波输出频率。

第26～34行：定义简谱音符对应的频率。

第36～43行：定义简谱音符对应的节拍，即延时时间。

第52行：计算数组的长度，即简谱音符的个数。

第56～61行：执行循环，输出每一个音符的音调。

第57行：tone()函数用来产生固定频率的PWM信号驱动扬声器，频率由tune[x]确定。

第59行：根据节拍调节每个音符的延时。

第60行：noTone()函数用来停止声音，否则tone()函数将一直产生声音信号。

任务 8.3　Arduino 与日历时钟模块

8.3.1　预备知识——日历时钟模块

日历时钟模块主要应用于电表、水表、电话机以及便携式仪器等产品。DS1302是DALLAS公司推出的一款涓流充电时钟芯片，其内部包含1个实时时钟/日历和31字节静态RAM，实时时钟/日历电路提供秒、分、时、日、周、月、年的信息，每月的天数和闰年的天数可自动调整。通过AM/PM指示时钟操作可决定采用24或12小时格式。DS1302与单片机之间可采用同步串行的方式进行通信，读/写时钟或RAM数据时可采用单字节传送或多字节传送字符组的方式。如图8.13所示，DS1302芯片共有8个引脚，具体说明如表8.7所示。

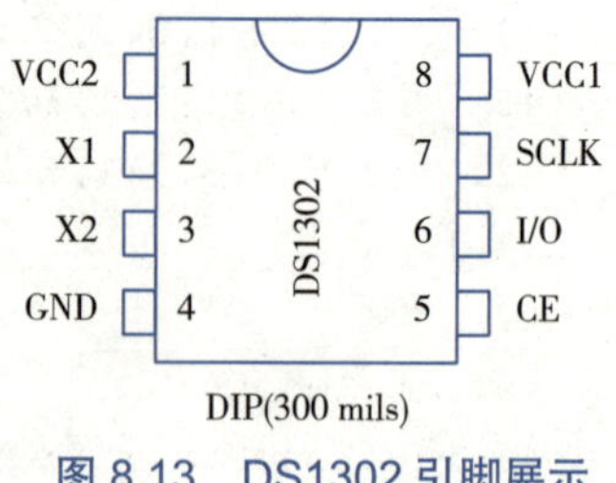

图 8.13　DS1302 引脚展示

表 8.7　DS1302 引脚说明

引　脚	名　称	功　能
1	VCC2	主电源引脚
2	X1	外部晶振引脚
3	X2	外部晶振引脚
4	GND	接地
5	CE	输入，在读写过程中必须将 CE 信号变为高电平，内部下拉
6	I/O	输入 / 推挽式输出，双向数据引脚，内部下拉
7	SCLK	串行时钟信号输入，内部下拉
8	VCC1	后备电源，在没有主电源的情况下保持时间和日期

DS1302采用外接（X1、X2引脚）的32.768 kHZ晶体，不需要任何外部电阻或电容工作。VCC1作为DS1302后备供电输入引脚，当VCC2停止供电时，VCC1开始工作。DS1302允许透过控制内部的充电寄存器，经VCC2向VCC1流入充电电流，也就是说，当VCC2有电源输入时，VCC1停止供电，同一时间VCC2可以为VCC1进行细流充电（VCC1需要连接可充电电池）。DS1302采用同步串行的方式与单片机进行通信，需要用到3个口线，分别为RST复位（CE）、I/O数据线、SCLK串行时钟线，其单字节写入通信时序如图8.14所示。

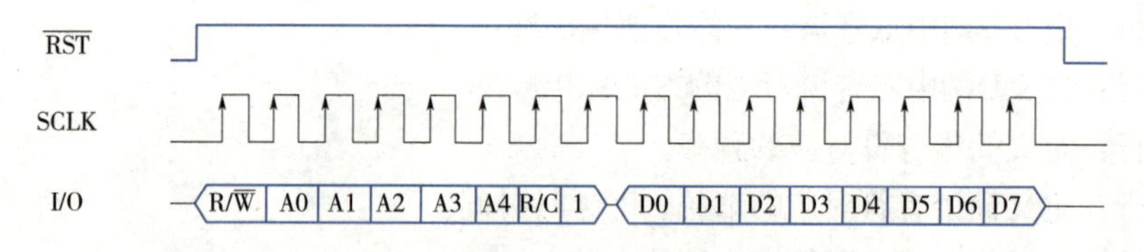

图 8.14　单字节写入通信时序

图8.14中，写入的第1个字节为地址，第2个字节为数据字节；RST信号必须拉高，否则数据的输入无效；地址字节和数据字节读取时上升沿有效。

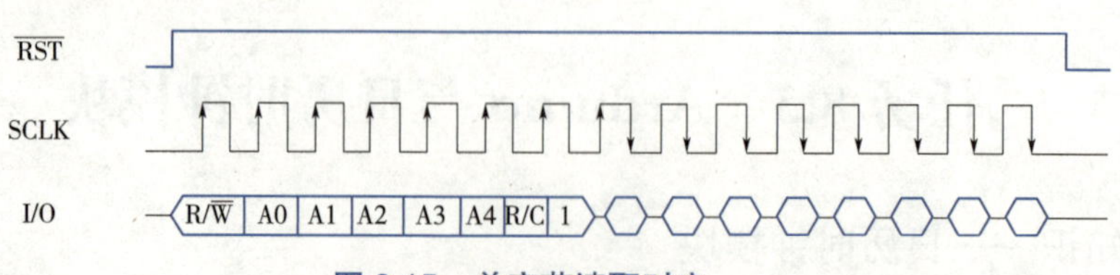

图 8.15　单字节读取时序

如图8.15所示，单字节读取时序与单字节写入略有不同，先写入地址字节，再读取数据字节；写地址字节时上升沿有效，读数据字节时下降沿有效。

封装后的DS1302模块如图8.16所示，引脚分别为VCC、GND、CLK、DAT、RST。其中，CLK、DAT、RST分别对应芯片的串行时钟引脚SCLK、I/O引脚、RST复位引脚。

图 8.16　DS1302 模块

8.3.2　深入学习——DS1302 类库函数

Arduino IDE提供了DS1302类库以及各种第三方库，具体选取其中1个类库DS1302，函数说明如下：

1. DS1302()

DS1302()为构造函数，用来创建1个实例对象，具体描述如表8.8所示。

表 8. 8　DS1302() 函数

语法格式	DS1302 rtc(ce_pin，io_pin，sclk_pin)	
功能	创建实例对象，指定引脚编号	
参数	ce_pin	RST 复位引脚连接的 Arduino 引脚编号
	io_pin	I/O 引脚连接的 Arduino 引脚编号
	sclk_pin	SCLK 引脚连接的 Arduino 引脚编号
返回值	无	

2. time()

time()函数用来从DS1302中获取当前时间，具体描述如表8.9所示。

表 8. 9　time() 函数

语法格式	rtc.time()
功能	获取当前时间
参数	无
返回值	Time 类，包含年月日时分秒

3. halt()

halt()函数用来控制时钟开关，具体描述如表8.10所示。

表 8. 10　halt() 函数

语法格式	rtc.halt(enable)	
功能	控制时钟开关	
参数	enable	true（停止工作）或 false（开始工作）
返回值	无	

表8.10中，当设置逻辑真时DS1302停止工作，时间的计时保持最后一次的状态，当设置逻辑假时DS1302开始工作，时间从最后一次状态中继续计时。

4. write_protect()

write_protect()函数用来执行开启或解除写保护，具体描述如表8.11所示。

表 8. 11 write_protect() 函数

语法格式	rtc.write_protect(enable)	
功能	开启或解除写保护	
参数	enable	true（开启写保护）或 false（解除写保护）
返回值	无	

5. time(t)

time(t)函数用来设置DS1302日历时间，具体描述如表8.12所示。

表 8. 12 time(t) 函数

语法格式	rtc.time(t)	
功能	设置 DS1302 日历时间	
参数	t	设置的时间保存在 Time 类中
返回值	无	

8.3.3 引导实践——电子日历

电子日历用来实时显示年、月、日、时、分、秒，不仅可以显示时间，还可以设置特殊日期提醒、电子闹钟等功能，如图8.17所示。

图 8.17 电子日历

1. 案例分析

案例只实现获取实时年、月、日、时、分、秒的功能，通过串口输入设置时间后，再通过串口监视器实时显示。

2. 仿真电路设计

将Arduino与DS1302模块连接，仿真电路设计如图8.18所示。

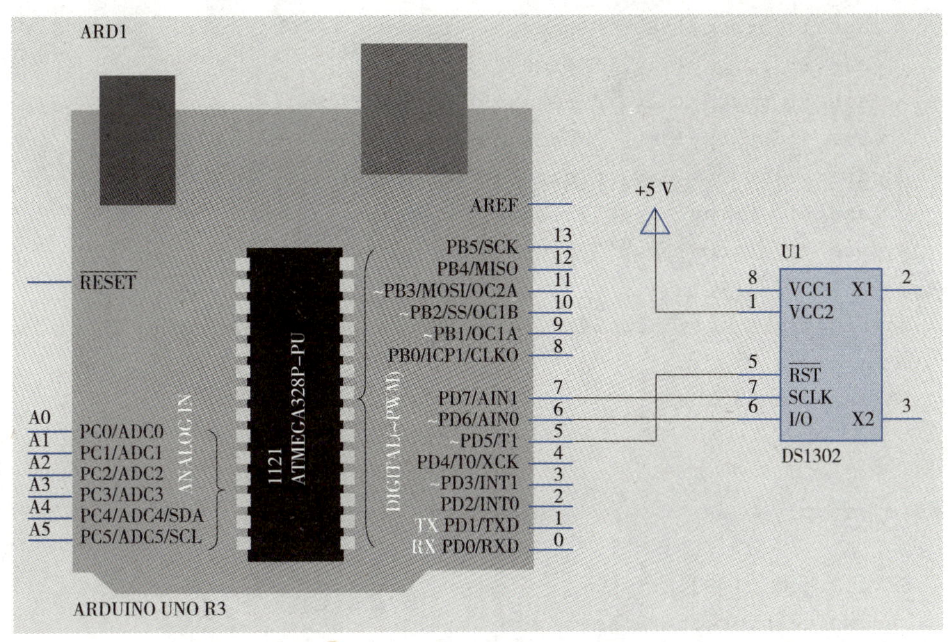

图 8.18　电子日历仿真电路设计

3. 程序设计

设计程序实现从串口输入设置的时间，并通过串口监视器实时显示日历时间，如例8.4所示。

电子日历。

```
1  #include <stdio.h>
2  #include <string.h>
3  #include <DS1302.h>
4
5  uint8_t CE_PIN   = 5;
6  uint8_t IO_PIN   = 6;
7  uint8_t SCLK_PIN = 7;
8
9  char buf[50];
10  char day[10];
11  String comdata="" ;
12  int numdata[7] ={0}, j = 0, mark = 0;
13  DS1302 rtc(CE_PIN, IO_PIN, SCLK_PIN);
14
15  void print_time()
16{
17    Time t = rtc.time();
18    memset(day, 0, sizeof(day));
19    switch (t.day)
20    {
```

```
21      case 1: strcpy(day, "Sunday"); break;
22      case 2: strcpy(day, "Monday"); break;
23      case 3: strcpy(day, "Tuesday"); break;
24      case 4: strcpy(day, "Wednesday"); break;
25      case 5: strcpy(day, "Thursday"); break;
26      case 6: strcpy(day, "Friday"); break;
27      case 7: strcpy(day, "Saturday"); break;
28    }
29    snprintf(buf, sizeof(buf), "%s %04d-%02d-%02d %02d:%02d:%02d", day, t.yr,
t.mon, t.date, t.hr, t.min, t.sec);
30    Serial.println(buf);
31}
32
33  void setup()
34{
35    Serial.begin(9600);
36    rtc.write_protect(false);
37    rtc.halt(false);
38}
39
40  void loop()
41{
42    while (Serial.available() > 0)
43    {
44        comdata += char(Serial.read());
45        delay(2);
46        mark = 1;
47    }
48    if(mark == 1)
49    {
50        Serial.print("You inputed : ");
51        Serial.println(comdata);
52
53         numdata[0] = (comdata[0]-'0') * 1000 + (comdata[1] - '0')+
(comdata[2]-'0') * 100 + (comdata[3] - '0');//year
54         numdata[1] = (comdata[5]-'0') * 10 + (comdata[6] - '0');//month
55         numdata[2] = (comdata[8]-'0') * 10 + (comdata[9] - '0');//date
56         numdata[3] = (comdata[11]-'0') * 10 + (comdata[12] - '0');//hour
57         numdata[4] = (comdata[14]-'0') * 10 + (comdata[15] - '0');//minute
58         numdata[5] = (comdata[17]-'0') * 10 + (comdata[18] - '0');//second
59         numdata[6] = (comdata[20]-'0') * 10 + (comdata[21] - '0');//week
60
61        Time t(numdata[0], numdata[1], numdata[2], numdata[3], numdata[4],
```

```
numdata[5], numdata[6]);
  62        rtc.time(t);
  63        mark = 0;j=0;
  64        comdata = String("");
  65        for(int i = 0; i < 7 ; i++) numdata[i]=0;
  66    }
  67
  68    print_time();
  69    delay(1000);
  70}
```

分析：

第1～3行：定义标准I/O库、字符串函数库、DS1302函数库对应的头文件。

第5～7行：定义DS1302复位引脚、I/O数据引脚、串行时钟引脚连接的Arduino引脚编号。

第9行：定义按格式保存读取日历时间的数组。

第11行：定义保存从串口读取数据的变量。

第13行：创建DS1302实例对象，指定与Arduino连接的引脚。

第17行：获取DS1302当前的时间。

第19～28行：将星期从数字转换为名称。

第29～30行：将日期格式化保存到buf中，并输出到串口监视器中。

第36～37行：时钟初始化，执行解除写保护，控制时钟开始工作。

第42～47行：读取串口输入数据，当串口有数据的时候，将数据拼接到变量comdata。

第61～62行：将拼接后的数据保存到Time类，并写入到DS1302中。

第64～65行：清空comdata变量以及numdata数组，以便保存下一次输入的时间。

如图8.19所示，当输入指定格式日期时，日历时钟调整为最新设定的时间，同时输出设定的时间。

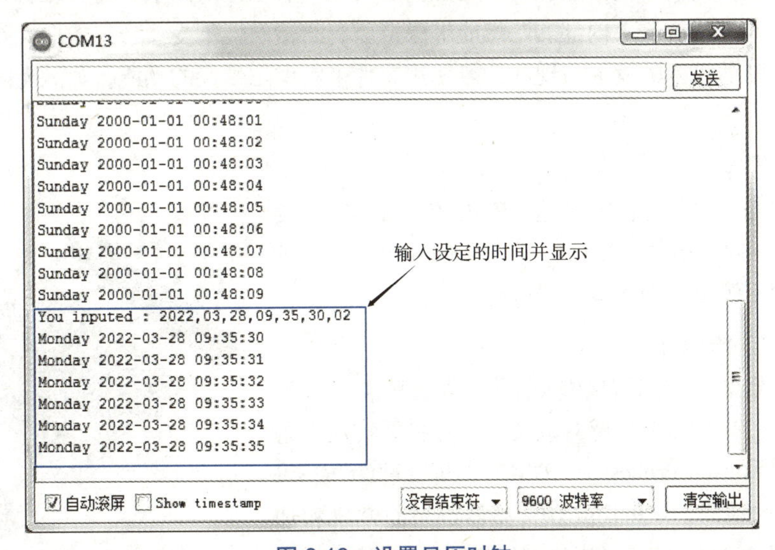

图 8.19　设置日历时钟

任务 8.4　Arduino 与空间运动传感器

8.4.1　预备知识——空间运动传感器概述

1. 陀螺仪

陀螺仪（见图8.20）是围绕着某固定的支点而快速转动的刚体，其质量均匀分布，形状以轴为对称。在一定力矩的作用下，陀螺仪会一直自转，而且还会围绕着一个不变的轴旋转，称为陀螺仪的旋进或回旋效应。

可以将陀螺仪看作是高速旋转的陀螺与灵活转动抗干扰的万向支架的组合。对于陀螺（见图8.21）而言，如果陀螺保持高速的旋转，陀螺上的每一个点与转轴对称的点都同时承载着相同的离心作用，由于中心的位置位于转轴上，能最大限度地减少旋转过程中重心对转轴的偏转影响，极大地增加旋转的稳定性，就能保持陀螺垂直于地面持久不倒。

图 8.20　陀螺仪

图 8.21　陀螺

要想陀螺仪不倒，需要使其高速旋转，陀螺仪的转速一般在万次以上，旋转轴会一直稳定指向一个方向，外围支架无论怎样旋转，内部的陀螺能够保持原有的指向性不变。传统的惯性陀螺仪都是机械式的，其精度较低，随着技术的发展，现在一般使用芯片来实现陀螺仪的功能，如激光陀螺仪、光纤陀螺仪等。

2. 加速度传感器

加速度传感器是一种能够测量加速力的电子设备。加速度传感器分为2种，一种为角加速度计，用于测量倾角；另一种为线加速度计，用于测量运动物体的加速度。

3. MPU-60X0 传感器

MPU-60X0传感器是全球首例9轴运动处理传感器，其集成了三轴陀螺仪，三轴加速度传感器以及一个可扩展的数字运动处理器（Digital Motion Processor，DMP），可通过I2C或SPI接口输出一个9轴的信号。MPU-60X0传感器内对陀螺仪和加速度计分别用了3个16位的ADC（16位有符号整数），将其测量

图 8.22　MPU6050 模块

的模拟量转化为可输出的数字量，MPU6050模块如图8.22所示。为了精确跟踪快速和慢速的运动，传感器的测量范围都是用户可控的，陀螺仪可测范围（角速度）为±250度/秒、±500度/秒、±1 000度/秒、±2 000度/秒，加速度计可测范围（加速度）为±2g、±4g、±8g、±16g。

对于陀螺仪而言，设绕*x*、*y*、*z*3个坐标轴旋转的角速度分量分别为GYR_X、GYR_Y、GYR_Z，均为16位有符号整数，以“度/秒”为单位，从原点观察各旋转轴，角速度分量取正值时为顺时针旋转，取负值时为逆时针旋转。以GYR_X为例，如果设置倍率为250度/秒，则意味着GYR_X取正最大值32 768时，当前角速度为顺时针250度/秒；同理设置倍率为500度/秒，GYR_X取最大值时，角速度为顺时针500度/秒；倍率越低，精度越高。当角速度倍率设置为250度/秒时，每度对应的数据为32 768/250=131，由此可知，角速度gx计算公式为：gx=GRY_X/131。

对于加速度计而言，三轴加速度分量ACC_X、ACC_Y、ACC_Z均为16位有符号整数，分别表示元件在三个轴向上的重力加速度，以重力加速度g的倍数为单位，取负值时加速度沿坐标轴负向，取正值时沿坐标轴正向。以ACC_X为例，其取值范围是－32 768～32 768，如果设置倍率为2g，当ACC_X取最大值时，表示当前加速度沿x轴方向为2倍的重力加速度；如果设置倍率为4g，当ACC_X取最大值时，表示当前加速度沿x轴方向为4倍的重力加速度；倍率越低精度越高，倍率越高表示的范围越大。

8.4.2　深入学习——MPU-6050 类库函数

常见的MPU-60X0传感器有MPU-6050与MPU-6000，Arduino IDE提供了MPU-6050传感器的函数库，具体函数如下：

1. MPU6050

MPU6050用来创建一个MPU6050实例对象，其参数使用默认的I2C地址，具体描述如表8.13所示。

表 8.13　MPU6050

语法格式	MPU6050 mpu
功能	创建 MPU6050 实例对象
参数	默认 I2C 地址
返回值	无

2. initialize()

initialize()函数用来执行初始化操作，激活设备并使其退出睡眠模式，具体描述如表8.14所示。

表 8.14　initialize() 函数

语法格式	mpu.initialize()
功能	设置加速度计 ±2g 和陀螺仪 ±250 度 / 秒
参数	无
返回值	true 或 false

3. testConnection()

testConnection()函数用来进行模块连接测试，具体描述如表8.15所示。

表 8.15 testConnection() 函数

语法格式	mpu.testConnection()
功能	模块连接测试
参数	无
返回值	true 或 false

4. setFullScaleGyroRange()

setFullScaleGyroRange()函数用来设置陀螺测距仪范围，具体描述如表8.16所示。

表 8.16 setFullScaleGyroRange() 函数

语法格式	mpu.setFullScaleGyroRange(range)	
功能	设置陀螺测距仪范围	
参数	0	±250 度 / 秒
	1	±500 度 / 秒
	2	±1 000 度 / 秒
	3	±2 000 度 / 秒
返回值	无	

5. setFullScaleAccelRange()

setFullScaleAccelRange()函数用来设置加速度计范围，具体描述如表8.17所示。

表 8.17 setFullScaleAccelRange() 函数

语法格式	mpu.setFullScaleAccelRange(range)	
功能	设置加速度计范围	
参数	0	±2g，灵敏度 8 190 LSB/mg
	1	±4g，灵敏度 4 096 LSB/mg
	2	±8g，灵敏度 2 048 LSB/mg
	3	±16g，灵敏度 1 024 LSB/mg
返回值	无	

6. setX/Y/ZGyroOffsetTC()

setX/Y/ZGyroOffsetTC()函数分别用来设置*x*、*y*、*z*轴陀螺仪偏移量，具体描述如表8.18所示。

表 8.18 setX/Y/ZGyroOffsetTC() 函数

语法格式	mpu.setX/Y/ZGyroOffsetTC(offset)	
功能	设置 *x*、*y*、*z* 轴陀螺仪偏移量	
参数	offset	偏移量，8 位整数
返回值	无	

7. setX/Y/ZAccelOffset()

setX/Y/ZAccelOffset()函数分别用来设置*x*、*y*、*z*轴加速度偏移量，具体描述如表8.19所示。

表 8. 19 setX/Y/ZAccelOffset() 函数

语法格式	mpu.setX/Y/ZAccelOffset(offset)	
功能	设置 x、y、z 轴加速度偏移量	
参数	offset	偏移量，16 位整数
返回值	无	

8. getAcceleration()

getAcceleration()函数用来读取加速度值，具体描述如表8.20所示。

表 8. 20 getAcceleration() 函数

语法格式	mpu.getAcceleration(x, y, z)	
功能	读取加速度值	
参数	x, y, z	三轴加速度变量
返回值	加速度值	

9. getAccelerationX/Y/Z()

getAccelerationX/Y/Z()函数分别用来读取x、y、z轴的加速度值，具体描述如表8.21所示。

表 8. 21 getAccelerationX/Y/Z() 函数

语法格式	mpu.getAccelerationX/Y/Z()
功能	读取 x、y、z 轴的加速度值
参数	无
返回值	加速度值

10. getRotation()

getRotation()函数用来读取陀螺仪，具体描述如表8.22所示。

表 8. 22 getRotation() 函数

语法格式	mpu.getRotation(x, y, z)
功能	读取陀螺仪
参数	三轴陀螺仪变量
返回值	陀螺仪值

11. getRotationX/Y/Z()

getRotationX/Y/Z()函数分别用来读取x、y、z轴陀螺仪，具体描述如表8.23所示。

表 8. 23 getRotationX/Y/Z() 函数

语法格式	mpu.getRotationX/Y/Z()
功能	读取 x、y、z 轴陀螺仪
参数	无
返回值	陀螺仪值

12. reset()

reset()函数用来复位所有寄存器，具体描述如表8.24所示。

表 8.24 reset() 函数

语法格式	mpu.reset()
功能	复位所有寄存器
参数	无
返回值	无

13. resetGyroscopePath()

resetGyroscopePath()函数执行复位陀螺仪操作，具体描述如表8.25所示。

表 8.25 resetGyroscopePath() 函数

语法格式	mpu.resetGyroscopePath()
功能	复位陀螺仪
参数	无
返回值	无

14. resetAccelerometerPath()

resetAccelerometerPath()函数执行复位加速度操作，具体描述如表8.26所示。

表 8.26 resetAccelerometerPath() 函数

语法格式	mpu.resetAccelerometerPath()
功能	复位加速度操作
参数	无
返回值	无

8.4.3 引导实践——角度控制

三轴信息采集，主要包括三轴加速度与角速度值采集，在此基础上，可以实现多种场景的应用，如基于MPU6050的云台控制、三轴飞行器的控制等。这里介绍通过加速度测量计算物体偏移角度，进而通过控制角度实现物体保持平衡或执行其他控制。

1. 案例分析

通过x、y、z轴加速度计算轴偏移角度，将MPU6050平行于桌面放置。使y轴始终与桌面平行，当移动或摆动MPU6050时，x轴与z轴的与水平面的夹角发生变化，且变化的角度是一致的，该夹角即为MPU6050与水平面的偏移角度。

从y轴的角度看，上述问题为x轴与z轴的二维关系，如图8.23所示。

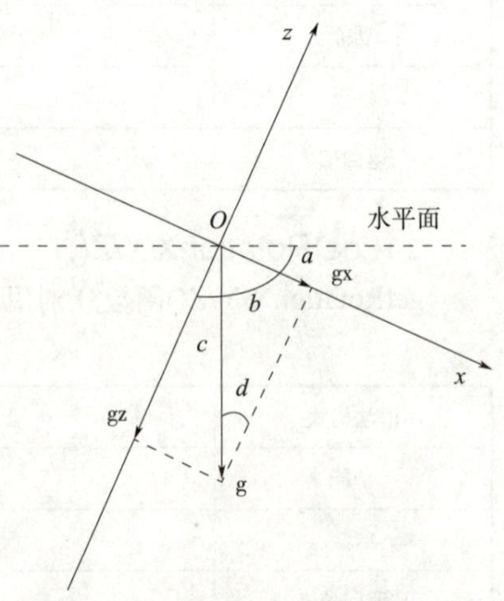

图 8.23 x 轴与 z 轴夹角关系

如图8.23所示，gx与gz分别为重力加速度g在x轴与z轴的分量，重力加速度垂直于水平面，故角a与角b的和为90°。由于x轴与z轴垂直，可知角c与角b的和同样为90°，角a等于角c等于角d。

在数学学科中，角度值（x）转换为弧度值（y）的方式为y=

$(x/180)*\pi$，角度值（x）对应的正弦值为$\sin(x)$。当角度在0～30°之间时，$y=(x/180)*\pi\approx\sin(x)$，当角度在0～45°之间时，$0.92*y=0.92*(x/180)*\pi\approx\sin(x)$。

图8.23中，$\sin(a)=\sin(b)=gx/g$，g为重力加速度，gx为重力加速度在x轴的分量，该值可通过传感器读取。综合可知，$gx/g\approx0.92*(x/180)*\pi$，由于g为常量，则可以偏移角度$x=180*gx(0.92*g*\pi)$。

如果传感器加速度量程范围为±2g，灵敏度为32 768，即g对应的测量值32 768/2=16 384。结合上述公式可知，偏移角度$x=180*ax/(0.92*16\,384*\pi)=ax/262$，其中ax为传感器读取的$x$轴加速度对应值。

2. 电路连接设计

将MPU6050与Arduino通过I2C总线进行相连，如图8.24所示。

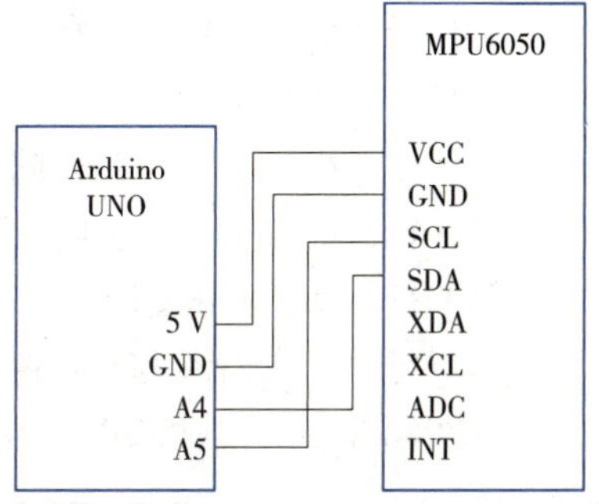

图 8.24　角度控制电路连接

3. 程序设计

设计程序通过加速度计测量计算x轴偏移角度，如例8.5所示。

例 8.5　角度控制。

```
1  #include "Wire.h"
2  #include "I2Cdev.h"
3  #include "MPU6050.h"
4
5  MPU6050 accelgyro;
6
7  int16_t ax, ay, az;
8  int16_t gx, gy, gz;
9
10  #define AX_ZERO (-1476)
11
12 void setup() {
13  Wire.begin();
14  Serial.begin(9600);
15  accelgyro.initialize();
16}
17
18 void loop() {
19  double ax_angle = 0.0;
20  accelgyro.getMotion6(&ax, &ay, &az, &gx, &gy, &gz);
21
22  ax -= AX_ZERO;
23  ax_angle = ax / 262;
24
25  Serial.print("x轴偏移角度");
26  Serial.println(ax_angle);
27
28  delay(1000);
29 }
```

分析：

第1～3行：定义IIC总线及设备、MPU6050函数库对应的头文件。

第5行：创建MPU6050实例对象。

第7～8行：定义三轴加速度、角速度变量。

第10行：加速度0偏修正值，需要将MPU6050放在水平桌面上，读取多次求平均值。

第13行：加入IIC总线。

第15行：初始化，激活设备，设置加速度、角速度量程。

第20行：获取实时加速度、角速度值。

第22行：修正加速度值。

第23行：计算x轴偏移角度值。

如图8.25所示，当移动MPU6050时，通过串口监视器可实时监视x轴偏移角度。

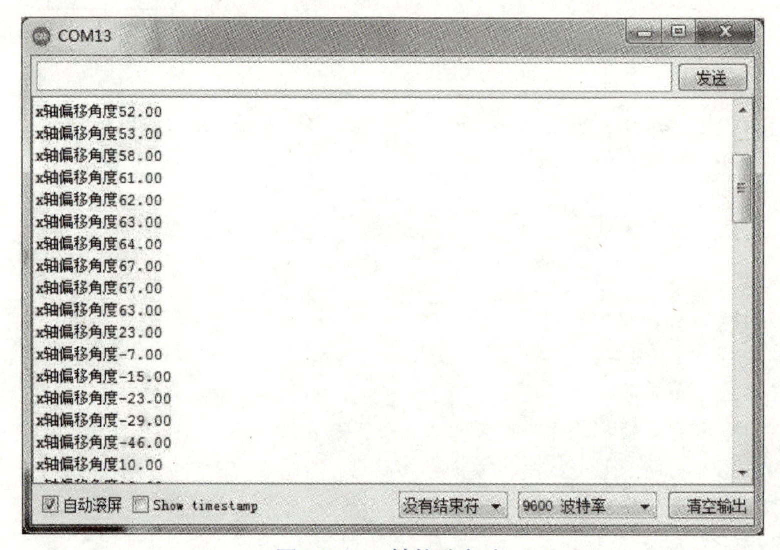

图 8.25 x 轴偏移角度

任务 8.5 Arduino 与 SD 卡读写模块

8.5.1 预备知识——SD 卡读写模块概述

SD存储卡是一种基于半导体快闪记忆器的新一代记忆设备，具有体积小、数据传输速度快、可热插拔等特性，被广泛应用于便携式装置中，如数码相机、平板电脑等。

常见的SD卡可分为SD卡和MicroSD卡，二者是兼容的，但MicroSD卡不带写保护开关。MicroSD卡通过卡套转换后可以当作SD卡使用。MicroSD卡、SD卡以及转换卡套如图8.26所示。

图 8.26 MicroSD 卡、SD 卡与转换卡套

SD卡支持两种总线通信方式：SD方式与SPI方式。SD方式为6线制，分别采用CLK、CMD、DAT0～DAT3进行通信。SPI方式为4线制，使用CS、CLK、DI、DO进行通信。SD卡引脚与功能如表8.27所示。

表 8.27　SD 卡引脚与功能

引脚编号	SD 模式			SPI 模式		
	名称	类型	描述	名称	类型	描述
1	CD/DAT3	IO 或 PP	卡检测 / 数据线 3	CS	I	片选
2	CMD	PP	命令 / 回应	DI	I	数据输入
3	VSS1	S	电源地	VSS1	S	电源地
4	VDD	S	电源	VDD	S	电源
5	CLK	I	时钟	SCLK	I	时钟
6	VSS2	S	电源地	VSS2	S	电源地
7	DAT0	IO 或 PP	数据线 0	DO	O 或 PP	数据输出
8	DAT1	IO 或 PP	数据线 1	X		
9	DAT2	IO 或 PP	数据线 2	X		

SD卡读写模块内置文件系统，可直接对SD卡进行文件读写，适用于单片机系统实现大容量存储方案。单片机使用模块，可直接进行目录创建、目录删除、文件创建、文件删除、文件修改等标准文件系统操作，无须了解SD卡内部存储结构及文件系统实现细节。SD卡读写模块如图8.27所示。

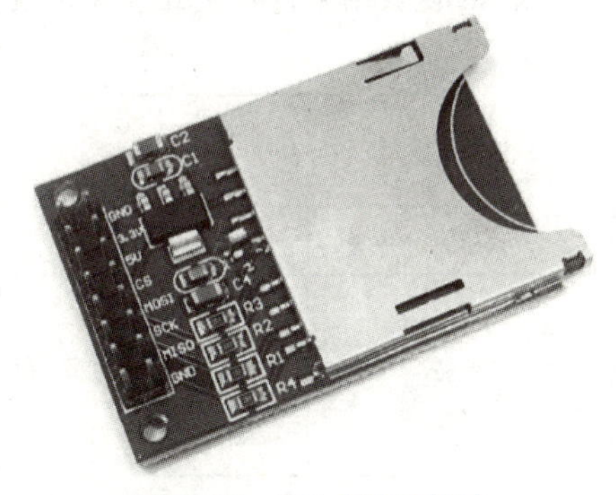

图 8.27　SD 卡读写模块

8.5.2　深入学习——SD 卡类库函数

SD卡类库函数对SD卡进行读写，支持FAT16或FAT32文件系统。Arduino IDE提供SDClass与File类库。SDClass类库定义了实例对象SD，其成员函数如下：

1. begin()

begin()函数用来初始化SD类库和SD卡，具体描述如表8.28所示。

表 8.28　begin() 函数

语法格式	SD.begin() SD.begin(cspin)	
功能	初始化 SD 类库和 SD 卡	
参数	cspin	SD 卡片选引脚，默认为 SPI 总线的 SS 引脚
返回值	true 或 false	

2. exists()

exists()函数用来测试一个文件或目录是否存储在SD卡中，具体描述如表8.29所示。

表 8.29 exists() 函数

语法格式	SD.exists(filename)	
功能	测试文件或目录是否存储在 SD 中	
参数	filename	可包含目录的文件名
返回值	true 或 false	

3. mkdir()

mkdir()函数用来在SD卡中创建目录，具体描述如表8.30所示。

表 8.30 mkdir() 函数

语法格式	SD.mkdir(filename)	
功能	在 SD 卡中创建目录，也可以创建任何中间目录	
参数	filename	创建的目录名，包括用“/”分界的子目录
返回值	true 或 false	

4. open()

open()函数用来打开在SD卡中的文件，具体描述如表8.31所示。

表 8.31 open() 函数

语法格式	SD.open(filename) SD.open(filename，mode)	
功能	打开 SD 卡中的文件	
参数	filename	打开的文件名，可包括用“/”分界的文件夹
	mode	可选参数，FILE_READ，按读模式打开，从头开始读；FILE_WRITE，按读写模式打开文件，从文件末尾开始写，采用该模式打开，如文件不存在则自动创建
返回值	无被打开文件的文件对象	

5. remove()

remove()函数用来从SD卡中删除一个文件，具体描述如表8.32所示。

表 8.32 remove() 函数

语法格式	SD.remove(filename)	
功能	从 SD 卡中删除一个文件	
参数	filename	从 SD 卡中的文件名
返回值	true 或 false	

6. rmdir()

rmdir()函数用来从SD卡中删除一个目录，具体描述如表8.33所示。

表 8.33　rmdir() 函数

语法格式	SD.rmdir(name)	
功能	从 SD 卡中删除一个目录	
参数	name	目录名，子目录用“/”分界，目录必须为空
返回值	true 或 false	

File封装类库内部定义了实例对象file，实现对SD卡中的文件进行读写，其成员函数如下：

1. name()

name()函数用来返回文件名，具体描述如表8.34所示。

表 8.34　name() 函数

语法格式	file.name()
功能	返回文件名
参数	无
返回值	文件名

2. available()

available()函数用来检测文件的字节数，具体描述如表8.35所示。

表 8.35　available() 函数

语法格式	file.available()
功能	检测文件的字节数
参数	无
返回值	文件字节数

3. close()

close()函数用来关闭文件，具体描述如表8.36所示。

表 8.36　close() 函数

语法格式	file.close()
功能	关闭文件
参数	无
返回值	无

4. flush()

flush()函数执行刷新操作，具体描述如表8.37所示。

表 8.37　flush() 函数

语法格式	file.flush()
功能	刷新操作，确保写到文件中的内容存储到 SD 卡中
参数	无
返回值	无

5. peek()

peek()函数用来从文件中读取一个字节，具体描述如表8.38所示。

表 8.38　peek() 函数

语法格式	file.peek()
功能	从文件中读取一个字节
参数	无
返回值	下一个字符或－1

6. position() 函数

position()函数用来获取文件当前的读写位置，具体描述如表8.39所示。

表 8.39　position() 函数

语法格式	file.position()
功能	获取文件当前的读写位置
参数	无
返回值	文件读写位置

7. print()

print()函数将输出数据到文件中，具体描述如表8.40所示。

表 8.40　print() 函数

语法格式	file.print(data) file.print(data，BASE)	
功能	输出数据到以写方式打开的文件中	
参数	data	输出数据
	BASE	输出数据的进制，BIN 为二进制，DEC 为十进制，OCT 是八进制，HEX 是十六进制
返回值	输出的字节数	

8. println()

println()函数按ASCII文本输出数据到文件中，具体描述如表8.41所示。

表 8.41　println() 函数

语法格式	file.println() file.println(data) file.println(data，BASE)
功能	输出数据到以写方式的文件，数据后接回车符与换行符
参数	同 print() 函数
返回值	同 print() 函数

9. seek()

seek()函数用来移动读写位置指针，具体描述如表8.42所示。

表 8.42 seek() 函数

语法格式	file.seek(pos)	
功能	移动位置指针，必须在 0 到文件尾之间	
参数	pos	位置指针的位置
返回值	true 或 false	

10. size()

size()函数用来获取文件的字节数，具体描述如表8.43所示。

表 8.43 size() 函数

语法格式	file.size()
功能	获取文件的字节数
参数	无
返回值	文件的字节数

11. read()

read()函数用来读取文件的一个字符或字符串，具体描述如表8.44所示。

表 8.44 read() 函数

语法格式	file.read() file.read(buf，len)	
功能	读取文件的一个字符或字符串	
参数	buf	字符或数组
	len	buf 元素的个数
返回值	读取的字符	

12. write()

write()函数写数据到文件，具体描述如表8.45所示。

表 8.45 write() 函数

语法格式	file.write(value) file.write(buf，len)	
功能	写数据到文件中	
参数	value	写入的数据，byte 类型
	buf	要写入文件的字符或字符串
	len	buf 元素的个数
返回值	写入的字节数	

13. isDirectory()

isDirectory()函数用来检测当前文件是否为目录，具体描述如表8.46所示。

表 8.46 isDirectory() 函数

语法格式	file.isDirectory()
功能	检测当前文件是否为目录
参数	无
返回值	true 或 false

14. openNextFile()

openNextFile()函数用来打开某个目录下的下一个文件或文件夹，具体描述如表8.47所示。

表 8.47 openNextFile() 函数

语法格式	file.openNextFile()
功能	打开目录下的下一个文件或文件夹
参数	无
返回值	下一个文件或文件夹

15. rewindDirectory()

rewindDirectory()函数使目录指针指向目录中的第一个文件，具体描述如表8.48所示。

表 8.48 rewindDirectory() 函数

语法格式	file.rewindDirectory()
功能	使目录指针指向目录中的第一个文件
参数	无
返回值	无

8.5.3 引导实践——SD 卡信息存储系统

SD卡信息存储系统可实现类似数据库的功能。这里选择使用传感器采集数据，并将数据保存到SD卡中，完成信息存储功能。

1. 案例分析

采用DHT11温湿度传感器采集温湿度环境信息，然后将采集的温湿度信息写入SD卡文件中并保存。也可结合其他传感器采集更多信息，将其写入SD卡中的文件。

2. 电路连接设计

将Arduino分别与温湿度传感器、SD卡读写模块连接，电路连接设计如图8.28所示。

3. 程序设计

设计程序实现实时采集温湿度信息，并将信息写入SD卡文件中进行存储，如例8.6所示。

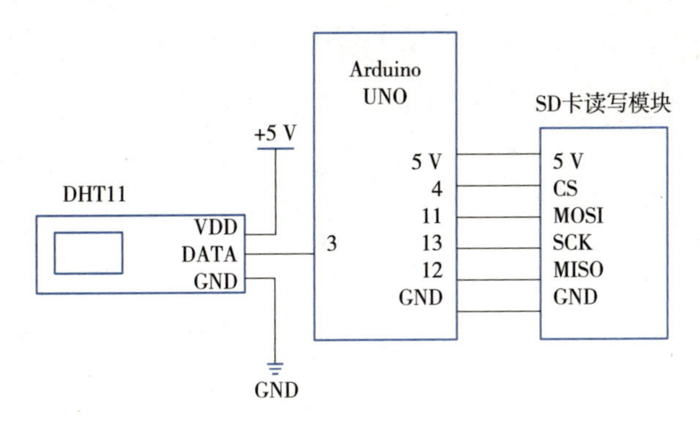

图 8.28　SD 卡信息存储电路连接设计

例 8.6　SD卡信息存储。

```
1  #include <DHT.h>
2  #include <SPI.h>
3  #include <SD.h>
4
5  #define DHTTYPE DHT11
6  #define DHT11PIN 3
7
8  DHT dht11(DHT11PIN, DHTTYPE);
9  File root;
10  File file;
11
12 void setup() {
13  Serial.begin(9600);
14  dht11.begin();
15
16  SD.begin(10);
17  root = SD.open("/");
18  printDirectory(root, 0);
19  Serial.println("Done!");
20  root.close();
21
22  SD.mkdir("/qianfeng");
23  file = SD.open("/qianfeng/log.txt", FILE_WRITE);
24 }
25
26 void loop() {
27  float h = dht11.readHumidity();
28  float t = dht11.readTemperature();
29
30  Serial.print("Humidity: ");
31  Serial.println(h);
32
```

```
33  file.write((byte)h);
34
35  Serial.print("Temperature: ");
36  Serial.println(t);
37
38  file.write((byte)t);
39  file.flush();
40
41  delay(1000);
42}
43
44 void printDirectory(File dir, int numTabs){
45  while(true){
46    File entry = dir.openNextFile();
47    if(!entry){
48      break;
49    }
50    for(int i = 0; i < numTabs; i++){
51      Serial.print("\t");
52    }
53    Serial.print(entry.name());
54    if(entry.isDirectory()){
55      Serial.println("/");
56      printDirectory(entry, numTabs+1);
57    }
58    else{
59      Serial.print("\t\t");
60      Serial.println(entry.size(), DEC);
61    }
62  }
63 }
```

分析：

第1～3行：声明温湿度传感器、IIC总线、SD卡函数库对应的头文件。

第9～10行：定义文件对象root、file。

第16行：初始化SD类库和SD卡。

第17～18行：打开根目录，获取该目录中所有的文件或目录。

第22～23行：创建新的目录，在该目录下创建并打开新文件。

第27～28行：读取实时温湿度信息。

第30～39行：实时显示读取的温湿度信息并将信息写入文件中保存。

第44～63行：获取SD卡中某个目录下所有的文件或目录。

如图8.29所示，运行程序后在串口监视器显示SD卡中所有的目录及文件，并向指定文件中写入采集的数据。

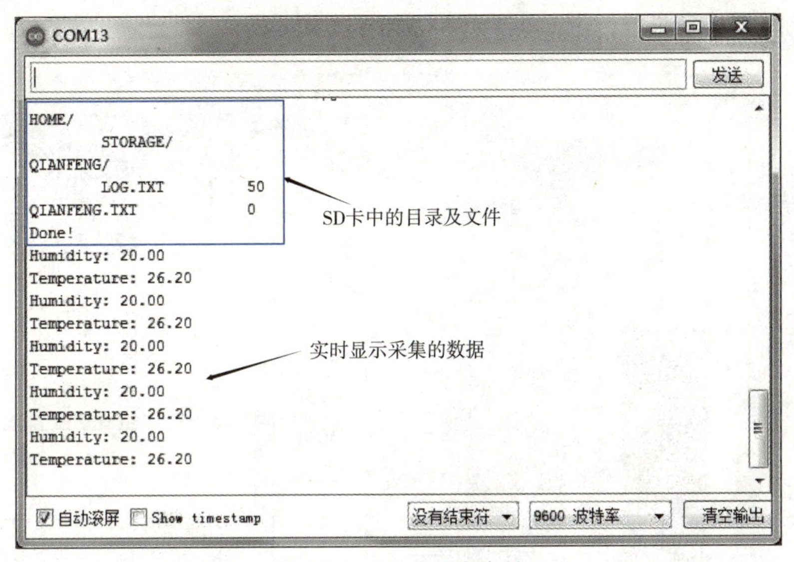

图 8.29　SD 卡信息存储

任务 8.6　上机实践——倒车雷达

8.6.1　实验介绍

1. 实验目的

通过超声波测距模块传感器实现倒车雷达系统，要求系统实时检测汽车与障碍物的距离。当接近障碍物时，在液晶显示器上实时显示距离，并发出声音警报，且距离越小，报警声音越急促。

2. 需求分析

使用超声波测距模块HC-SR04模拟汽车级别的超声波测距模块，测试的距离实时显示到LCD1602液晶显示器中。根据检测的距离，产生不同频率的警报声，警报声通过蜂鸣器产生。警报声的鸣响频率由蜂鸣器响或不响的延时时间决定，与蜂鸣器的工作频率无关，即音调不变，此处选择有源蜂鸣器，输入高电平响、低电平不响。

3. 实验器件

- Arduino UNO开发板：1个。
- Arduino UNO拓展板：1个。
- 超声波测距模块HC-SR04：1个。
- LCD1602显示屏：1个。
- 有源蜂鸣器：1个。
- 杜邦线：若干。
- 面包板：1个。

8.6.2　实验引导

倒车雷达系统总体结构设计如图8.30所示。

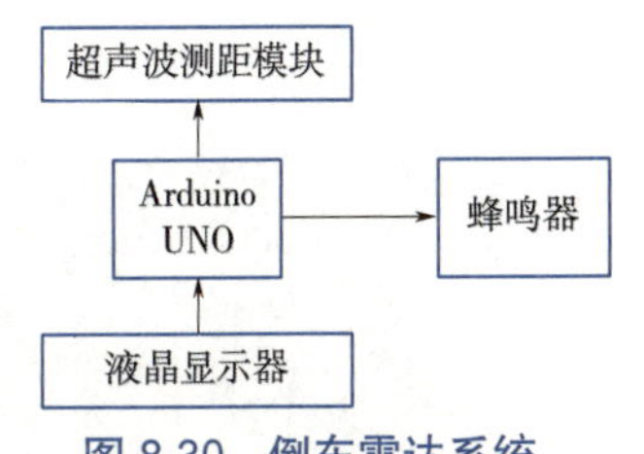

图 8.30　倒车雷达系统

根据上述系统总体结构设计，仿真电路如图8.31所示。

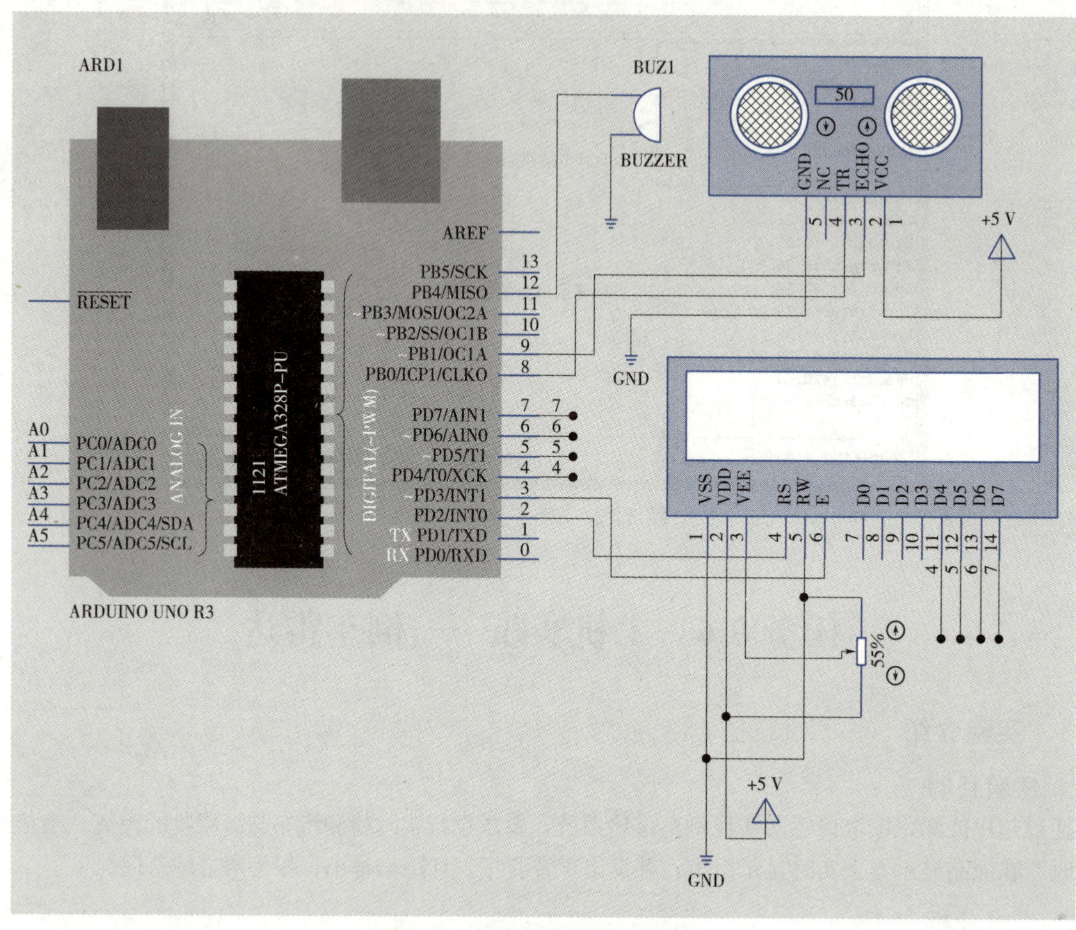

图 8.31 倒车雷达系统仿真电路

8.6.3 软件分析

实验程序主要分为两部分，分别为数据采集，数据处理。数据采集主要由超声波测距模块实现，数据处理主要包括显示采集数据，控制蜂鸣器鸣响。数据采集部分的程序框架如下：

```
#include <SR04.h>

#define TRIG_PIN 8
#define ECHO_PIN 9
SR04 sr04 = SR04(ECHO_PIN, TRIG_PIN);
long a;

void setup(){
}

void loop() {
```

```
    a = sr04.Distance();
  delay(1000);
}
```

数据采集通过超声波测距模块HC-SR04类库函数实现，变量a获取的数值即为距离信息。数据处理部分中，控制蜂鸣器鸣响的程序框架如下：

```
int buzzer = 12;
void setup(){
   pinMode(buzzer, OUTPUT);
   digitalWrite(buzzer, LOW);
}
if(a < 50){
   digitalWrite(buzzer, HIGH);
   delay((a/10)*100 + (a%10)*5);
   digitalWrite(buzzer, LOW);
   delay((a/10)*100 + (a%10)*5);
}
else{
   digitalWrite(buzzer, LOW);
}
```

根据获取的距离信息，改变高低电平的输出延时，达到控制蜂鸣器鸣响频率的目的。

8.6.4　程序设计

结合上文软件分析，程序设计如例8.7所示。

例 8.7　倒车雷达。

```
1  #include <LiquidCrystal.h>
2  #include <SR04.h>
3
4  #define TRIG_PIN 8
5  #define ECHO_PIN 9
6
7  SR04 sr04 = SR04(ECHO_PIN, TRIG_PIN);
8  const int rs = 2, en = 3, d4 = 4, d5 = 5, d6 = 6, d7 = 7;
9  LiquidCrystal lcd(rs, en, d4, d5, d6, d7);
10  char str[] = "Distance:";
11  long a;
12  int buzzer = 12;
13
14  void setup() {
15  Serial.begin(9600);
16  lcd.begin(16, 2);
17  delay(1000);
```

```
18  lcd.setCursor(0, 0);
19  lcd.print(str);
20  pinMode(buzzer, OUTPUT);
21  digitalWrite(buzzer, LOW);
22 }
23
24  void loop() {
25  a = sr04.Distance();
26  Serial.print(a);
27  Serial.println("cm");
28
29  lcd.setCursor(0, 1);
30  lcd.print(a, DEC);
31
32  if(a < 50){
33    digitalWrite(buzzer, HIGH);
34    delay((a/10)*100 + (a%10)*5);
35    digitalWrite(buzzer, LOW);
36    delay((a/10)*100 + (a%10)*5);
37  }
38  else{
39    digitalWrite(buzzer, LOW);
40  }
41 }
```

分析：

第4～7行：创建sr04实例对象，指定连接的引脚编号。

第8～9行：创建LCD实例对象，指定连接的引脚编号。

第14～22行：设置LCD屏显示器以及蜂鸣器引脚功能。

第25～30行：获取实时的距离信息并显示到串口以及LCD屏中。

第32～40行：根据获取的距离信息，改变高低电平的输出延时。

8.6.5 成果展示

移动超声波测距模块，获取不同的距离数据。改变距离数据，当距离小于50 cm时，蜂鸣器鸣响，距离越近，鸣响越急促。获取距离数据如图8.32所示。

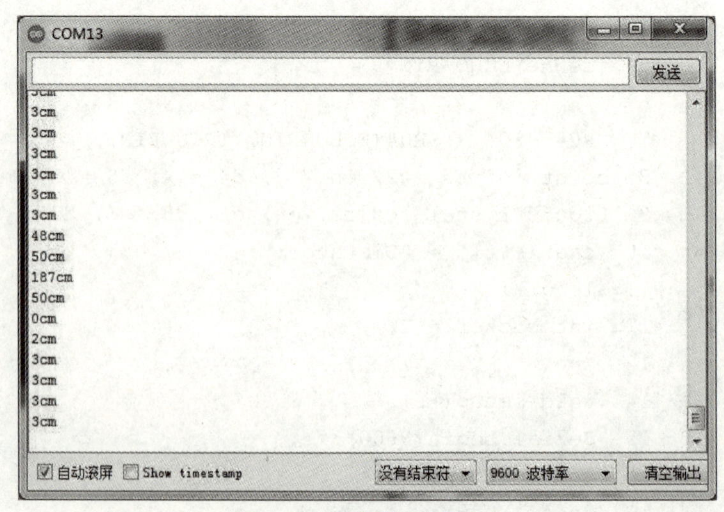

图 8.32 获取的距离数据

8.6.6　总结分析

本次上机实践设计的倒车雷达，通过超声波测距传感器与蜂鸣器，模拟汽车倒车雷达的功能。在此基础上结合一些其他模块，可以实现更加丰富的功能，如增加摄像头模块，实现倒车影像功能。本次上机实践案例比较简单，读者可以根据不同的需求，丰富程序的功能。

单元小结

本单元主要结合Arduino开发板介绍了5种具有特点的输入/输出模块，分别为超声波测距模块、蜂鸣器、日历时钟模块、空间运动传感器、SD卡读写模块。其中，超声波探测模块、蜂鸣器、MPU6050传感器在实际开发中应用十分广泛，本单元详细介绍了这些模块的调试方法、类库函数以及应用案例，为读者在实训与实际开发中实现设计需求提供参考。

习　题

1. 填空题

（1）超声波是一种在弹性介质中的机械振荡，有两种形式：______及______。

（2）蜂鸣器按照驱动方式的不同，可以分为______和______。

（3）改变输入到蜂鸣器的方波信号的______，即可改变无源蜂鸣器输出的音调。

2. 思考题

（1）简述 HC-SR04 超声波测距模块的工作原理。

（2）简述有源与无源蜂鸣器的区别。

第 9 单元

综合案例——智能仓储管理系统

学习目标

◎了解系统的整体框架

◎了解系统的需求分析

◎掌握系统功能模块的工作流程

◎掌握系统功能模块的编程实现

本单元作为全书的最后一单元，将通过一个综合案例展示Arduino的开发技术及应用。在需求分析环节，对整个综合案例需要实现的各个功能模块进行设计，然后针对每个功能模块的设计思想，分别提出硬件设计方案，并对软件进行定制。

任务 9.1　系 统 概 述

9.1.1　开发背景

信息化社会的发展，使得生活中对于信息智能化的管理需求不断加大。生活中各个领域智能化管理系统的出现，极大地方便了信息有效、高效地处理。

智能仓储管理系统是物流产业中对仓库信息高效管理的手段，为物流的维护和管理者带来了更加便捷、人性化的管理方式。随着社会经济的快速发展，电子商务业务日趋完善，对电商后端仓储配送的要求也不断提高。因此，对仓储信息进行有效管理，可以很大程度上降低成本。使用传统人工的方式管理仓储信息，存在着诸多的不便，例如：查找烦琐、效率低、不利于更新、保密性差等，不利于仓储的规范化管理。

随着计算机在生活中不断普及应用，其丰富的功能已为人们深刻认识，它已进入人类社会的各个领域并发挥着越来越重要的作用。

作为计算机应用的一部分，使用计算机对仓储信息进行管理，具有文件档案管理无法比拟的优点。例如，检索迅速、可靠性高、存储量大、保密性好、寿命长等。这些优点能够极大地提高仓储信息化管理的效率。

不同的计算机技术领域实现信息管理的手段各不相同，本单元则关注于通过前文单元中介绍的Arduino接口技术以及各种模块的使用，通过编程设计实现仓储信息管理的各个功能，建立一套完整的模型，为同类其他产品提供参考，并希望读者可以打开编程思路，提升面对实际开发项目需求的代码解决能力。

9.1.2　需求分析

智能仓储管理系统开发基于Arduino实现，主要构建4大功能单元，第1个功能单元主要负责采集环境信息，并执行相关的操作；第2功能单元主要负责仓储门禁系统，实现智能化门禁管理；第3个功能单元主要负责实现信息存储，执行记录操作；第4个功能单元主要负责监控，并执行记录操作。

1. 第 1 功能单元

该功能单元主要集成了光照传感器、温湿度传感器、烟雾传感器以及火焰传感器4种环境传感器。光照传感器用来采集仓库光照参数，照明设备根据仓库的光照强度调整照明亮度。温湿度传感器用来采集仓库温湿度参数，当温度较高时，打开风扇进行散热，反之关闭风扇。烟雾传感器用来检测仓库烟雾，如遇到烟雾，则通过蜂鸣器进行报警。火焰传感器用来检测火焰，当出现火焰警报时，开启水泵及时消灭火情。具体框架如图9.1所示。

图 9.1　第 1 功能单元框架

2. 第 2 功能单元

该功能单元主要实现仓储门禁系统，门禁系统通过3种方式实现库门打开与关闭，分别为按键输入密码、门禁卡刷卡、红外遥控开关。其中，按键输入密码以及门禁卡刷卡为员工使用，红外遥控为安保处使用。具体框架如图9.2所示。

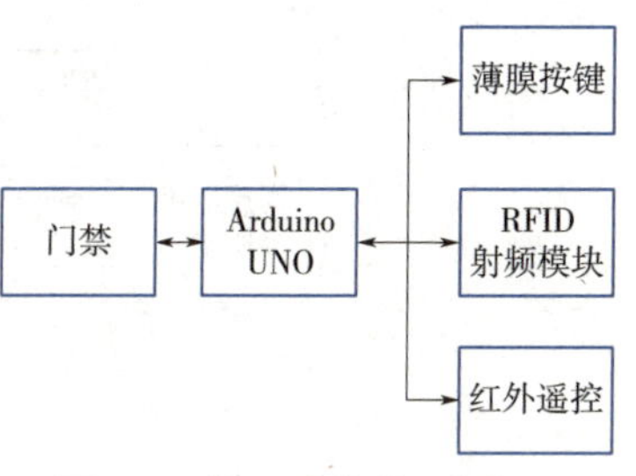

图 9.2　第 2 功能单元框架

3. 第 3 功能单元

该功能单元主要实现信息存储的功能，集成了SD卡读写模块，通过该模块实现仓储货物信息的存储，如货物类型、数量等。具体框架如图9.3所示。

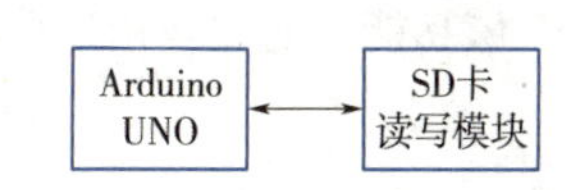

图 9.3　第 3 功能单元框架

4. 第 4 功能单元

该功能单元主要实现实时监控的功能，集成了基于串口TTL通信接口的摄像头模块，通过该模块可以实现实时监控以及拍照抓取的功能。具体框架如图9.4所示。

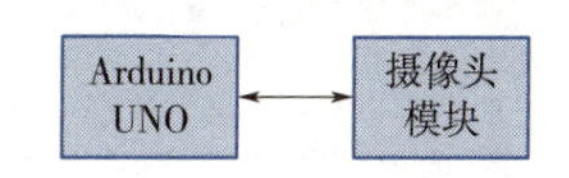

图 9.4　第 4 功能单元框架

9.1.3　环境使用说明

智能仓储管理系统，其环境要求如表9.1所示。

表 9.1　系统环境使用说明

名　称	系统配置条件
操作系统	Windows
语言	C/C++
开发工具	Arduino IDE
使用环境	网络连接环境

9.1.4　电路连接设计

根据智能仓储管理系统需求分析可知，每个功能单元的核心器件为Arduino UNO/Mega 2560开发板。

根据各功能单元的框架，设计电路连接方案。

1. 第 1 功能单元

该功能单元主要由环境传感器组成，具体电路连接如图9.5所示。

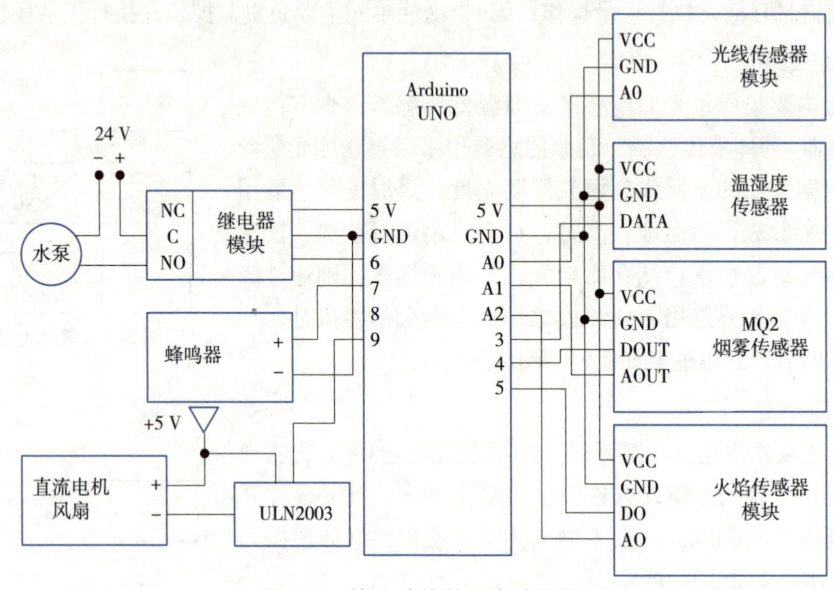

图 9.5 第 1 功能单元电路连接

2. 第 2 功能单元

该功能单元主要由通信模块、人机交互模块实现，具体电路连接如图9.6所示。

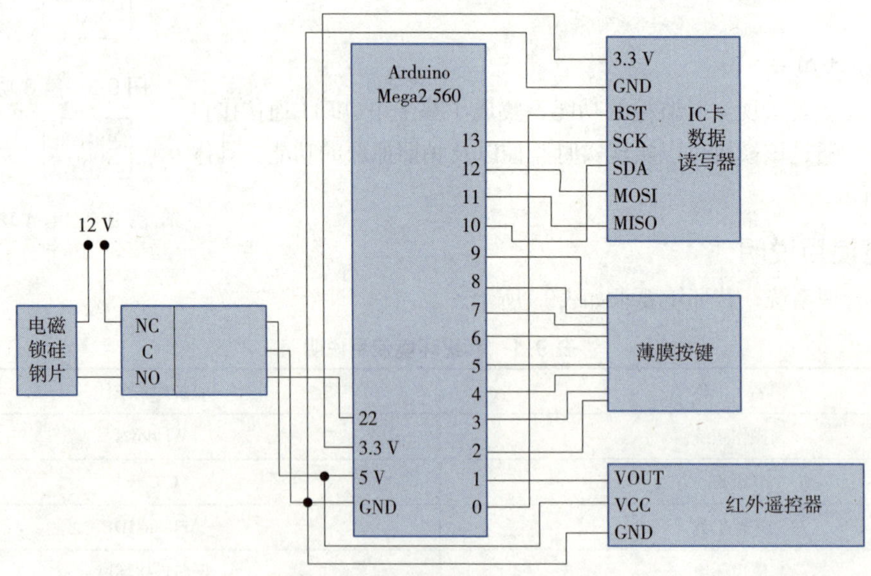

图 9.6 第 2 功能单元电路连接

3. 第 3 功能单元

该功能单元主要由输入/输出模块实现，具体电路连接如图9.7所示。

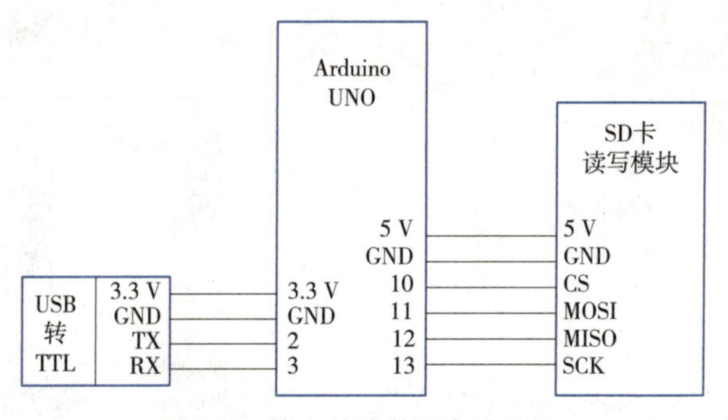

图 9.7　第 3 功能单元电路连接

4. 第 4 功能单元

该功能单元主要由串口通信的摄像头模块实现，具体电路连接如图9.8所示。

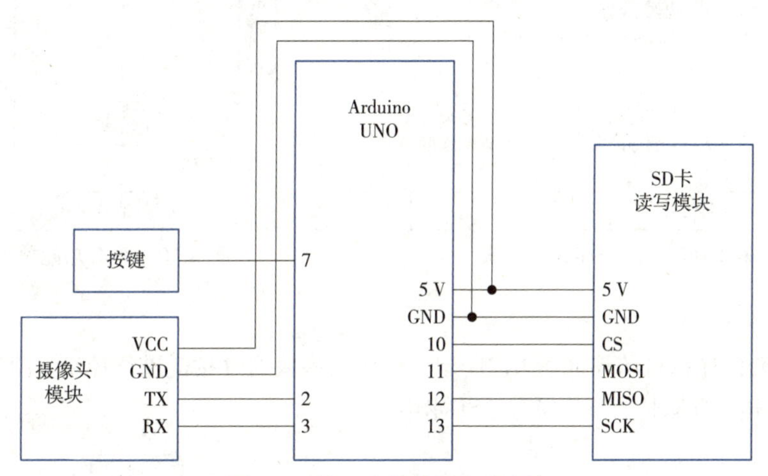

图 9.8　第 4 功能单元电路连接

9.1.5　系统软件设计

智能仓储管理系统的软件设计需要根据硬件功能单元进行定制，具体分析如下：

1. 第 1 功能单元

第1功能单元的程序执行流程如图9.9所示，主要分为4个分支，分别进行环境参数采集，并针对采集的信息进行相关操作，如控制直流电机、继电器等。

2. 第 2 功能单元

第2功能单元的程序执行流程如图9.10所示，主要分为3个分支，即通过3种方式实现门禁开关，分别为按键密码输入、门禁卡刷卡、红外遥控。密码输入控制需要输入正确的密码，门禁卡控制需要确认卡密钥以及信息，红外遥控需要通过按键发送指令。通过这3种方式控制继电器开关进而控制电磁锁，达到门禁开关的目的。

3. 第 3 功能单元

第3功能单元的程序执行流程如图9.11所示，仓储信息通过串口进行输入，然后写入存储卡文件中进行保存。

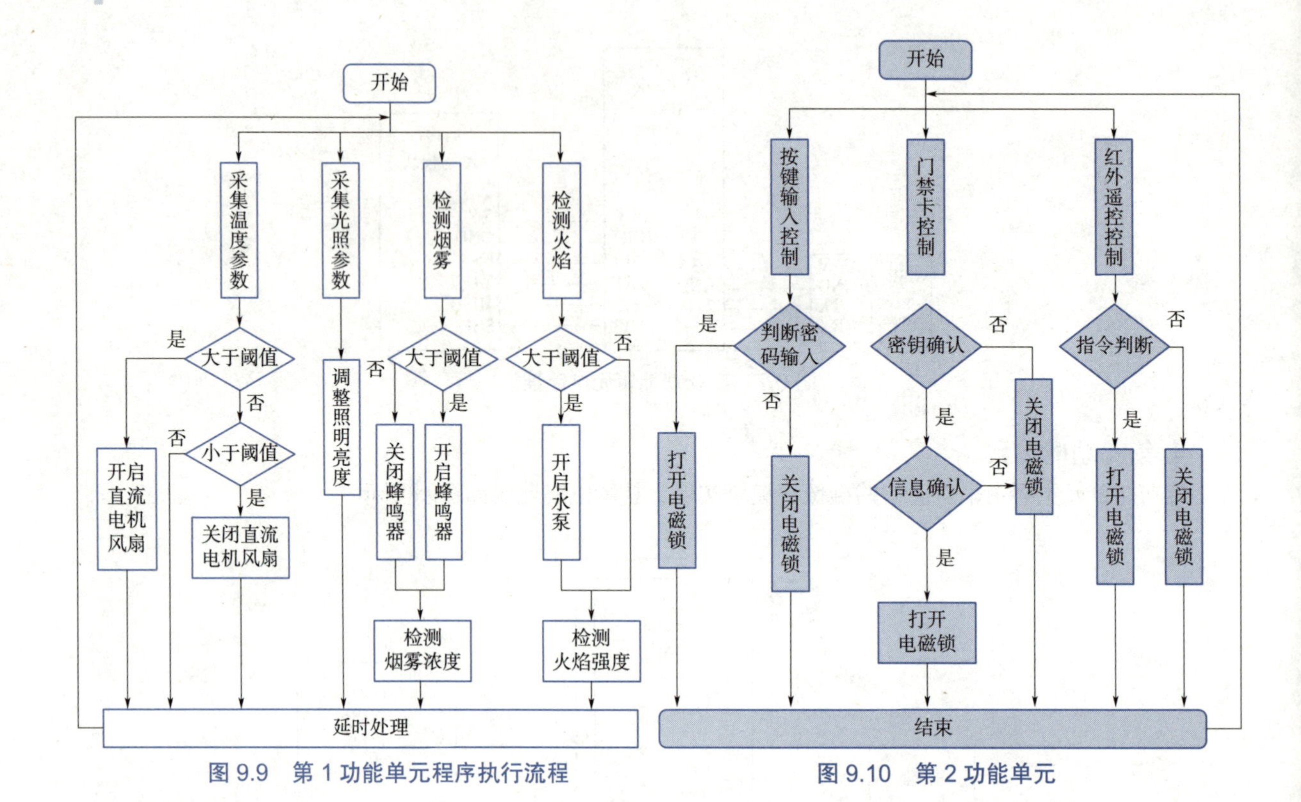

图 9.9 第 1 功能单元程序执行流程

图 9.10 第 2 功能单元

4. 第 4 功能单元

第4功能单元的程序执行流程如图9.12所示，摄像头模块通过按键进行控制，除进行正常监控外，还可以进行实时抓拍，且抓拍的照片保存至SD卡中。

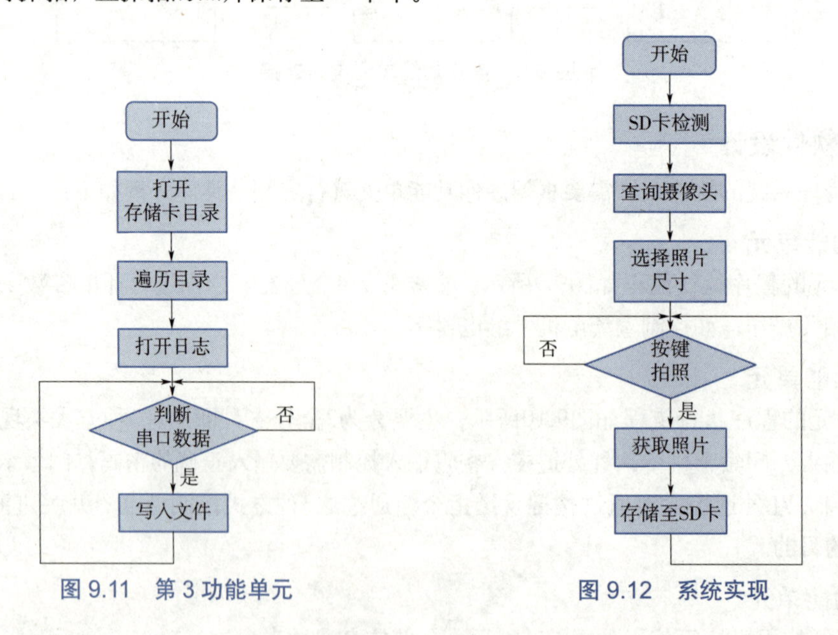

图 9.11 第 3 功能单元

图 9.12 系统实现

任务9.2　系统实现

9.2.1　环境采集模块

环境采集模块核心采用Arduino UNO板实现（第1功能单元），具体程序代码如例9.1所示。

例 9.1　环境采集模块。

```
1  #include <DHT.h>
2
3  #define DHTTYPE DHT11
4  #define DHT11PIN 3
5  DHT dht11(DHT11PIN, DHTTYPE);
6
7  int analogPin = A0;
8  int ledPin = 10;
9  int lightVal;
10
11  int analogOutPin = 9;
12
13  int DOUT = 4;
14  int AOUT = A1;
15  int mq2Val;
16  int buzzerPin = 7;
17
18  int fDOUT = 5;
19  int fAOUT = A2;
20  int ctrlPin = 6;
21
22 void setup() {
23  Serial.begin(9600);
24  pinMode(ledPin, OUTPUT);
25  pinMode(analogOutPin, OUTPUT);
26  pinMode(DOUT, INPUT);
27  pinMode(buzzerPin, OUTPUT);
28  pinMode(fDOUT, INPUT);
29  pinMode(ctrlPin, OUTPUT);
30  digitalWrite(ctrlPin, LOW);
31  dht11.begin();
32 }
33
34 void loop() {
35  float h = dht11.readHumidity();
36  float t = dht11.readTemperature();
```

```
37
38 Serial.print("Humidity: ");
39 Serial.println(h);
40
41 Serial.print("Temperature: ");
42 Serial.println(t);
43
44 if(t > 27){
45   analogWrite(analogOutPin, 255);
46 }
47 else if(t < 20){
48   analogWrite(analogOutPin, 0);
49 }
50
51 lightVal = analogRead(analogPin);
52
53 Serial.print("Light: ");
54 Serial.println(lightVal);
55
56 int outputVal = map(lightVal, 0, 1023, 0, 255);
57 analogWrite(ledPin, outputVal);
58
59 if(digitalRead(DOUT) == LOW){
60   delay(10);
61   if(digitalRead(DOUT) == LOW){
62     digitalWrite(buzzerPin, HIGH);
63   }
64 }
65 else{
66   digitalWrite(buzzerPin, LOW);
67 }
68
69 int mq2Val = analogRead(AOUT);
70 Serial.println(mq2Val);
71
72 if(digitalRead(DOUT) == LOW){
73   delay(10);
74   if(digitalRead(DOUT) == LOW){
75     digitalWrite(ctrlPin, HIGH);
76   }
77 }
78
79 int fVal = analogRead(AOUT);
```

```
80  Serial.println(fVal);
81}
```

分析：

第3～20行：定义环境传感器连接的Arduino引脚（详见9.1.4节）。

第22～32行：设置环境传感器连接引脚的模式。

第35～49行：获取实时温湿度数据并控制风扇。

第51～57行：获取实时光照参数并调整照明强度。

第59～67行：检测烟雾，如出现烟雾则开启蜂鸣器警报。

第69～80行：检测火焰，如出现火焰则控制继电器进而控制水泵。

9.2.2　门禁系统模块

门禁系统模块核心采用Arduino Mega 2560板实现（第2功能单元），具体程序代码如例9.2所示。

例 9.2　门禁系统模块。

```
1  #include <Keypad.h>
2  #include <SPI.h>
3  #include <RFID.h>
4  #include <IRremote.h>
5
6  #define KEY_ROWS 4 //按键模组的列数
7  #define KEY_COLS 4 //按键模组的行数
8
9  char keymap[KEY_ROWS][KEY_COLS] = {
10  {'1', '2', '3', 'A'},
11  {'4', '5', '6', 'B'},
12  {'7', '8', '9', 'C'},
13  {'*', '0', '#', 'D'},
14};
15
16 byte colPins[KEY_COLS] = {5, 4, 3, 2};  //行
17 byte rowPins[KEY_ROWS] = {9, 8, 7, 6};  //列
18
19 Keypad myKeypad = Keypad(makeKeymap(keymap), rowPins, colPins, KEY_ROWS, 
KEY_COLS);
20char kbuf[32] = {};
21char password[32] = {'1', '0', '2', '4'};
22
23RFID rfid(10, 0);
24unsigned char serNum[5];
25unsigned char Data[16] = {'q','i','a','n','f','e','n','g'};
26
```

```
27unsigned char sectorNewKeyA[16][16] = {{0xFF, 0xFF, 0xFF, 0xFF, 0xFF, 0xFF},
28                                      {0xFF, 0xFF, 0xFF, 0xFF, 0xFF, 0xFF,
0xFF, 0x07, 0x80, 0x69, 0xFF, 0xFF, 0xFF, 0xFF, 0xFF, 0xFF},
29                                      {0xFF, 0xFF, 0xFF, 0xFF, 0xFF, 0xFF,
0xFF, 0x07, 0x80, 0x69, 0xFF, 0xFF, 0xFF, 0xFF, 0xFF, 0xFF},};
30
31 const int irReceiverPin = 1;
32 IRrecv irrecv(irReceiverPin);
33 decode_results results;
34
35 int CtrlPin = 22;
36
37 void setup() {
38  Serial.begin(9600);
39  pinMode(CtrlPin, OUTPUT);
40  SPI.begin();
41  rfid.init();
42  irrecv.enableIRIn();
43 }
44
45 void loop() {
46  key_ctrl();
47  rfid_ctrl();
48  irRecv();
49}
50
51 void key_ctrl(){
52  static int i = 0;
53  kbuf[i] = myKeypad.getKey();
54  if(kbuf[i] != NO_KEY){
55    Serial.println(kbuf[i]);
56    i++;
57  }
58  if(i == 4){
59    if(strcmp(kbuf, password) == 0){
60      digitalWrite(CtrlPin, LOW);
61      i = 0;
62    }
63    else{
64      digitalWrite(CtrlPin, HIGH);
65      i = 0;
66    }
67  }
```

```
68}
69 void rfid_ctrl(){
70  unsigned char status;
71  unsigned char blockAddr;
72  unsigned char str[MAX_LEN];
73  if(rfid.isCard() == true){  //执行读卡操作
74    if(rfid.readCardSerial()){  //读取IC序列号
75      Serial.print(rfid.serNum[0], HEX);
76      Serial.print(rfid.serNum[1], HEX);
77      Serial.print(rfid.serNum[2], HEX);
78      Serial.print(rfid.serNum[3], HEX);
79      Serial.print(rfid.serNum[4], HEX);
80      Serial.println("");
81    }
82
83    rfid.selectTag(rfid.serNum);  //读取卡片容量
84
85    blockAddr = 7;
86
87    status = rfid.auth(PICC_AUTHENT1A, blockAddr, sectorNewKeyA[blockAddr/4],
rfid.serNum);
88
89    if(status == MI_OK){
90      blockAddr = blockAddr - 3;
91
92      if(rfid.read(blockAddr, str) == MI_OK){
93        Serial.print("Read card OK");
94        Serial.println((char *)str);
95      }
96      if(strcmp(str, Data) == 0){
97        digitalWrite(CtrlPin, LOW);
98      }
99      else{
100        digitalWrite(CtrlPin, HIGH);
101      }
102    }
103    else{
104      digitalWrite(CtrlPin, HIGH);
105    }
106  }
107  else{
108   digitalWrite(CtrlPin, HIGH);
109  }
```

```
110}
111
112  void irRecv(){
113  if(irrecv.decode(&results)){
114    Serial.println(results.value, HEX);
115
116    if(results.value  == 0xFF30CF){
117      digitalWrite(CtrlPin, LOW);
118    }
119    else if(results.value == 0xFF18E7){
120      digitalWrite(CtrlPin, HIGH);
121    }
122    irrecv.resume();
123  }
124 }
```

分析：

第6～19行：定义薄膜按键的行、列数；按照行、列定义薄膜按键的字元；定义薄膜按键连接的引脚编号；初始化Keypad。

第20～21行：定义薄膜按键密码。

第23～29行：定义RFID实例对象；定义需要确认的IC卡存储信息；定义需要写入IC卡的密钥以信息。

第31～33行：定义红外遥控实例对象及接收遥控编码的对象。

第37～43行：初始化SPI总线；初始化RFID；初始化红外遥控。

第45～49行：按键控制门禁；RFID控制门禁；红外遥控控制门禁。

第53行：获取薄膜按键的字元。

第58～67行：判断薄膜按键的输入的密码，如密码正确则控制继电器对电磁锁断电，打开门禁。

第87行：确认IC卡密钥。

第92～101行：读取IC信息并进行匹配，匹配成功则控制继电器对电磁锁断电，打开门禁，否则关闭门禁。

第112～124行：判断红外遥控接收的编码，根据编码控制门禁。

上述控制门禁的方式中，如需要使用RFID识别IC卡，需要先对IC卡进行写卡操作，即对IC设置密钥以及识别信息。写卡程序如例9.3所示。

例 9.3 写卡。

```
1  #include <SPI.h>
2  #include <RFID.h>
3
4  RFID rfid(10, 0);
5  unsigned char serNum[5];
6  unsigned char writeData[16] = {'q','i','a','n','f','e','n','g'};
```

```
7
8  unsigned char sectorKeyA[16][16] = {{0xFF, 0xFF, 0xFF, 0xFF, 0xFF, 0xFF},
9                                      {0xFF, 0xFF, 0xFF, 0xFF, 0xFF, 0xFF},
10                                     {0xFF, 0xFF, 0xFF, 0xFF, 0xFF, 0xFF},};
11 unsigned char sectorNewKeyA[16][16] = {{0xFF, 0xFF, 0xFF, 0xFF, 0xFF, 0xFF},
12                                        {0xFF, 0xFF, 0xFF, 0xFF, 0xFF, 0xFF,
0xFF, 0x07, 0x80, 0x69, 0xFF, 0xFF, 0xFF, 0xFF, 0xFF, 0xFF},
13                                        {0xFF, 0xFF, 0xFF, 0xFF, 0xFF, 0xFF,
0xFF, 0x07, 0x80, 0x69, 0xFF, 0xFF, 0xFF, 0xFF, 0xFF, 0xFF},};
14void setup() {
15  Serial.begin(9600);
16  SPI.begin();
17  rfid.init();
18}
19
20 void loop() {
21  unsigned char status;
22  unsigned char blockAddr;
23
24  rfid.isCard();
25
26  if(rfid.readCardSerial()){
27    Serial.print(rfid.serNum[0], HEX);
28    Serial.print(rfid.serNum[1], HEX);
29    Serial.print(rfid.serNum[2], HEX);
30    Serial.print(rfid.serNum[3], HEX);
31    Serial.print(rfid.serNum[4], HEX);
32    Serial.println("");
33  }
34  rfid.selectTag(rfid.serNum);
35
36  blockAddr = 7;
37
38  if(rfid.auth(PICC_AUTHENT1A, blockAddr, sectorKeyA[blockAddr/4], rfid.serNum)
== MI_OK){
39    status = rfid.write(blockAddr, sectorNewKeyA[blockAddr/4]);
40
41    blockAddr = blockAddr - 3;
42
43    status = rfid.write(blockAddr, writeData);
44
45    if(status == MI_OK){
46      Serial.println("Write card OK");
```

```
47    }
48  }
49  rfid.halt();
50}
```

分析：

第38行：进行IC密钥确认。

第39行：向IC卡写入新密钥。

第41行：向IC卡写入确认信息。

9.2.3 仓储信息存储模块

门禁系统模块核心采用Arduino UNO板实现（第3功能单元），具体程序代码如例9.4所示。

例 9.4 仓储信息存储。

```
1  #include <SPI.h>
2  #include <SD.h>
3  #include <SoftwareSerial.h>
4
5  File root;
6  File file;
7  SoftwareSerial mySerial(2, 3);
8
9  void setup() {
10  Serial.begin(9600);
11  mySerial.begin(9600);
12
13  SD.begin(10);
14  root = SD.open("/");
15  printDirectory(root, 0);
16  Serial.println("Done!");
17  root.close();
18
19  SD.mkdir("/qianfeng");
20  file = SD.open("/qianfeng/log.txt", FILE_WRITE);
21 }
22
23 void loop() {
24  char kbuf[1024] = {};
25  int i = 0;
26  while(mySerial.available() > 0){
27    kbuf[i] = mySerial.read();
28    i++;
29  }
```

```
30  file.write(kbuf, i);
31  file.flush();
32 }
33
34 void printDirectory(File dir, int numTabs){
35  while(true){
36    File entry = dir.openNextFile();
37    if(!entry){
38      break;
39    }
40    for(int i = 0; i < numTabs; i++){
41      Serial.print("\t");
42    }
43    Serial.print(entry.name());
44    if(entry.isDirectory()){
45      Serial.println("/");
46      printDirectory(entry, numTabs+1);
47    }
48    else{
49      Serial.print("\t\t");
50      Serial.println(entry.size(), DEC);
51    }
52  }
53}
```

分析：

第14～15行：打开SD卡根目录，遍历所有目录和文件。

第19～20行：创建目录并创建日志文件。

第23～32行：读取软件串口输入数据并写入SD卡中的日志文件。

第34～53行：遍历所有的目录及文件。

9.2.4　安防模块

安防模块核心采用Arduino UNO板实现（第4功能单元），具体程序代码如例9.5所示。

例 9.5　安防模块。

```
1  #include <camera_VC0706.h>
2  #include <SPI.h>
3  #include <SD.h>
4  #include <SoftwareSerial.h>
5
6  #define chipSelect 10
7  #if ARDUINO >= 100
8  SoftwareSerial cameraconnection = SoftwareSerial(2, 3);
```

```
9 #else
10 NewSoftSerial cameraconnection = NewSoftSerial(2, 3);
11 #endif
12
13 camera_VC0706 cam = camera_VC0706(&cameraconnection);
14
15 void setup() {
16 #if !defined(SOFTWARE_SPI)
17 #if defined(__AVR_ATmega1280__) || defined(__AVR_ATmega2560__)
18 if(chipSelect != 53) pinMode(53, OUTPUT);
19#else
20 if(chipSelect != 10) pinMode(10, OUTPUT);
21 #endif
22 #endif
23
24 pinMode(7, INPUT_PULLUP);
25 Serial.begin(9600);
26 Serial.println("VC0706 Camera test");
27
28 if (!SD.begin(chipSelect)) {  //SD卡检测
29   Serial.println("Card failed, or not present");
30   return;
31 }
32
33 if (cam.begin()) {  // 查询摄像头
34   Serial.println("Camera found");
35 }
36 else{
37   Serial.println("No camera found");
38   return;
39 }
40
41 char *reply = cam.getVersion();  // 摄像头版本号
42 if (reply == 0) {
43   Serial.print("Failed to get version");
44 }
45 else{
46   Serial.println("-----------------");
47   Serial.print(reply);
48   Serial.println("-----------------");
49 }
50
51 cam.setImageSize(VC0706_640x480);  // 选择合适的图片尺寸 640x480, 320x240 or
```

```
160x120
  52  //cam.setImageSize(VC0706_320x240);  // 图片越大，传输速度越慢
  53  //cam.setImageSize(VC0706_160x120);
  54
  55  uint8_t imgsize = cam.getImageSize();
  56  Serial.print("Image size: ");
  57  if(imgsize == VC0706_640x480) Serial.println("640x480");
  58  if(imgsize == VC0706_320x240) Serial.println("320x240");
  59  if(imgsize == VC0706_160x120) Serial.println("160x120");
  60
  61  Serial.println("Get ready !");
  62}
  63
  64 void loop() {
  65  if(digitalRead(7)== 0) { //按键检测
  66    delay(10);
  67    if(digitalRead(7)== 0) {
  68      if (! cam.takePicture())
  69        Serial.println("Failed to snap!");
  70      else
  71        Serial.println("Picture taken!");
  72      char filename[13];
  73      strcpy(filename, "IMAGE00.JPG");
  74      for (int i = 0; i < 100; i++) {
  75        filename[5] = '0' + i/10;
  76        filename[6] = '0' + i%10;
  77        if (! SD.exists(filename)) {
  78          break;
  79        }
  80      }
  81      File imgFile = SD.open(filename, FILE_WRITE);
  82      uint16_t jpglen = cam.frameLength();
  83      Serial.print(jpglen, DEC);
  84      Serial.println(" byte image");
  85
  86      Serial.print("Writing image to ");
  87      Serial.print(filename);
  88
  89      while (jpglen > 0) {
  90        uint8_t *buffer;   // 一次读取32bytes
  91        uint8_t bytesToRead =  min(32, jpglen); //调节一次性读取数据大小，从32-
64byte，过大容易不工作
  92        buffer = cam.readPicture(bytesToRead);
```

```
93          imgFile.write(buffer, bytesToRead);
94          jpglen -= bytesToRead;
95        }
96        imgFile.close();
97        Serial.println("Done");
98        cam.resumeVideo();
99      }
100   }
101 }
```

分析:

第7～11行：根据实际需求选择串口使用的类型，这里选择的是软件串口，用来连接摄像头模块。

第13行：定义摄像头模块实例对象，指定连接的串口。

第16～22行：根据实际需求选择案例使用的开发板，从而确定SD卡识别模块片选线连接的引脚编号。

第28～31行：检测SD卡。

第33～39行：检测摄像头模块。

第41～49行：检测摄像头版本号。

第51～53行：选择抓拍图片的尺寸，这里选择640×480。

第55～61行：获取当前使用的抓拍图片尺寸。

第65行：检测抓拍按键是否按下。

第68～71行：抓取照片。

第72～80行：对抓取照片进行命名。

第81～95行：打开SD卡，并将抓拍图片保存至SD卡中。

任务 9.3 系统分析

9.3.1 技术补充

薄膜按键（见图9.13）是一块带触点的PET薄片，用在PCB、FPC等线路板上作为开关使用，在使用者与仪器之间起到触感型开关的作用。与传统的硅胶按键相比，薄膜按键具有更好的手感、更长的寿命，可以间接地提高使用导电膜的各类型开关的生产效率。薄膜按键上的触点位于PCB板上的导电部位（大部分位于线路板上的金手指上方），当按键受到外力按压时，触点的中心点下凹，接触到PCB上的线路，从而形成回路，电流通过，整个产品就得以正常工作。

图 9.13 薄膜按键

薄膜按键采用侦测与扫描的方式实现按键检测，这里选择将4×4按键简化为3×1进行介绍，如图9.14所示，将按键开关串联并连接到同一控制器的输入端（即Arduino），为了简化开关电路，需要启用控制器上拉电阻。

如图9.14所示，假设开关A、B、C输入端全部输入高电平，无论开关是否被按下，Arduino都将接收到高电平。为了检测某一按键是否被按下，程序可以将行1、2、3脚位依次设置为低电平。

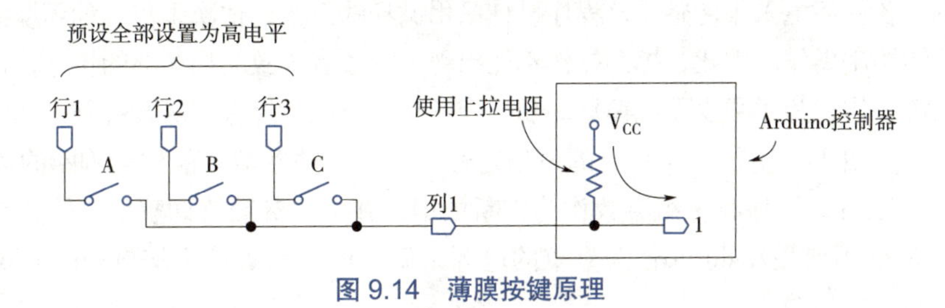

图 9.14　薄膜按键原理

如图9.15所示，假设按键B按下，此时行1脚位输入低电平（行2、3脚位输入高电平），Arduino接收到高电平，表示按键A未被按下。

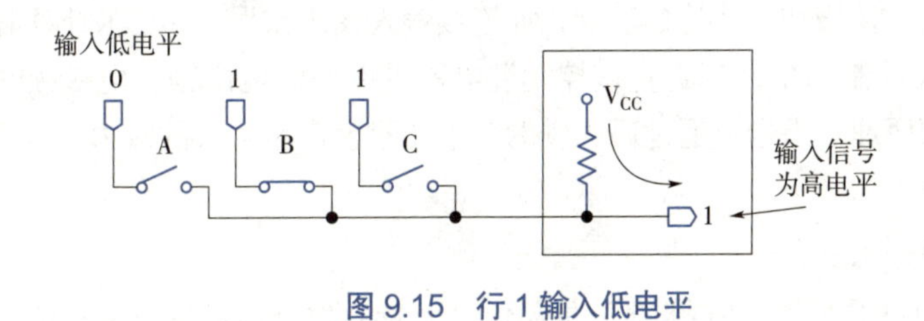

图 9.15　行 1 输入低电平

如图9.16所示，将行2脚位输入低电平（行1、3脚位输入高电平），Arduino接收到低电平，表示检测到按键B被按下。

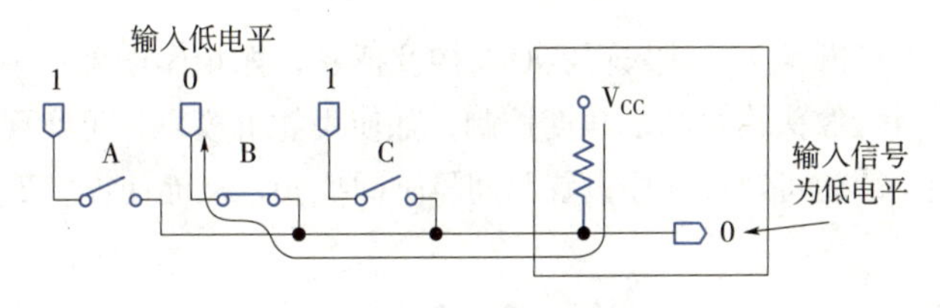

图 9.16　行 2 输入低电平

如图9.17所示，将行3脚位输入低电平（行1、2脚位输入高电平），Arduino接收到低电平，表示按键C未被按下。至此，侦测按键的程序再次回到行1，输入低电平，如此反复循环扫描，才能持续侦测到某个按键是否被按下。

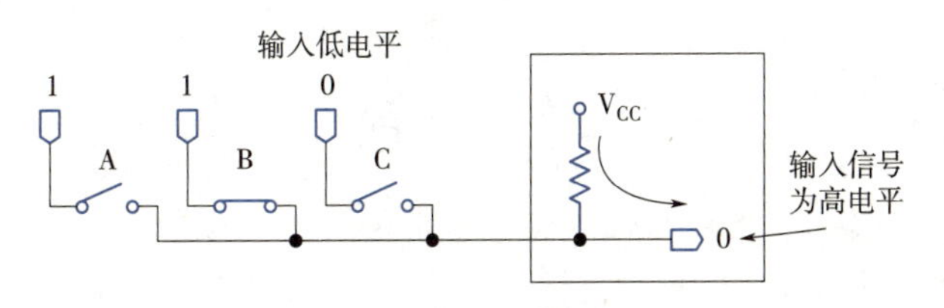

图 9.17　行 3 输入低电平

综上所述可知，如果是4×4薄膜按键，需要采用双重循环进行扫描，确认某一按键是否被按下。

9.3.2 总结分析

1. 环境采集模块

该模块集成了各种环境采集传感器，程序设计采用循环的形式，依次采集各种环境信息，并根据环境信息进行相关的控制操作。因此，控制操作不能出现延时或者导致跳出循环的指令，否则将导致整个环境采集无法正常工作。为了减少无线循环的功耗问题，也可以考虑采用异步机制，如中断，在指定需求下获取环境参数。由于环境传感器采集的不稳定性，导致一些参数不能作为判断的依据。为了达到采集的有效性，可以设计程序将多组参数作为判断依据，并根据参数值调整采集的频率。在使用一些大功率设备时，最好不使用Arduino作为直接的电源来源，而采用外接直流电源的方式，保证开发板用电安全。

2. 门禁系统模块

门禁系统采用3种方式实现，其中，薄膜按键需要输入密码进行确认，当输入密码错误时，无法打开门禁。读者可在此基础上，增加一些特色功能，如连续输入密码错误，将延长下次输入密码的时间间隔。无论采用哪一种方式控制门禁，都将直接控制继电器进而控制电磁锁。电磁锁的设计与电磁铁一样，是利用电流产生磁的原理。当电流通过磁力锁的硅钢片时会产生强大的吸力，硅钢片与吸板铁块相吸，从而有效控制磁力锁。

3. 仓储信息存储模块

仓储信息存储模块的目的是使用SD卡存储货品信息，货品信息通过串口进行输入。本模块使用的输入方式相对单一，读者可考虑多种方式进行输入，如通过刷卡或网页输入实现货品信息输入。改变输入方式才能实现信息高效存储。

4. 安防模块

安防模块采用USB转串口摄像头模块实现实时监控及抓拍，抓拍操作采用手动按键实现。同时，为了更好地实现监控，可以对摄像头模块增加角度控制，如使用舵机模块，可实现方向调整。手动按键控制无法保证抓拍的有效性，读者可通过程序设置为间隔时间抓拍，从而使抓拍更加智能。

单元小结

本单元主要围绕Arduino开发板介绍了综合案例——智能仓储管理系统的实现，不仅介绍了功能模块的实现细节，还传递了项目设计所需的逻辑思维。其目的是帮助读者更好地理解技术知识点，并且将这些知识与实际开发相结合，从而对本书知识建立全新的认识，以及更加深入的理解。

习　题

思考题

（1）简述综合案例门禁系统模块的功能设计。

（2）简述薄膜按键的工作原理。